■ 彩图 1-3 青鱼

■ 彩图 1-4 草鱼

■ 彩图 1-5 鲢鱼

■ 彩图 1-6 鳙鱼

■ 彩图 1-7 鲤鱼

■ 彩图 1-8 鲫鱼

■ 彩图 1-9 团头鲂

■ 彩图 1-10 银鲷

■ 彩图 1-11 鲮鱼

■ 彩图 1-12 鳜鱼

（a）尼罗罗非鱼

（b）莫桑比克罗非鱼

■ 彩图 1-13 罗非鱼

■ 彩图 1-14 大麻哈鱼

■ 彩图 1-15 虹鳟

■ 彩图 1-16 长吻鮠

■ 彩图 1-17 大口鲇

彩图 1-18　斑点叉尾鲴

彩图 1-19　革胡子鲶

彩图 1-20　黄颡鱼

彩图 1-21　中华鲟

彩图 1-22　匙吻鲟

（a）牙鲆

（b）大菱鲆

彩图 1-23　鲽形目鱼类

■ 彩图 1-24　红鳍东方鲀

■ 彩图 2-9　中华绒螯蟹

■ 彩图 3-1　缢蛏

■ 彩图 3-2　泥蚶

■ 彩图 3-3　蛤仔

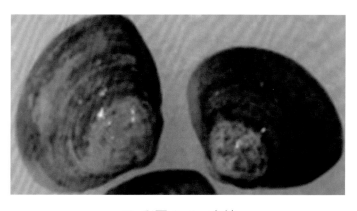

■ 彩图 3-4　文蛤

■ 彩图 3-5　三角帆蚌

■ 彩图 3-8　华贵栉孔扇贝

■ 彩图 3-9　海湾扇贝

■ 彩图 4-2　刺参

■ 彩图 4-3　黄鳝

■ 彩图 4-4　美国青蛙

■ 彩图 4-5　中华鳖

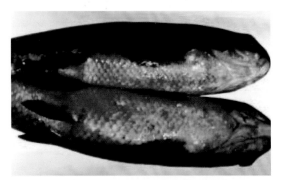

■ 彩图 8-1　草鱼出血病

■ 彩图 8-2　草鱼出血病（"红肌肉"型）

■ 彩图 8-3　草鱼出血病（"红鳍红鳃盖"型）

■ 彩图 8-4　草鱼出血病（"肠炎"型）

■ 彩图 8-5　患病鲤鱼鳔上的血斑

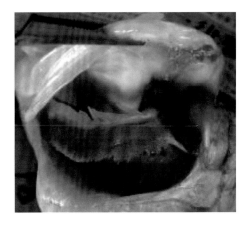

■ 彩图 8-7　鲈鱼烂鳃
（鳃丝发白，残缺不全）

■ 彩图 8-8　患竖鳞病的鲤鱼

■ 彩图 8-9　患病鱼全身出血

■ 彩图 8-11　白头白嘴病

■ 彩图 8-19　患三代虫病的鲤鱼鳃丝

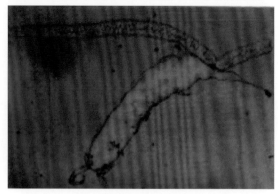

■ 彩图 8-20　中华蚤雌性成虫
（挂有一对卵囊）

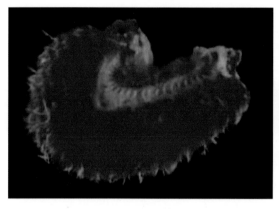

■ 彩图 8-21　寄生在鳃上的中华蚤

■ 彩图 8-22　患锚头蚤病的鲤鱼体表

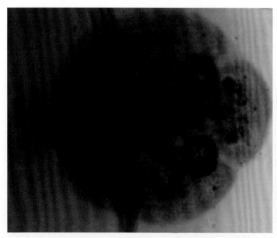

■ 彩图 8-23　鲺（腹面观）

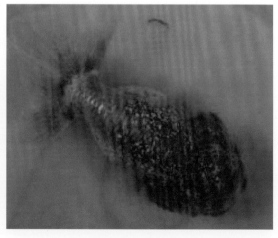

■ 彩图 8-26　嗜酸性卵甲藻病
（体表"白粉"状）

"十二五"职业教育国家规划教材
经全国职业教育教材审定委员会审定

水产养殖概论

第二版

张　欣　主编

化学工业出版社

·北京·

本书主要介绍了传统水产养殖品种和近几年新开发的名特优品种的养殖技术,内容主要包括常见鱼类、甲壳类、贝类以及南北方常见的名特优水产品种的人工育苗及成体养殖技术,水产动物营养需求与饲料配制技术,常见病害的诊断与防治技术。全书兼顾不同地区的需要,涵盖了常见的海水、淡水养殖品种。在本书修订过程中邀请了水产行业技术人员参与编写,融入了最新的水产养殖技术和实践经验。考虑到学生复习与专业技能训练的需要,本书还配备有具代表性的实验实训项目,以保证内容全面、新颖、实用,可供读者灵活选择。

本书可作为高职高专畜牧兽医类专业及相关专业师生的教材,同时也可供中职院校畜牧兽医类专业以及水产养殖行业从业人员参考。

图书在版编目(CIP)数据

水产养殖概论/张欣主编. —2 版. —北京:化学工业出版社,2016.7 (2022.2重印)

"十二五"职业教育国家规划教材

ISBN 978-7-122-27255-3

Ⅰ.①水… Ⅱ.①张… Ⅲ.①水产养殖-职业教育-教材 Ⅳ.①S96

中国版本图书馆 CIP 数据核字(2016)第 124146 号

责任编辑:梁静丽 迟 蕾 章梦婕　　　　装帧设计:史利平
责任校对:王 静

出版发行:化学工业出版社(北京市东城区青年湖南街 13 号　邮政编码 100011)
印　装:三河市延风印装有限公司
787mm×1092mm　1/16　印张 12¾　彩插 4　字数 333 千字　2022 年 2 月北京第 2 版第 7 次印刷

购书咨询:010-64518888　　　　　　售后服务:010-64518899
网　　址:http://www.cip.com.cn
凡购买本书,如有缺损质量问题,本社销售中心负责调换。

定　　价:42.00 元

《水产养殖概论》（第二版）编写人员

主　　编　　张　欣

副 主 编　　刘革利　王煜恒

编写人员　　（按照姓名汉语拼音排列）

陈小宏（广东省湛江市海洋与渔业局）

郭正富（宜宾职业技术学院）

刘革利（盘锦职业技术学院）

罗永成（辽东学院）

王会聪（江苏农林职业技术学院）

王煜恒（江苏农林职业技术学院）

吴坤杰（信阳农林学院）

杨四秀（永州职业技术学院）

翟秀梅（黑龙江生物科技职业技术学院）

张　欣（盘锦职业技术学院）

主　　审　　顾洪娟（辽宁农业职业技术学院）

《水产养殖概论》主要讲述我国南北方具有代表性的水产养殖品种的生物学习性、人工繁殖技术、成体养殖技术；水产动物的营养需求分析与饲料的配制、加工和投饲技术；水产动物苗种繁育和养殖过程中的病害防治技术等内容。适用于高职高专畜牧兽医类专业，主要是为拓展畜牧兽医类专业学生的知识面，增加水产养殖技术方面知识和专业技能，扩大学生的就业渠道。

本书第 1 版于 2009 年出版，七年来随着水产行业的发展变化，养殖品种的不断更新，新的名特水产动物养殖品种的引进、开发及推广，广大水产养殖工作者总结出很多新的生产经验和技术，有必要及时更新、增加养殖品种，同时删减一些老旧品种，以适应水产养殖产业及企业的岗位工作需求。2013 年本书有幸入选"十二五"职业教育国家规划教材立项选题，借此契机，我们按照《教育部关于"十二五"职业教育教材建设的若干意见》等文件精神及要求对本书进行修订，以提升修订版教材质量。这次修订工作的重点主要体现在以下几个方面。

1. 由于南北地区差异，不同地区水产养殖种类有所区别。故此次再版修订过程中，着重实现品种具有代表性、养殖技术具有先进性的目标。如"主要甲壳类增养殖技术"部分，用我国南、北方广泛养殖的凡纳滨对虾代替中国明对虾来讲述对虾类生物的养殖技术，更具有普遍性；全书的品种及病害图片，采用了彩色图片，以体现直观性、真实性，从而提高学生的学习兴趣和教学效果。

2. 在每个模块的后面都有相关的练习题，整个教材还配有习题库和课件资源，便于学生准确掌握主要知识和技能，也便于老师授课。

3. 充分体现"产教结合开发教材"的理念，可从 www.cipedu.com.cn 下载使用。特别邀请了广东省湛江市海洋与渔业局的高级工程师陈小宏老师参与编写凡纳滨对虾养殖技术部分，并请有关行业人员审核书稿实际操作内容，保证本书内容新颖、实用，符合岗位的要求。

4. 为保证该教材的适用性，特别邀请了具有多年讲授该课程经验的辽宁农业职业技术学院的顾洪娟老师担任本书的主审。

本书再版修订过程中，得到了各参编院校的大力支持和热情帮助，同时各位参编老师的积极配合，使得该书的修订工作能够顺利完成。在此，对支持本次修订以及参加第 1 版内容编写的各位老师致以诚挚的谢意。再版修订过程中参考了同行及专家的文献资料，在此谨向各位作者和相关单位致以诚挚的谢意！

由于笔者的水平、经验所限，书中不足之处在所难免，恳请有关专家、同行和广大读者批评、指正。

编 者
2016 年 2 月

第一版 前言

我国水域资源、水产资源丰富，水产养殖业是我国农业经济的重要支柱产业之一，是一个非常有发展前途的领域。为配合国家建设社会主义新农村政策的实施、满足水产养殖行业发展和涉农职业院校水产养殖技术教学的需要，我们编写了本书。

本书在编写时，坚持以水产养殖专业基础知识"必需、够用"为原则，注重阐述传统海水、淡水品种的增养殖技术，并增加了新的名特优养殖品种和新的养殖技术。另外，由于南北地区以及海水、淡水域的差异，不同区域的水产养殖品种有所区别。本书在编写时考虑到学生就业及技能需求，在水产品种选取方面兼顾了南北方、海水与淡水水产品种的特点。目的在于拓展涉农专业学生的知识面，增加水产养殖技术知识，扩大学生的就业渠道。本书内容全面、新颖，相关院校可根据本地区水产业发展状况以及就业区域情况选择性授课。本书适用于我国涉农职业院校的师生，对水产养殖技术人员及岗位培训人员也有参考意义。

本书编写分工如下，张欣编写绪论和第二章的第一节、第二节、第四节～第八节，以及第四章的第一节、第二节；蒋艾青编写第九章；陈昕编写第一章的第三节、第四节；陈小江编写第三章的第一节和第八章；郭正富编写第一章的第一节、第二节；罗永成编写第一章的第五节～第七节；王宏编写第二章的第三节和第三章的第二节、第三节；杨四秀编写第四章的第三节～第六节；杨东辉编写第五章～第七章；实验实训项目指导由张欣和蒋艾青编写。

本书的编写得到了各参编院校的大力支持，在此对兄弟院校领导的支持和帮助表示衷心感谢。本书在编写过程中，参考了同行专家的一些文献资料，在此，我们谨向这些作者表示诚挚的谢意！

本书内容涉及面广，加之笔者水平有限，书中不足之处在所难免，恳请广大读者批评指正。

编　者

2009 年 8 月

模块八　水产动物常见病害防治技术 ·························· 149

实验实训项目　　　　　　　　　　　　　183

附录 ·························· 192

参考文献 ·························· 193

第一部分

主要水产动物增养殖技术

模块一 主要鱼类增养殖技术

【知识目标】

掌握常见养殖鱼类的形态、结构以及生物学习性。

【能力目标】

掌握常见养殖鱼类的人工繁殖技术，常见养殖鱼类鱼苗、鱼种以及商品鱼的养殖技术。

项目一 主要养殖鱼类的识别

一、常见养殖鱼类的外部形态识别

鱼是终生生活在水中的变温脊椎动物，它们通常用鳃呼吸，用鳍协助运动与维持身体平衡。大多数鱼体被覆鳞片。

1. 鱼体外部分区

鱼类由于生活环境的差异性，形成了多种多样的外部形态。从鱼体的侧面可以将鱼体分为头部、躯干部和尾部三个主要部分（图 1-1）。头部是指吻端至鳃盖后缘之间的部位，躯干部是指鳃盖后缘至肛门之间的部位，肛门以后至尾鳍基部为尾部。板鳃类和圆口类等没有鳃盖的鱼类的头部和躯干部的分界为最后一对鳃裂。

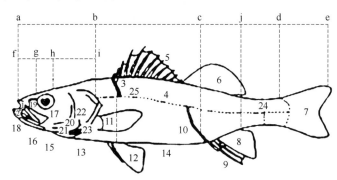

图 1-1 鱼体外部分区（花鲈）

a-b—头部；b-c—躯干部；c-e—尾部；f-g—吻部；h-i—眼后头部；

a-d—体长；a-e—全长；j-d—尾柄长

1—上颌；2—下颌；3—侧线上鳞；4—侧线鳞；5—第一背鳍；6—第二背鳍；7—尾鳍；

8—臀鳍鳍条；9—臀鳍鳍棘；10—侧线下鳞；11—胸鳍；12—腹鳍；13—胸部；

14—腹部；15—喉部；16—峡部；17—颊部；18—颏部；19—鼻孔；20—前鳃盖骨；

21—间鳃盖骨；22—主鳃盖骨；23—下鳃盖骨；24—尾柄高；25—体高

（孟庆国等. 鱼类学）

2. 主要养殖鱼类的体形

由于水环境的差异性以及鱼类自身对环境的适应性，鱼类在演化发展过程中，形成了多种多样与之相适应的体形，在众多的体形中出现最多的有以下四种（图1-2）。

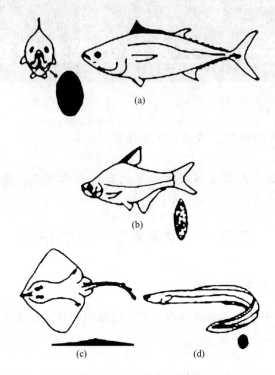

图1-2　鱼类的基本体形
（a）纺锤形；（b）侧扁形；（c）平扁形；（d）圆筒形
（李承林. 鱼类学教程）

（1）纺锤形（又称梭形）　纺锤形的鱼类，头、尾稍尖，身体中段较粗大，其横断面呈椭圆形，侧视呈纺锤状，适宜在静水或流水中快速游动。如金枪鱼、鲤鱼、鲫鱼等为此类体形。

（2）侧扁形　侧扁形的鱼，体较短，两侧很扁而背腹轴高，侧视略呈菱形，通常适宜在较平静或缓流的水体中活动，运动不甚敏捷，通常不作长距离洄游。如长春鳊、团头鲂等属此类型。

（3）平扁形　平扁形鱼类的特点是背腹轴缩短，左右轴特别延长，鱼体呈左右宽阔的平扁形，多栖息于水体的底层，运动比较迟钝。如斑鳐、南方鲼、平鳍鳅等属此类型。

（4）圆筒形（棍棒形）　圆筒形的鱼，体延长，其横断面呈圆形，侧视呈棍棒状，多底栖，善穿洞或穴居生活。如鳗鲡、黄鳝等属此种类型。

二、常见养殖鱼类的内部构造识别

1. 骨骼

鱼类与其他脊椎动物一样，具有发达的骨骼。骨骼的功能主要在于支持身体、保护体内器官和配合肌肉产生与生命相关的动作。

骨骼分为外骨骼和内骨骼。外骨骼包括鳞、鳍条和棘刺等；内骨骼是指埋在肌肉里的骨骼，包括头骨、脊柱和附肢骨骼。头骨由脑颅和咽颅两部分组成，硬骨鱼类的脑颅是在软颅的基础上骨化成许多小骨片，同时新增加了一些膜骨，其主要作用是保护脑。咽颅由1对颌弓、1对舌弓和5对鳃弓组成，分别具有支持颌、舌和鳃的功能。

脊柱由体椎和尾椎两种脊椎骨组成，体椎附有肋骨，尾椎无肋骨着生。每个脊椎的椎体前后两面都是"凹"形的，故称之为双凹椎体，这是鱼类所特有的。

附肢骨骼是指支持鱼鳍的骨骼，分为奇鳍骨骼和偶鳍骨骼。支持背鳍、臀鳍和尾鳍的骨骼是不成对的奇鳍骨骼；支持胸鳍和腹鳍的骨骼为成对的偶鳍骨骼。鱼类的偶鳍骨骼不和脊柱连接。

2. 肌肉

鱼类完成各种运动的物质基础是肌肉。肌肉附着在骨骼上，在意识的支配下通过牵拉骨骼完成鱼体的各种运动。鱼类的肌肉按着生部位和作用点不同可以分为头部肌肉、躯干肌肉和附肢肌肉。鱼体头部肌肉种类繁多，主要分为眼部肌肉和鳃弓肌肉两类，如司口关闭的下颌收肌、司鳃盖开闭的鳃盖开肌和收肌等。躯干肌肉分为大侧肌和上、下梭肌。大侧肌自头后直至尾基两侧，是鱼体最大、最重要的肌肉；上、下梭肌位于背部和腹部中线上（软骨鱼类无梭肌）；附肢肌肉包括胸鳍肌、腹鳍肌、背鳍肌、臀鳍肌和尾鳍肌，这些肌肉都是从大侧肌分化而来的。

3. 消化系统

鱼类的消化系统由消化道和消化腺组成。消化道起于口腔，经咽、食道、胃、肠，终于肛门。鱼类的口腔和咽无明显区分，因此常把它们合称为口咽腔。

（1）消化道

① 口咽腔。口咽腔是鱼类的摄食器官，内有许多帮助摄食的部分，如齿、舌、鳃耙等。一般鱼类具有颌齿和咽齿，前者多起摄取食物的作用，后者则有压碎和咀嚼食物的功能。鱼类的舌位于口腔底部，原始而简单，由基舌骨突出并外覆结缔组织和口腔黏膜构成。鳃耙着生在鳃弓内缘，它是咽部的滤食器官。草食性和杂食性的鱼类（如草鱼、鲤、鲫等）的鳃耙较疏短，以浮游生物为主要食物的鱼类（如鲢、鳙等）的鳃耙则密而长。

② 食道。口咽腔连接食道，一般短、宽而壁厚，具有较强的扩张性，以利吞食比较大的食物。食道内具有味蕾和发达的环肌，在环肌波状收缩的推动下，食物可快速通过食道，当味蕾感觉有异时，可借食道前部环肌的有力收缩将异物抛出口外。

③ 胃。胃在食道的后方，是消化道中最膨大的部分。胃具有碾磨食物、分泌消化酶、使食物与消化酶充分混合的功能。鲤科鱼类通常没有明显的胃，其外表与食道并无多大差别，但鲇科等肉食性鱼类的胃却很发达，界线也很明显。

④ 肠。肠在胃后，是进行消化吸收的重要场所。其长短因鱼的食性不同而有很大差别，偏于肉食性鱼类的肠较短，偏于草食性和滤食性鱼类的肠较长，杂食性鱼类肠的长度介于二者之间。

⑤ 肛门。肠的末端是肛门，被消化后的食物残渣和不能消化的其他物质，则由肠的蠕动经肛门排出体外。

（2）消化腺 鱼类的消化腺包括胃腺、肠腺、肝脏、胰腺和胆囊等。这些腺体能分泌各种消化液使食物被消化。胃腺分泌的胃蛋白酶、肠腺分泌的肠蛋白酶和胰腺分泌的胰蛋白酶，均能消化各种蛋白质。肝脏和胰脏的分泌物含有较多的淀粉酶和脂肪酶，可分别把糖类和脂肪分解而被肠壁吸收。

4. 呼吸系统

（1）鳃 鳃是鱼类的主要呼吸器官，鱼类主要利用鳃在水中进行气体交换。鳃主要由鳃弓、鳃片和鳃耙组成。鳃弓是支持鳃片的骨骼；鳃耙有过滤食物的功用，它与呼吸作用无直接关系。鳃片由许多鳃丝组成，鳃丝又由很多鳃小片构成，其上密布着无数的毛细血管，是气体交换的场所。当水通过鳃丝时，鳃小片上的微血管通过本身的薄膜摄取水中的溶解氧，同时排出二氧化碳。鱼类不断地用口吸水，经过鳃丝从鳃孔排出，完成呼吸过程。一旦鱼离开了水，鳃就会因失水而互相黏合或干燥，从而失去交换气体的功能，导致鱼窒息死亡。

（2）副呼吸器官　有些鱼类除了用鳃呼吸以外，还有一些辅助的呼吸器官，称为副呼吸器官。主要的副呼吸器官有皮肤、口咽腔黏膜、鳃上呼吸器官、肠、气囊等。副呼吸器官分布着许多微血管，能进行气体交换，具有一定的呼吸功能。例如，鳗鲡和鲇鱼都能用其皮肤呼吸，泥鳅能用肠呼吸（把空气吞入肠中，在肠道内进行气体交换），鳝鱼可以借助口咽腔表皮呼吸，乌鱼可以用咽喉部附生的气囊呼吸，埃及胡子鲇的鳃腔内也有树枝状的副呼吸器官等。上述鱼类都可以离水较长时间而不至于很快死亡。

（3）鳔　是多数鱼类具有的器官，无呼吸作用。鳔呈薄囊形，位于体腔背面，一般为二室，里面充满气体。它是鱼体适应水中生活的密度调节器，可以借放气和吸气，改变鱼体的密度，有助于上升或下降。

5. 血液循环系统

鱼类的血液循环系统主要由心脏和血管构成。心脏位于最后一对鳃的后面下方，靠近头部，由一个心房和一个心室组成。血液经血管由心室流出，经过腹大动脉进入鳃动脉，深入鳃片中各毛细血管，其红细胞在此吸收氧气，排出血液中的二氧化碳，使血液变得新鲜。此后，血液流出鳃动脉而归入背大动脉，再由许多分支进入鱼体各部组织器官，然后转入静脉，再汇集到腹部的大静脉。静脉血液经过肾脏时被滤去废物，流经肝脏后重新进入心脏循环。

6. 排泄器官

鱼类主要的排泄器官是肾脏，位于腹腔的背部，呈紫红色。肾脏可分为前、中、后三部分。肾脏后部延伸出输尿管，左、右输尿管在腹腔后部愈合，并突出一个不大的膀胱。总输尿管的末端与生殖管相合，以一个尿殖孔开口或分开开口于肛门的后方。鱼的肾脏除了泌尿的功能以外，还可以调节体内的水分，使之保持恒定。另外，鱼鳃也有排泄作用，其主要排出物是氨、尿素等易扩散的氮化物和某些盐分。

7. 生殖系统

大多数鱼类的生殖系统由一对生殖腺和生殖导管组成。生殖腺（也称为性腺）是生殖细胞产生、成熟和储存的地方；生殖导管是向外输送精子或卵子的导管。生殖腺在雄鱼体内称为精巢，在雌鱼体内称为卵巢。多数鱼类为雌雄异体，生殖腺成对，即精巢或卵巢都左右各一个，由系膜悬挂在腹腔背壁上。绝大部分鱼类是体外受精的，即精子和卵子均由亲鱼产出后在水中结合受精。精巢是产生精子的器官，位于鳔的两侧腹腔内，未达到性成熟时呈淡红色，成熟后精巢呈乳白色，内有许多精液。输精管紧接精巢，左、右输精管后段合并为总输精管，其末端以尿殖孔开口在肛门之后。卵巢与精巢的着生部位相同，性成熟时可以看到卵巢内有许多卵粒。卵巢有包膜向后延伸形成输卵管，末端由生殖孔通体外。

8. 神经系统

鱼类的神经系统由中枢神经系统、外周神经系统和植物性神经系统组成。鱼类一切生命活动的完成都是神经系统在发挥主导作用。

鱼类的中枢神经系统由脑和脊髓组成，位于鱼体头部和背部体壁内。脑是鱼的指挥控制系统，它由端脑、间脑、中脑、小脑、延脑等五个部分组成。外周神经系统包括脊神经和脑神经两部分。鱼类的脊神经按体节成对排列，每条神经有两个根连接脊髓；脑神经是连接脑的外周神经，从头骨的小孔通达外周。植物性神经系统是一类专门管理内脏平滑肌、心肌、内分泌腺和血管扩张收缩等活动的神经，包括交感神经和副交感神经。

三、常见养殖鱼类的种类及其生物学特性

1. 鲤形目

鲤形目是比较原始的真骨鱼类，主要栖息在淡水中。下面主要介绍鲤形目中的鲤科鱼类。

（1）青鱼　青鱼又名鲭、青鲩、乌青、螺蛳青、黑鲩、乌鲩、黑鲭、乌鲭、铜青、青棒、五侯青等（彩图1-3，彩图见插页）。

① 主要分布。主要分布于我国长江以南的平原地区，长江以北较稀少；它是长江中、下游和沿江湖泊里的重要渔业资源和各湖泊、池塘中的主要养殖对象，为我国淡水养殖的"四大家鱼"之一。

② 形态特征。青鱼鱼体略呈圆筒形，尾部侧扁，腹部圆，无腹棱。头部稍平扁，尾部侧扁吻钝，但较草鱼尖突。口端位，呈弧形。上颌稍长于下颌，无须。下咽齿1行，呈臼齿状，咀嚼面光滑，无槽纹。背鳍和臀鳍无硬刺，背鳍与腹鳍相对。体背及体侧上半部青黑色，腹部灰白色，各鳍均呈灰黑色。

③ 生活习性。青鱼为底层鱼类，在天然的江、河水体中主要以螺、蚌、蚬类和水生蚯蚓及昆虫等动物性饵料为食，鱼苗阶段以食浮游动物为主。生活的极限温度为 0.5℃ 和 35℃，适宜的生长水温为 15～32℃，最适宜的生长水温为 24～28℃。喜欢在水质清新、溶氧较高的水域栖息生长。

青鱼生长迅速，在池塘养殖条件下，第一年可达 50～150g，第二年可达 500～1000g，一般商品鱼上市规格为 2～5kg，最大个体可达 70kg。

④ 繁殖习性。青鱼性成熟年龄一般是 4～5 龄，体重在 10kg 以上。繁殖期在每年的 4～7 月，性成熟后产卵的最适水温为 22～28℃；于江河流水中繁殖，产漂流性卵。

（2）草鱼　草鱼又名鲩、油鲩、草鲩、白鲩、草根（东北）、混子等（彩图1-4，彩图见插页）。

① 主要分布。草鱼广泛分布于我国南、北水域，为我国淡水养殖的"四大家鱼"之一。

② 形态特征。草鱼鱼体体形延长略呈圆筒形，头部稍平扁，尾部侧扁，吻部较宽钝，无口须，上颌略长于下颌。体呈浅茶黄色，背部青灰色，腹部灰白或浅淡黄色。胸、腹鳍略带灰黄色，其他各鳍浅灰色。

③ 生活习性。草鱼属中、下层鱼类，栖息于平原地区的江河湖泊中，一般喜居于水的中、下层和近岸多水草区域。性活泼，游泳迅速，常成群觅食，为典型的草食性鱼类。体长 6cm 以下的鱼苗主要摄食浮游动物和藻类，体长 6cm 以上时，其食性就明显地转向摄食各种水生植物，也喜食各种陆生嫩草（如各种牧草）、米糠、麸皮、豆饼、豆渣和酒糟等。草鱼摄食量较大，日摄食量通常为体重的 60%～70%。草鱼生长的最适水温为 24～30℃，当水温下降到 10℃ 以下时停止摄食。

草鱼生长迅速，就整个生长过程而言，体长增长最迅速时期为 1～2 龄，体重增长则以 2～3 龄为最迅速。当 4 龄鱼达性成熟后，增长就显著减慢。1 冬龄鱼体长为 35cm 左右，体重为 750g 左右；2 冬龄鱼体长约为 60cm，体重达 3.5kg。

④ 繁殖习性。草鱼的性成熟年龄为 4～5 龄，珠江流域比长江流域早一年，黑龙江流域比长江流域晚一年。繁殖期在每年的 4～7 月，长江流域比较集中在 5 月产卵繁殖，于江河流水中产卵繁殖，产漂流性卵。

（3）鲢鱼　鲢又叫白鲢、水鲢、跳鲢、鲢子等（彩图1-5，彩图见插页）。

① 主要分布。鲢鱼属于鲤形目、鲤科，广泛分布于全国各大水系，是我国的"四大家鱼"之一。

② 形态特征。鲢鱼体形侧扁、稍高，呈纺锤形；自胸鳍基部到肛门具有腹棱，腹缘呈刀刃状。胸鳍末端不超过腹鳍基部；体背部淡青灰色，两侧及腹部呈银白色；头较大，眼睛位置很低，体被细小圆鳞。形态和鳙鱼相似。

③ 生活习性。鲢鱼属中、上层鱼类，性极活泼，善于跳跃，是典型的滤食性鱼类。在鱼苗阶段主要以浮游动物为食物，体长 1.5cm 以上的幼鱼和成鱼则逐渐转为摄食浮游植物。在人工养殖条件下，也能摄食人工投喂的配合饲料，如黄豆浆、豆渣粉、米糠、麦麸、玉米粉等，更喜食小颗粒或粉末状配合饲料。适宜在有机质含量较高的水体中养殖，生长的适宜水温为 20~30℃。

在自然水域中，第一年可达 0.5kg，第二年达 2kg，第三年达 3.5kg，第五年可达 7kg 以上。但在人工养殖条件下比天然环境中生长慢，第一年仅达 50~200g，第二年才能达 500g 以上。一般上市规格在 1kg 以上。

④ 繁殖习性。鲢鱼的性成熟年龄为 4 龄，每年的 4~6 月为繁殖季节，于江河流水环境或大型水库上游繁殖，产漂流性卵。当水温达到 18℃ 时，性腺发育加快，适宜的繁殖水温为 22~28℃。

(4) 鳙鱼　鳙鱼又名花鲢、胖头鱼、黑鲢、松鱼、大头鱼等（彩图 1-6，彩图见插页）。

① 主要分布。分布于亚洲东部，我国各大水系均有分布，以长江流域中、下游地区为主要产地，是我国的"四大家鱼"之一。

② 形态特征。鳙鱼体侧扁，头极肥大。口大，端位，下颌稍向上倾斜。鳃耙细密呈页状，但不联合。口咽腔上部有螺形的鳃上器官，眼小，位置偏低，无须，下咽齿勺形，齿面平滑；鳞小；胸鳍长，末端远超过腹鳍基部；腹棱从腹鳍基部下方直至肛门前方。体侧上半部灰黑色，腹部灰白色，两侧杂有许多浅黄色及黑色的不规则小斑点。

③ 生活习性。鳙鱼属中、上层鱼类，性温和，动作较迟缓，不喜跳跃。属滤食性鱼类，鱼苗、幼鱼及成鱼都以轮虫、枝角类、桡足类等浮游动物为主要食物，也摄食部分浮游植物。生长适宜水温为 20~30℃。

鳙鱼生长速度比鲢快，在天然河流、湖泊等大水体中，体长增长以第 2 年最快，4 年后急剧下降。体重以第 3 年增长最快，第 1 年可达 0.5kg，第二年 2.5kg，第三年 7kg 以上。

④ 繁殖习性。性成熟年龄为 4~5 龄，繁殖季节为每年的 4~7 月，产卵盛期是 5~6 月，于江河流水环境或大型水库上游繁殖，产漂流性卵。

(5) 鲤鱼　鲤鱼又名鲤子、鲤拐子等（彩图 1-7，彩图见插页）。

① 主要分布。鲤鱼是亚洲原产的温带性淡水鱼。广泛分布于我国南北各水系。目前进行养殖的种类很多，如丰鲤、建鲤、镜鲤等，还有一些通过生物工程技术培育的种类，如湘云鲤等。

② 形态特征。鱼体呈纺锤形，背部灰黑色，腹部浅白色或淡灰色，侧线下方及近尾柄处金黄色，体色也因品种而异，有金黄色、橘红色、粉红色等。口端位，马蹄形，触须 2 对，颌须约为吻须的 2 倍长，鳞片较大。

③ 生活习性。鲤鱼属于底层鱼类，生活在水体下层，对环境的适应性较强，在水温 15~30℃ 均能很好地生长。它比草鱼、青鱼、鲢鱼、鳙鱼适应性强，能在恶劣的环境中生存，在盐度较高的水中生长。当水体中的溶氧下降到 0.5mg/L 时，也不至于窒息死亡。鲤是典型的杂食性鱼类，但更喜食动物性食物，在鱼苗、鱼种阶段主要摄食浮游动物，成鱼阶段摄食各种螺类、幼蚌、水蚯蚓、昆虫幼虫和小鱼虾等水生动物，也摄食各种藻类、水草和植物碎屑等。在池内或网箱中养殖时，常投喂各类人工配合饲料。

在池塘集约化养殖条件下，第 1 年可达 100~250g，第 2 年达 500~1000g。通过人工选育的鲤鱼生长更快。

④ 繁殖习性。鲤鱼性成熟年龄为 2 龄，产卵繁殖主要季节是每年的 3～6 月。在岸边、池塘边浅水区域水草稀疏处产卵，产黏性卵，受精卵黏附在水草或其他物体上发育孵化。

（6）鲫鱼　鲫鱼又名鲫瓜子、鲋鱼、鲫拐子、朝鱼、刀子鱼、鲫壳子等（彩图 1-8，彩图见插页）。

① 主要分布。鲫鱼为我国常见的经济鱼类之一，分布广，品种多，如高背鲫、方正银鲫、彭泽鲫等地方名优品种，还有杂交优良品种，如异域银鲫、湘云鲫等。

② 形态特征。鱼体侧扁而高，体较厚，腹部圆。头短小，吻钝，眼小，无须。鳞片大，侧线微弯。背鳍长，外缘较平直，背鳍、臀鳍第 3 根硬刺较强，后缘有锯齿，胸鳍末端可达腹鳍起点，尾鳍深叉形。一般体背面灰黑色，腹面银白色，各鳍条灰白色。因生长水域不同，体色深浅略有差异。

③ 生活习性。鲫属底层、温带性鱼类，适应能力特别强，能承受 0℃ 的低温，也能忍受 0.1mg/L 以下的低氧，在 pH 值为 10 左右的水体中也能生长繁殖。是杂食性鱼类，幼鲫主要摄食浮游生物和植物嫩芽、腐屑等，成鱼喜食各种水生昆虫和底栖动物，也摄食各种人工配合饲料，对食物无严格选择。

一般品种生长较慢，第 1 年能长到 50g，第 2 年才能达 100g 左右，第 3 年达 200g 以上。但是杂交鲫、工程鲫（湘云鲫）生长速度比普通鲫快 1～2 倍，当年繁殖的鱼苗年底即可长到 250g 左右。

④ 繁殖习性。性成熟年龄一般为 1～2 龄，繁殖期为每年的 3～8 月，在江河、湖泊及池塘的浅水区水草丛生区域产卵，产黏性卵，受精卵黏附在水草或其他物体上发育孵化。

（7）团头鲂　团头鲂又名团头鳊、武昌鱼、平胸鳊等（彩图 1-9，彩图见插页）。

① 主要分布。团头鲂属鲤形目、鲤科、鲌亚科、鲂属。分布于长江中、下游附属中型湖泊中。1972 年后在我国推广养殖。

② 形态特征。团头鲂鱼体高，侧扁，呈菱形。头后背部隆起，体长为体高的 2 倍以上。头小，吻圆钝，口端位；腹部仅自腹鳍基部至肛门，具皮质腹棱；背鳍具光滑硬刺，臀鳍长，有 27～32 根分支鳍条，尾柄高而短；体背部青灰色，两侧银灰色，体侧每个鳞片基部灰黑色，边缘黑色素稀少，使整个体侧呈现出一行行紫黑色条纹，腹部银白色，各鳍条灰黑色。

③ 生活习性。团头鲂属中、上层鱼类，性情温和，常栖息在水质清新、水草茂盛的水体中，亦能在河道、池塘、网箱等水域中生长。主食植物性饵料，幼鱼以摄食浮游生物为主，随着鱼体的成长转而以水草、旱生牧草、轮叶黑藻草和水生昆虫为食，亦可摄食各种人工配合饲料。

在池塘密养情况下，1 龄鱼可长至 20g 左右；采用稀放套养，当年鱼体重可达 30～50g。2 龄鱼达 200～400g。

④ 繁殖习性。性成熟年龄为 2～3 龄，繁殖时间一般为每年的 5～6 月，产黏性卵，受精卵黏附在水草或其他物体上发育孵化。

（8）鲴鱼　鲴鱼主要有细鳞斜颌鲴、黄尾密鲴、圆吻鲴、银鲴（彩图 1-10，彩图见插页）等四种。因地域差异又有不同的地方名，细鳞斜颌鲴又称沙姑子、黄片、板黄鱼、黄尾刁子或黄川；银鲴在湖南衡阳称为刁子；黄尾密鲴在江西萍乡地区称鮸鱼，又名黄鮸子；圆吻鲴俗称翼鱼、鲜鱼、力燥、鲛鱼等。

① 主要分布。鲴属鲤形目、鲤科、密鲴亚科。分布于我国的黑龙江，长江，珠江流域的河流、湖泊和水库中，主产于长江中、下游地区。

② 形态特征。鱼体形稍侧扁，头小，呈锥形。口小，呈下位或亚前位，有一横裂。下

颌平横，呈铲状，角质边缘较锋利，背具有硬刺。臀鳍具 8～12 根分支鳍条，肛门紧靠臀鳍，下咽齿 1～3 行。腹棱明显，体背部灰黑色，腹部银白色，尾鳍橘黄色。

③ 生活习性。鲴属中、下层鱼类。喜食腐殖质、有机碎屑等，有净化水质、改善生态环境的功能。在 10～36℃水温均能正常摄食，我国大多数地区一年四季均能生长，是一种能适低温又耐高温的鱼类。

天然水体中生长的细鳞斜颌鲴，1 龄时体重可达 150g，2 龄可达 500g。

④ 繁殖习性。性成熟年龄为 2 龄，细鳞斜颌鲴繁殖季节在每年的 4～6 月，产黏性卵，受精卵黏附在缘岸淹没区的杂草上孵化。

（9）鲮鱼　鲮鱼又名土鲮、鲮公、花鲮等（彩图 1-11，彩图见插页）。

① 主要分布。鲮鱼是生活在气候温暖地带的鱼类，主要分布在华南地区，为广东、广西的主要养殖对象。

② 形态特征。鲮体长、侧扁，腹部圆，背部在背鳍前方稍隆起。头短，吻圆钝，吻长略大于眼径；眼侧位，眼间距宽；口下位，较小，呈弧形，上下颌角质化；须 2 对，吻须较明显，颌须短小；唇的边缘有多数小乳状突起，上唇边缘呈细波形，唇后沟中断；鳞中等大；尾鳍分叉深。体上部青灰色，腹部银白色。幼鱼尾鳞基部有一黑色斑点。

③ 生活习性。鲮鱼是温水性鱼类，在水温 15～30℃时，食欲旺盛；水温高于 31℃时，食欲减退；而水温低于 14℃时，就聚集在深水区，并停止活动；水温低于 13℃时，停止摄食；低于 7℃时，则不能生存。鲮鱼杂食性，鱼苗孵出 4 天后开始摄食轮虫、桡足类和小型枝角类等浮游动物；孵出后 10 天，体长 1.4cm 以上，除了摄食浮游动物外，开始摄食浮游植物；直到孵出后 40 天左右，体长 4cm 以上时，以摄食浮游植物为主。同时，鲮鱼喜欢舔刮水底泥土表面或岩石表面生长的藻类。

④ 繁殖习性。鲮鱼性成熟年龄为 3 龄，每年产卵繁殖时间在 4～9 月，受精卵为悬浮漂流性卵，在天然河道内随水流漂流孵化。

2. 鲈形目

鲈形目鱼类只有少数生活在淡水水域，大多数生活在海洋中，且大多为卵生，亦有卵胎生，体内受精。常见的淡水养殖种类主要有鳜鱼和罗非鱼。

（1）鳜鱼　鳜鱼俗称鳜花鱼、季花鱼、桂花鱼、桂鱼等（彩图 1-12，彩图见插页）。

① 主要分布。鳜属鲈形目、鮨科、鳜亚科、鳜属，广泛分布于我国东部平原的江河、湖泊之中。

② 形态特征。鱼体较高而侧扁，背部隆起。口大，下颌明显长于上颌；上下颌、犁骨、口盖骨上都有大小不等的小齿，前鳃盖骨后缘呈锯齿状，下缘有 4 个大棘，后鳃盖骨后缘有 2 个大棘；头部具鳞，鳞细小；侧线沿背弧向上弯曲；背鳍分两部分，彼此连接，前部为硬刺，后部为软鳍条。体黄绿色，腹部灰白色，体侧具有不规则的暗棕色斑点及斑块，自吻端穿过眼眶至背鳍前下方有一条狭长的黑色带纹。

常见的鳜有 2 种，外形极为相似，区别在于：翘嘴鳜的鳃耙为 7 个，眼较小，头长为眼径的 5.3～8.1 倍，上颌骨伸达眼后缘的下方，侧线鳞为 110～142，颊下部有鳞；而大眼鳜的鳃耙为 6 个，眼较大，头长为眼径的 4.7～5.1 倍，上颌骨仅伸达眼后缘之前的下方，侧线鳞为 85～98，颊部不被鳞。翘嘴鳜生长速度快，个体大，一般个体重为 2～2.5kg，最重可达 50kg；大眼鳜生长缓慢，个体较小，最重约 2kg。

③ 生活习性。鳜喜欢栖息于静水或缓流的水体中，尤以水草茂盛的湖泊中数量最多。最适宜生长水温为 18～25℃，冬季不大活动，常在深水处越冬，一般不完全停止摄食。春季天气转暖时，则游到沿岸浅水区觅食。此时的雌、雄鱼白天都有侧卧在湖底下陷处的卧穴习性，夜间在水草丛中活动、觅食。是典型的肉食性凶猛鱼类，终生以活鱼、虾为饵料。

④ 繁殖习性。性成熟年龄一般为 1～2 龄，长江流域中鳜鱼的产卵繁殖时间在 5 月中旬至 7 月上旬，北方地区的产卵时间较迟。在微流水环境下产卵，受精卵呈半漂浮，微黏性。产卵的适宜水温为 21～23℃。

（2）罗非鱼 罗非鱼又名非洲鲫鱼。

① 主要分布。罗非鱼隶属于鲈形目、鲈形亚目、丽鱼科、罗非鱼属。该属原产于非洲，有 100 多种，目前被养殖的有 15 种，在我国南、北方均有养殖。

② 形态特征。当前在我国养殖的罗非鱼属种类，主要有尼罗罗非鱼、奥利亚罗非鱼、莫桑比克罗非鱼和红罗非鱼 4 种（彩图 1-13，彩图见插页）。

尼罗罗非鱼原产于非洲东部、约旦等地。背鳍边缘黑色，尾鳍终生有明显的黑色条纹，呈垂直状；胸部白色，体侧具有 8～10 条横带纹，尾柄背缘有一黑斑；尾柄高大于尾柄长。尼罗罗非鱼具有生长快、食性杂、耐低氧、个体大、产量高和肥满度高等优点，因而在我国许多地区可进行养殖。

奥利亚罗非鱼原产于西非尼罗河下游和以色列等地。胸部银灰色；背鳍、臀鳍具暗色斜纹；尾鳍圆形，具银灰色斑点。奥利亚罗非鱼比尼罗罗非鱼耐寒、耐高盐、耐低氧、起捕率高。奥利亚罗非鱼的性染色体为 ZW 型，与尼罗罗非鱼杂交可产生全雄罗非鱼，故常用作与尼罗罗非鱼杂交的父本。

莫桑比克罗非鱼原产于非洲莫桑比克、纳塔尔等地。尾鳍黑色条纹不成垂直状，头背外形呈内凹，胸部暗褐色，背鳍边缘红色，腹鳍末端可达臀鳍起点，尾柄高约等于尾柄长。

红罗非鱼是尼罗罗非鱼和莫桑比克罗非鱼的种间杂交后代，其身体具美丽的微红色和银色小斑点，或偶有少许灰色或黑色斑块。红罗非鱼是罗非鱼中生长速度较快的一种，杂食性、繁殖力强、广盐性、疾病少、个体大、体色美、肉味鲜，在广东和港澳地区很受消费者欢迎。

③ 生态习性。罗非鱼是一种中、小型鱼类，它的外形、个体大小有点类似鲫鱼，鳍条多似鳜鱼。属广盐性鱼类，海、淡水中皆可生存；耐低氧，一般栖息于水的下层，但随水温变化或鱼体大小改变栖息水层。罗非鱼食性广泛，大多为以植物性为主的杂食性，摄食量大；生长迅速，尤以幼鱼期生长更快。罗非鱼的生长与温度有密切关系，生长的适宜水温为 22～35℃。

④ 繁殖习性。罗非鱼孵化出 2 个月后即可达到性成熟，在水温达到 20℃ 以上时开始产卵，以后每隔 3～4 周产卵一次。卵为沉性卵，无黏性。雌鱼将受精卵吸入口腔中孵化，刚孵化出的鱼仍含在口腔中，常放出活动，遇敌时立即吸入口中。

3. 鲑形目

鲑形目鱼类多为冷水性，栖息于淡水、海水中。有些是溯河洄游性鱼类，如鲑科的大麻哈鱼能长途溯江河生殖洄游，昼夜行进 30～50km。

（1）大麻哈鱼 大麻哈鱼又名大发哈鱼、马哈鱼、罗锅鱼、孤东鱼、齐目鱼、奇孟鱼、花斑鳟、花鳟等（彩图 1-14，彩图见插页）。

① 主要分布。大麻哈鱼属鲑形目、鲑科、麻哈鱼属。主要栖息在北半球的大洋中，以鄂霍次克海、白令海等海区最多。我国的黑龙江、乌苏里江、松花江盛产大麻哈鱼。

② 形态特征。大麻哈鱼体长而侧扁，略似纺锤形；头后至背鳍基部前渐次隆起，背鳍起点是身体的最高点，从此向尾部渐低弯。头侧扁，吻端突出，微弯；口裂大，形似鸟喙，生殖期雄鱼尤为显著，相向弯曲如钳状，使上、下颌不相吻合；上、下颌各有一列利齿，齿形尖锐向内弯斜，除下颌前端 4 对齿较大外，其余齿皆细小；眼小，鳞细小，呈覆瓦状排列；脂鳍小，尾鳍深叉形。生活在海洋时体色银白，入河洄游不久则色彩变得非常鲜艳，背部和体侧先变为黄绿色，逐渐变暗，呈青黑色，腹部银白色。体侧有 8～12 条橙赤色的婚姻

色横斑条纹，雌鱼较浓，雄鱼条斑较大，吻端、颌部、鳃盖和腹部为青黑色，臀鳍、腹鳍为灰白色。我国江河中的大麻哈鱼有 3 种：普通大麻哈鱼、马苏大麻哈鱼和驼背大麻哈鱼。

③ 生活习性。大麻哈鱼属于冷水性凶猛肉食性鱼类。成鱼常以小型鱼类为食，生长迅速。大麻哈鱼为冷水性溯河产卵洄游鱼类。

④ 繁殖习性。大麻哈鱼原栖息于太平洋北部，在海洋里生活 3～5 年后（通常 4 龄达性成熟）才在夏季或秋季成群结队进入黑龙江，进行生殖洄游。根据溯河时间可分为两个生物群，即夏型和秋型，上溯进入我国境内的仅为秋型。大部分在下游产卵，到达上游产卵的仅为少数。它们沿江而上，日夜兼程，每昼夜可前进 30～35km，不管是遇到浅滩峡谷还是急流瀑布，都不退却，冲过重重阻挠，直到目的地。成鱼进入淡水繁殖期间不摄食。大麻哈鱼对产卵场的条件要求很严，环境僻静，水质澄清，水流较急，水温 5～7℃，底质为砂砾底。产卵期为 10 月下旬至 11 月中旬。产卵前雄鱼用尾鳍拍打砂砾，借水流的冲击，形成一个直径为 100cm 左右、深约 30cm 的圆坑，称为"卧子"；雌鱼产卵于卧子内，同时雄鱼射出精液。雌鱼并以尾鳍反复拨动砂砾，将卵埋好。产卵后雌、雄鱼长期徘徊于产卵场周围。产卵后的大麻哈鱼，体色黑暗、体质消瘦、遍体鳞伤，已经失去食用价值，而且产卵后 7～14 天即死亡，终生只繁殖一次，怀卵量在 4000 粒以上。受精卵孵化出的仔鱼长至 50mm 左右，便开始降河下海，逐渐向远岸迁移，到达性成熟时再归入淡水河川，完成繁衍后代的任务。大麻哈鱼为凶猛的肉食性鱼类，幼鱼时吃底栖生物和水生昆虫，在海洋中主要以玉筋鱼和鲱等小型鱼类为食。

（2）虹鳟　虹鳟又名鳟鱼（彩图 1-15，彩图见插页）。

① 主要分布。虹鳟在分类上属鲑形目、鲑亚目、鲑科、鲑属。原产于美国阿拉斯加地区的山川溪流中。1866 年开始移殖到美国东部、欧洲、大洋洲、南美洲、东亚地区养殖，已成为世界上养殖范围最广的名贵鱼类。

② 形态特征。虹鳟鱼体长、扁纺锤形，吻圆、鳞小。背部和头顶部有苍青色、蓝绿色、黄绿色或棕色，侧面银白色、白色、浅黄绿色或灰色，腹部银白色、白色或灰白色。鱼体及鳍上分布有黑色小斑点，有一脂鳍。性成熟鱼体在体侧沿侧线有一条宽而鲜艳的紫红色彩虹纹带，延伸至尾鳍基部，因而得名。

③ 生活习性。虹鳟系冷水性凶猛鱼类，喜栖息于水质清澈、溶氧丰富的山川溪流中，以水生昆虫及幼虫、甲壳类、小鱼虾、蝌蚪和掉入水中的陆生昆虫为食，在人工养殖条件下也能摄食人工配合颗粒饲料。虹鳟生存温度在 0～30℃，适宜生活温度为 12～18℃，最适生长温度 16～18℃。低于 7℃或高于 20℃时，食欲减退，生长减慢；超过 24℃时，摄食停止，以后逐渐衰弱而死亡。其对水中溶氧要求高，溶氧 3mg/L 为致死点，低于 4.3mg/L 时出现"浮头"开始死亡；溶氧低于 5mg/L 时，呼吸频率加快。要使虹鳟处于良好的生长状态，溶氧最好在 6mg/L 以上，9mg/L 以上则快速成长。

④ 繁殖习性。性成熟年龄为 3 龄。产沉性卵，在天然水域中，产卵场一般选择在有石砾的河川中，产卵水温为 4～13℃。

4. 鲇形目

鲇形目均为底栖肉食性鱼类，很多种类是重要的食用鱼，也是常见的游钓鱼类。长吻鮠、大口鲇、斑点叉尾鮰、革胡子鲶 4 种为常见养殖品种。

（1）长吻鮠　长吻鮠又名鮠鱼、江团、肥沱等（彩图 1-16，彩图见插页）。

① 主要分布。长吻鮠属鲇形目、鲿科、鮠属，我国各水系均有分布，为长江流域大型名贵经济鱼类。长吻鮠肉质细嫩肥美，无细刺和鳞。肥厚硕大的鳔，约占体重的 5%，新鲜时为银白色，可干制成名贵的鱼肚。

② 形态特征。长吻鮠鱼体长，吻锥形，向前显著地突出。口下位，呈新月形，唇肥厚，

眼小；须 4 对，细小；无鳞，背鳍及胸鳍的硬刺后缘有锯齿，脂鳍肥厚，尾鳍深分叉。背部稍带灰色，腹部白色，鳍为灰黑色。

③ 生活习性。长吻鮠生活于江河的底层，觅食时在水体的中、下层活动；冬季多在江河干流深水处多砾石的夹缝中越冬。长吻鮠为肉食性鱼类，主要食物为小型鱼类和水生昆虫。生存水温为 0～38℃，最适宜生长水温为 24～28℃。天然水体中生长较为缓慢，当年孵化的苗种仅能达到 15g 左右。

④ 繁殖习性。长吻鮠性成熟年龄为 3～4 龄，繁殖季节为每年的 5～6 月。在水流较急的区域产卵，产黏性卵。

(2) 大口鲇　大口鲇又名南方大口鲇、大河鲇鱼、河鲇、叉口鲇等（彩图 1-17，彩图见插页）。

① 主要分布。大口鲇隶属鲇形目、鲇科、鲇属。分布于我国长江以南的各大江河水域中，以长江流域为主产区。

② 形态特征。大口鲇头部宽扁，胸腹部粗短，尾部长而侧扁，眼小，口大，牙齿细密锐利；长须 2 对；背鳍短小，无硬刺；胸鳍有一硬刺，其内侧光滑无锯齿；臀鳍特长并与尾鳍相连。体表无鳞，极富黏液；肠短，有胃。大口鲇体色多变，不同生长阶段体色不同。刚出苗的体色是透明的，成鱼背部及体侧多为灰褐色、黄褐色、灰黑色；腹部灰白色，体侧没有云状的花纹，各鳍为灰黑色。

③ 生活习性。大口鲇属于温水性底层鱼类，是一种名贵经济鱼。对水中溶氧要求略高于"四大家鱼"，当水中溶氧在 5mg/L 以上时，生长速度最快，饲料转化率最高；当溶氧低于 2mg/L 时出现"浮头"现象。适应 pH 值为 6～9。南方大口鲇昼伏夜出，性情温顺，不钻泥，易起捕。大口鲇属凶猛的肉食性鱼类，其摄食对象多是鱼类、蚯蚓、螺蚌肉等。

1～3 龄的大口鲇生长速度最快。当年 4 月份人工孵化出的鱼苗养到年底全长可达 40cm、体重 0.75kg 左右；第 2 年最大个体可达 60cm，体重 2.5kg 左右；第 3 年体重可达 4kg 左右。

④ 繁殖习性。大口鲇性成熟年龄为 4 龄。每年的 3～6 月为产卵繁殖季节，产卵水温为 18～28℃。产卵区一般在水流较急的河滩区域，产沉性卵，遇水后产生强黏性，可黏在附着物上孵化。

(3) 斑点叉尾鮰　斑点叉尾鮰又称沟鲇、美洲鲇等（彩图 1-18，彩图见插页）。

① 主要分布。斑点叉尾鮰属鲇形目、鮰科。原产于北美，我国于 1984 年首次由湖北省水产科学研究所从美国引进受精卵，试养成功。该鱼具有适应性强、生长快、易饲养、易起捕以及肉质鲜美等特点，是世界闻名的养殖品种和游钓对象。

② 形态特征。斑点叉尾鮰体形较长，体表光滑无鳞，头部上、下颌有 4 对深灰色触须，尾鳍分叉较深，背部和体侧淡灰色，腹部乳白色，幼鱼有不规则的斑点，成鱼斑点不明显或消失。

③ 生活习性。斑点叉尾鮰为温水性淡水鱼类，是以植物性饲料为主的杂食性鱼类，在天然水域中，主要摄食对象是底栖生物、水生昆虫、浮游动物、有机碎屑和大型藻类，在人工养殖条件下对各种配合饲料都能摄取。适温范围在 0～38℃，最适生长水温为 20～34℃。

该鱼生长速度与草鱼相近，当年的鱼苗养至年底可达 100～150g，第 2 年年底可达 1～2kg，以夏、秋季节生长速度最快。

④ 繁殖习性。斑点叉尾鮰性成熟年龄为 3～4 龄。每年的 5～7 月为产卵季节，适宜的产卵水温为 20～30℃，在江河、湖泊、水库等水体中均能自然产卵受精。产黏性卵，受精卵粒附着于鱼巢上孵化。

(4) 革胡子鲇　革胡子鲇又称埃及塘虱、埃及胡子鲇等（彩图 1-19，彩图见插页）。

① 主要分布。革胡子鲶原是非洲尼罗河流域的野生鱼类。1981 年，从埃及引入我国广东试养。

② 形态特征。革胡子鲶头部扁平，后部侧扁。颅顶骨中部有大小 2 个微凹，头背部有许多放射状排列的骨质突起；有须 4 对，其中颌须 1 对，位于口角，长度超过胸鳍基部；颐须 2 对，鼻须 1 对，均短于颌须。体表无鳞，体色灰青，背部及体侧有不规则苍灰色和黑色斑块，胸腹部为白色。体重 10g 以上的个体，所有鳍条边缘均有淡红线环绕。

③ 生活习性。革胡子鲶属于暖水性底层鱼类，性情温和，在池塘中不打洞筑巢，夜间活动频繁，常成群结队索饵。其食性以动物性饵料为主，在天然水域中，主要摄食小鱼虾、水生昆虫、底栖生物等，也摄食浮萍等水生植物。在人工饲养条件下，可摄食动物性饲料、人工配合饲料。其适应温度为 8～38℃，生长适温为 13.5～35℃。鳃上器官发育完善后，能在低氧环境中生存。生长迅速，当年鱼苗体重可以达到 0.5kg，第 2 年体重可以达到 1kg 以上。

④ 繁殖习性。性成熟年龄为 1 龄，一年可以产卵 3～4 次，繁殖时间一般为每年的 4～9 月。适宜的繁殖水温为 22～32℃。产黏性卵，卵粒附着在水草上孵化。

(5) 黄颡鱼　黄颡鱼又称为嘎子鱼、黄辣丁，属鲇形目、鲿科、黄颡鱼属（彩图 1-20，彩图见插页）。

① 主要分布。黄颡鱼除我国西部高原地区外，在各大水系均有分布，特别是在长江水系分布量最大。

② 形态特征。头部较扁平，吻部钝圆，口裂大，具须 4 对。背鳍和胸鳍具角质化硬刺，脂鳍短，后端游离。鱼体无鳞，体背部为黑褐色或青黄色，腹部为淡黄色，具暗色纵带及横纹带。

③ 生活习性。属于温水性底层鱼类，白天栖息于水体底层，喜夜间到水体中、上层觅食。食性为杂食，鱼苗阶段主要食物为浮游动物、水生昆虫等；成鱼期主要以螺、小虾、鱼及植物的根须等为饵料。天然条件下生长较慢，当年体重仅能达到 5g 左右。人工养殖条件下，当年体重可达 50g 以上。

④ 繁殖习性。黄颡鱼性成熟年龄为 1 龄，繁殖季节为每年的 4～8 月，产沉性卵，卵产于沿岸带的卵穴内。雌鱼产卵完成后即离开产卵巢，雄性有护卵习性。产卵水温为 18～30℃，最适宜产卵繁殖水温为 24～28℃。

5. 鲟形目

鲟形目是大型鱼类，现生存的鲟形目鱼类有鲟科和匙吻鲟科，共 2 科、6 属、25 种。其中纯淡水种类 15 种，我国现存 3 属、8 种。

(1) 中华鲟　中华鲟又名鳇鱼、大腊子等（彩图 1-21，彩图见插页）。

① 主要分布。中华鲟属鲟形目、鲟科、鲟属。是一种大型的溯河洄游性鱼类，是我国特有的古老珍稀鱼类，是世界现存鱼类中最原始的种类之一，属国家一类保护动物。主要生活于我国长江流域。

② 形态特征。中华鲟属于软骨硬鳞鱼类，身体长梭形，吻部犁状，基部宽厚，吻端尖，略向上翘。口下位，成一横列，口的前方长有短须，口前有 4 条吻须，口位在腹面，有伸缩性，并能伸成筒状，体表被覆 5 行大而硬的骨板，背面 1 行，体侧和腹侧各 2 行；眼细小，眼后头部两侧，各有一个新月形喷水孔；尾鳍歪形，上叶特别发达。其个体硕大，形态威武，长可达 4m，体重可达 500 多千克。

③ 生活习性。中华鲟是典型的溯河洄游性底栖鱼，食性非常狭窄，属肉食性鱼类，主要以一些小型或行动迟缓的底栖动物为食，在海洋中主要以小型鱼类为食。中华鲟生长迅速，人工养殖条件下，在 1 龄的鱼，体重可达 2.5kg 以上。

④ 繁殖习性。中华鲟性成熟年龄较迟，雌性性成熟年龄为 14 龄以上，雄性性成熟年龄为 10 龄以上，自然繁殖间隔期为 5 年左右。产卵时间在 10 月中旬至 11 月中旬。性成熟后溯长江而上，到达长江上游和金沙江下游，集中在四川宜宾江段的产卵场产卵、繁殖。产卵场一般位于水流湍急，底质为岩石或卵石的区域。属于一次性产卵类型，鱼卵产出后在水中随水分散并产生黏性，黏附在岩石或砾石上发育。

（2）匙吻鲟

① 主要分布。匙吻鲟属鲟形目、匙吻鲟科。匙吻鲟分布在北美洲，在美国广泛分布于中部和北部地区的大型河流及附近海湾沿岸地带。1988 年引入我国，现已成功地人工育苗和开始推广养殖。

② 形态特征。匙吻鲟的显著特点是吻呈扁平桨状，特别长（彩图 1-22，彩图见插页）。鱼的体表光滑无鳞，背部黑蓝灰色，有一些斑点在其间，腹部白色。

③ 生活习性。匙吻鲟适温广，能在结冰的水下生活，在 32℃ 水温也能生存。对溶氧要求较高，在 5～7mg/L 以上。食性类似鳙鱼，摄食浮游动物，人工养殖时可辅助投喂人工配合饲料。在人工养殖条件下生长迅速，当年鱼苗可达 500g 以上，第 2 年可达 2kg 以上。

④ 繁殖习性。匙吻鲟雄性性成熟年龄为 7～9 龄，雌性为 10～12 龄。雌鱼间隔产卵时间为 3～5 年，产卵季节在每年的 3 月底至 6 月初。当水温达到 10℃ 以上时开始溯河而上，随水温的升高，溯河速度加快；当水温达到 15℃ 以上时，开始产卵。受精卵黏附在石砾上孵化。

（3）俄罗斯鲟　俄罗斯鲟又称俄国鲟。

① 主要分布。俄罗斯鲟主要分布在里海、亚速海、黑海以及这些水域相通的河流。1993 年引进我国大连，并养殖成功。俄罗斯鲟个体大、生长速度快、抗病力强，经人工驯化，成为工厂化、池塘、水库养殖优良品种。其肉味鲜美，营养价值高，尤其是"鱼子酱"受到国内、外消费者的青睐。

② 形态特征。俄罗斯鲟个体延长，呈纺锤形，体高为全长的 12%～14%。吻短而钝，略呈圆形；4 根触须位于吻端与口之间，更近吻端；须上无伞形纤毛；口小、横裂、较突出，下唇中央断开。体色背部灰黑色、浅绿色或墨绿色，体侧通常灰褐色，腹部灰色或少量柠檬黄色。

③ 生活习性。俄罗斯鲟属于肉食性鱼类，生活于不同海域其食性有所差异，在黑海的西北部主食底栖软体动物，也摄食虾、蟹等甲壳类及鱼类。在亚速海，成鱼主食软体动物、多毛纲及鱼类。在多瑙河，幼鱼以糠虾、摇蚊幼虫为食。

④ 繁殖习性。俄罗斯鲟性成熟年龄为雄性 11～13 龄，雌性 12～16 龄，雌性产卵间隔期为 4～5 年，一般在 5 月中旬至 6 月初产卵繁殖。

6. 鳗鲡目

鳗鲡目包括 2 亚目 19 科、147 属，约 600 种。我国有 1 亚目、12 科、47 属、110 多种。常见的种类是鳗鲡。

鳗鲡又称白鳝、青鳝等。

① 主要分布。世界各地均有鳗鲡分布，主要生长地为温、热带水域。

② 形态特征。鳗鲡体形细长似蛇，前部近圆筒形，后部稍侧扁。无腹鳍，鳞片退化埋于皮下；背鳍、臀鳍和尾鳍相连，各鳍均无硬棘。体表光滑，背部和体侧呈灰色，腹部呈白色。

③ 生活习性。鳗鲡通常生活于淡水中，生殖时洄游到海洋中产卵，产卵后亲鱼即死去，卵受精后发育成透明的柳叶状小鱼，称柳叶鳗，经变态发育为成鱼状，进入淡水中生长，成长至性成熟，又回深海产卵，属于降河性产卵洄游鱼类。生存水温为 1～38℃，最适宜生长

水温为 25～27℃。属于杂食性鱼类，性凶残、贪食、喜暗怕光，常常昼伏夜出。在人工养殖条件下，生长较快，当年可达 150g 以上。鳗鲡肉味鲜美，为名贵的经济鱼类。

④ 繁殖习性。鳗鲡性成熟年龄为 5 龄。性成熟后在降河洄游过程中，性腺进一步发育成熟，产卵和孵化均在水深 400m 以上的海中进行。属于一次性产卵类型，产浮性卵。

7. 鲽形目

鲽形目属于硬骨鱼纲，因游动似蝶飞而得名。常见种类为牙鲆和大菱鲆两种（彩图 1-23，彩图见插页）。

（1）牙鲆 牙鲆又名牙片、左口、比目鱼等。

① 主要分布。牙鲆隶属鲽形目、鲽亚目、鲆科、牙鲆亚科、牙鲆属，广泛分布于朝鲜、日本、俄罗斯远东沿岸以及我国渤海、黄海、东海、南海等海区。

② 形态特征。牙鲆体延长、呈卵圆形、扁平，双眼位于头部左侧，有眼侧小梯鳞，具暗色或黑色斑点，呈褐色，无眼侧端圆鳞，呈白色。侧线鳞 123～128，左、右侧线同样发达；尾柄长而高；体长为体高的 2.3～2.6 倍，为头长的 3.4～3.9 倍。有眼侧的两个鼻孔位于眼间隔正中的前方，鼻孔后缘有一狭长瓣片；无眼侧两鼻孔接近头部背缘，前鼻孔也有类似瓣片，口大，前位。口裂斜、左右对称；牙尖锐，呈锥状，上下各一行，均同样发达；前部牙齿较大，呈犬状；背鳍约始于上眼前缘附近，左右腹鳍略对称，尾鳍后缘呈双截形；奇鳍均有暗色斑纹，胸鳍有暗点或横条纹。

③ 生活习性。牙鲆为冷温性底栖鱼类，具有潜沙习性，幼鱼多生活在水深 10m 以上，有机物少，易形成涡流的河口地带。生长适宜水温为 14～23℃，属于肉食性鱼类。在人工养殖条件下，生长迅速，一般在 1 龄时可达 500g 以上，雌性生长速度快于雄性。

④ 繁殖习性。牙鲆性成熟年龄雌性为 4 龄，雄性为 3 龄。在黄海、渤海沿岸产卵的时间在每年的 4～6 月，产卵水温为 10～21℃。

（2）大菱鲆 大菱鲆在欧洲称为比目鱼，在中国又称"多宝鱼"。

① 主要分布。大菱鲆隶属鲽形目、鲆科、菱鲆属。自然分布于大西洋东侧欧洲沿岸，常见于北海和波罗的海，黑海和地中海沿岸也有分布。栖息于水深 20～70m，砂质、沙砾或混合底质的海区。1992 年引进我国，现已成为我国北方沿海地区重要的养殖品种。

② 形态特征。大菱鲆身体扁平近似圆形，双眼位于左侧，有眼侧呈青褐色，具少量皮刺；无眼侧光滑白色，背鳍与臀鳍无硬棘且较长。

③ 生活习性。大菱鲆为底栖冷水性鱼类，耐受温度为 3～23℃，养殖适宜温度为 10～20℃，在 14～19℃水温条件下生长较快，最佳养殖水温为 15～18℃。大菱鲆适应盐度范围较宽，耐受盐度为 12～40，适宜盐度为 20～32，最适宜盐度为 25～30。在人工养殖条件下，当年体重可达 800g 以上。

④ 繁殖习性。大菱鲆性成熟年龄为雌性 3 龄，雄性 2 龄。自然繁殖季节为每年的 5～8 月。

8. 鲀形目

鲀形目共有 4 亚目、11 科、92 属、320 余种，我国产 11 科、52 属、106 种。

东方鲀俗称河鲀、廷巴、气鼓鱼等，是鲀形目中种类最多、经济价值最高的一个属。其中红鳍东方鲀（彩图 1-24，彩图见插页）和假睛东方鲀等在国际市场最为畅销。

① 主要分布。红鳍东方鲀隶属于鲀亚目、鲀科、东方鲀属。主要分布于我国黄海、渤海和东海，以及朝鲜、日本沿海。

② 形态特征。红鳍东方鲀鱼体亚圆筒形，尾部稍侧扁，头宽而圆。上、下颌骨与牙愈合成 4 个喙牙板；体侧下方有一纵行皮褶，体具小刺或光滑无刺；臀鳍与背鳍同形；鳔卵圆形或椭圆形，具气囊。背面和腹面被小刺，背部黑灰色，腹部白色，胸鳍后上方有一

黑色大眼状斑，臀鳍全部白色。假睛东方鲀胸鳍后上方有一白边大圆斑，背鳍基部也有一黑色斑。

③ 生活习性。东方鲀系近海底层鱼类，喜栖息在近海及咸淡水中，有的种也进入到江河之中。由于体内有气囊，遇到敌害时可使腹部膨胀，具咬斗、潜砂、鸣叫等特性。肉食性，摄食底栖甲壳类动物、软体动物、环节动物、棘皮动物及小型鱼类。

④ 繁殖习性。红鳍东方鲀的产卵期为 3 月下旬至 5 月中旬，产卵场水深 20m，盐度 32～33。假睛东方鲀繁殖期为 5 月，产卵期短，仅 10 天左右。产卵水温 14～18℃，盐度为 33。东方鲀属一次性产卵的鱼类。雌鱼最小成熟年龄为 3 龄，一般为 4～5 龄；雄鱼最小成熟年龄为 2 龄，一般为 3～4 龄。

项目二　养殖鱼类的人工繁殖

鱼类的人工繁殖，是指通过人为注射激素、控制环境等方法促使亲鱼产卵繁殖，包括亲鱼的培育、产卵、受精、孵化等过程。在养殖环境中许多鱼类不能自行繁殖，如"四大家鱼"在池塘、网箱、小型水库等小型水域是不能自行繁殖的；有的鱼类（如鲤鱼、鲫鱼等）虽然在养殖环境中能够自行繁殖，但由于自然产卵时间不一致以及产卵数量低等原因，造成管理不便和繁殖效率低。因此，在养殖过程中对于各种不同养殖鱼类在繁殖过程中基本上都需要采取一定的人工措施。

一、养殖鱼类亲鱼的培育

亲鱼是指已达到性成熟并能用于人工繁殖的种鱼。亲鱼培育是鱼类人工繁殖的基础，是家鱼人工繁殖非常重要的一个环节，是决定人工繁殖是否成功的首要因素。

1. 亲鱼的来源及选择

（1）亲鱼的来源　亲鱼可直接从江河、湖泊、水库等天然大水体捕捞，选留性成熟或接近性成熟的个体，也可以从鱼苗开始专池培育，并不断选择优秀个体。为了保证种鱼种质资源的优良，在亲鱼培育过程中可以通过定期引进优良原种、亲鱼异地交换或者用不同水系亲鱼杂交等方式进行品质改良，同时在留种过程中要坚持杂交后代不作为种用的原则。

（2）亲鱼的选择　鱼类都有一定的生物学特性，应根据其特性进行选择。如"四大家鱼"的亲鱼优良种质应符合国家标准，即挑选遗传性状稳定、体形好、体色正常、生长快的个体。选择鲤、鲫亲鱼时要特别注意避免选用杂交种作为亲鱼。无论什么品种的亲鱼，使用的有效时间都是有限的，一般达性成熟后，大型鱼类（"四大家鱼"）可连续使用 6～8 年，而中、小型鱼类为 4～6 年。

（3）亲鱼的雌雄鉴别　在亲鱼培育或人工催产时，必须掌握恰当的雌雄比例，因此要掌握雌雄亲鱼的鉴别方法。鱼类雌雄鉴定的主要是依据达到性成熟个体在繁殖季节的外观特征及副性征来判断，如腹部大小、胸鳍上是否有栉齿或"追星"、是否能挤出白色精液等。以下为鲢鱼、鳙鱼、草鱼、青鱼、鲮鱼等雌雄亲鱼的鉴别方法（表 1-1）。

表 1-1　鲢鱼、鳙鱼、草鱼、青鱼、鲮鱼雌雄亲鱼鉴别方法

亲鱼	雄鱼特征	雌鱼特征
鲢鱼	1. 胸鳍前面几根鳍条的内侧，特别在第一鳍条上明显地生有一排骨质的细小栉齿，用手顺鳍条抚摸，有粗糙刺手感。这些栉齿生成后，不会消失； 2. 腹部较小，性成熟时轻压腹部有乳白色精液从生殖孔流出	1. 胸鳍光滑，但个别鱼的胸鳍中、下部内侧有些栉齿； 2. 性成熟时，腹部大而柔软，泄殖孔常微突出，有时微带红润

续表

亲鱼	雄鱼特征	雌鱼特征
鲢鱼	1. 胸鳍前几根鳍条上缘各生有向后倾斜的锋口,用手向前抚摸有割手感; 2. 腹部较小,性成熟时轻压腹部有乳白色精液从生殖孔流出	1. 胸鳍光滑,无割手感; 2. 性成熟时,腹部膨大柔软,泄殖孔常稍突出,有时稍带红润
草鱼	1. 胸鳍鳍条较粗厚,特别是第Ⅰ~Ⅱ鳍条较长,自然张开呈尖刀形;胸鳍较长,贴近鱼体时,可覆盖7个以上的大鳞片; 2. 在生殖季节性腺发育良好时,胸鳍内侧及鳃盖上出现"追星",用手抚摸有粗糙感; 3. 性成熟时轻压精巢部位有精液从生殖孔流出	1. 胸鳍鳍条较薄,其中第Ⅰ~Ⅳ鳍条较长,自然张开略呈扇形;胸鳍较短,贴近鱼体时,可覆盖6个大鳞片; 2. 一般无"追星",或在胸鳍上有少量"追星"; 3. 性成熟时,胸鳍比雄体膨大而柔软
青鱼	基本同草鱼。在生殖季节性腺发育良好时,除胸鳍内侧及鳃盖上出现"追星"外,头部也明显出现"追星"	胸鳍光滑无"追星"
鲮鱼	在胸鳍的第Ⅰ~Ⅵ根鳍条上有圆形白色"追星",以第Ⅰ根鳍条上分布最多,用手抚摸有粗糙感,头部也有"追星",肉眼可见	胸鳍光滑无"追星"

引自:王武. 鱼类增养殖学。

（4）性成熟的年龄和体重　在同一水体中,鱼类年龄与体重呈正相关关系,即通常情况下鱼类年龄越大体重也越大。因此,在选择亲鱼时,对于同一水体的同一种鱼可以用鱼类的体重进行大致选择。我国南、北地区家鱼成熟年龄差异较大,南方成熟较早,个体较小;北方成熟较迟,个体较大。一般雄鱼较雌鱼早熟一年。达到性成熟年龄的亲鱼,具有一定的体重。亲鱼性成熟的体重往往与养殖条件、放养密度有一定关系,即养殖条件好,密度较小,体重较大,反之偏小。此外,一般同年龄的雌鱼体重比雄鱼体重大。因此,亲鱼的挑选应将年龄和体重结合起来进行。我国珠江流域、黑龙江流域与长江流域相比,"四大家鱼"的性成熟年龄分别早熟和迟熟1~2年,体重相应降低和增加;鲤、鲫、团头鲂的性成熟年龄和体重都分别相应偏早、偏小和偏迟、偏大（表1-2）。

表 1-2　池养家鱼性成熟的年龄和体重

种类\地区	华南（粤、桂）		华东（苏、浙、湘、鄂）		东北（黑）	
	年龄/年	体重/kg	年龄/年	体重/kg	年龄/年	体重/kg
鲢鱼	2~3	2左右	3~4	3左右	5~6	5左右
鳙鱼	3~4	5左右	4~5	7左右	6~7	10左右
草鱼	4~5	4左右	4~5	5左右	6~7	6左右
青鱼	—	—	7	15左右	—	—
鲮鱼	3	1左右	—	—	—	—

引自:张扬宗,谭玉钧,欧阳海,中国池塘养鱼学。

2. 亲鱼培育池的条件

亲鱼培育池要求水源条件好,注、排水方便,水质良好,无工业污染;阳光充足,距产卵池、孵化场较近;亲鱼池以长方形为好,池底平坦;鱼池面积一般为 $0.2\sim0.3hm^2$,水深 2~3m,特别是北方地区冬天冰冻较厚,亲鱼池在越冬期间水位要比南方高一些。草鱼、青鱼的亲鱼池以沙壤土为好;鲢鱼、鳙鱼的池底以壤土稍带一些淤泥为好;鲮鱼亲鱼池以沙壤土稍有淤泥为好。

亲鱼培育池一般每年清塘、消毒一次,主要是清除过多的淤泥、平整加固池坎、清除野杂鱼、杀灭病原体等。

3. 亲鱼放养的密度

亲鱼放养的密度不宜过大，以重量计算，通常 1500～3000kg/hm²。一般主养一种亲鱼，适当搭配少量其他亲鱼，以充分利用池塘水体空间及饵料生物。选留亲鱼的雌雄搭配比例一般应在 1：(1～1.5)，即雄鱼略多于雌鱼。

二、养殖鱼类的催情产卵

目前我国广泛使用的催产剂主要有三种：鲤鱼脑垂体（PG）、绒毛膜促性腺激素（HCG）和促黄体素释放激素类似物（LRH-A）。另外，还有可提高催产效果的辅助剂，如马来酸地欧酮（DOM）。

1. 催产药物的配制

PG、LRH-A 和 HCG，必须用生理盐水溶解或制成悬浊液，即根据亲鱼体重和药物催产剂量计算出药物总量之后，将药物经过适当处理均匀溶入一定量的注射用水中，即配成注射药液。

注射药液一般即配即用，以防失效。如需放置 1h 以上，则应放入 4℃冰箱中。稀释剂量要方便于注射时换算，一般应控制在每尾亲鱼注射剂量不超过 5mL。

在配制药液时，还应注意药物特性，释放激素类似物和绒毛膜激素均为易溶于水的商品制剂，只需加入少量注射用水，充分溶解摇匀后，再将药物完全吸出并稀释到所需的浓度即可。脑垂体注射液配制前应取出脑垂体晾干，在干净的研钵内充分研磨，研磨时加几滴注射用水，磨成糨糊状，再分次用少量注射用水稀释并同时吸入注射器，直至研钵内不留激素为止，最后将注射液稀释到所需浓度。若进一步离心，弃去沉渣取上清液使用更好，能避免堵塞针头，并可减少异性蛋白所起的副作用。DOM 与其他药混合使用时，需要单独配翻，即利用注射用水总容量的一半配制 DOM，另一半配制其他药物。

配制注射液应考虑在注射过程中造成的药物损失量。鱼尾数越多，损失量越大，一般损失量为配制总容量的 3%～5%。在配制催产药物之前，需根据亲鱼个体的最大注射容量计算总容量，然后根据催产亲鱼的尾数确定损失的比例，补上损失的容量和相应的药量。还应当注意注射液不宜过浓或过稀。过浓，注射液稍有浪费会造成剂量不足；过稀，大量的水分进入鱼体，对鱼不利。此外，注射器及配制用具使用前要煮沸消毒。

2. 催产期的确定

鱼性腺的发育随着季节、水温变化而呈周期性变化，从性腺成熟到开始退化之前的这段时间就是亲鱼的催产期。最佳催产期持续的时间都不长，只有在催产期内对亲鱼催产，雌鱼卵巢对催产剂才能敏感，催产才能成功。过了催产期，性腺就开始退化。

当早晨最低水温能持续稳定在 18℃以上时，就预示催产期到来。催产水温以 22～28℃为宜；性腺成熟的亲鱼摄食量明显减退，甚至不吃东西。要想准确确定亲鱼的催产期，还应有选择地拉网检查亲鱼性腺发育情况，观察雄鱼是否有精液、雌鱼腹部饱满程度及性腺的发育情况。

3. 注射催产剂

（1）注射次数　应根据亲鱼的种类、催产剂的种类、催产季节和亲鱼性腺成熟度等来决定。可分为一次注射、二次注射，青鱼亲鱼催产甚至还有采用三次注射的。一般情况下，两次注射法效果较一次注射法为好，其产卵率、产卵量和受精率都较高，亲鱼发情时间较一致，适用于早期催产或亲鱼成熟度不够的情况下催产，因为第一针有催熟的作用。第一次注入量为总量的 1/10（若注射量过高，很容易引起早产），剩余量第二次注入鱼体。两次间隔的时间根据当时水温而定，在繁殖季节早期（20℃左右）间隔 8h 左右，中期（25℃左右）

6h左右，后期（30℃左右）4h左右。水温低或亲鱼成熟度不够好时，间隔时间长些，反之则应短些。

（2）注射时间　任何时间都可注射催产剂，以促进亲鱼性腺成熟、发情、产卵。根据天气、水温和效应时间选择适当时间注射，可预测注射后亲鱼发情、产卵的时间，便于人工观察、管理和有关技术操作，提高效率。生产上为了使亲鱼在早上产卵，一般一次性注射多在下午进行，次日清晨产卵；两次注射，一般第一针在早上9:00左右进行，第二针在当日下午6:00～8:00时进行。日温差较大的地区可向后移1～3h，以便产卵时水温较高。

（3）注射方法　注射前用鱼夹子提取亲鱼称重，计算实际需注射的剂量。注射时，一人拿鱼夹子，使鱼侧卧露出注射部位，另一人进行注射。根据注射部位的不同，一般可分为胸腔注射、腹腔注射和肌内注射三种注射方法。

① 胸腔注射。从亲鱼胸鳍基部的无鳞凹陷处注射，针头朝鱼体前方与体轴成45°～60°刺入，迅速注入药液，深度一般为1cm左右。注射速度快、药容量大，是最常用的方法。但一定要把握好注射深度，以防扎到亲鱼心脏。

② 腹腔注射。从亲鱼腹鳍基部注射，注射角度为30°～45°，深度为1～2cm。

③ 肌内注射。选择背鳍下方肌肉最厚处，用针尖翘起鳞片，顺着鳞片向前刺入肌肉1～2cm，与体表成30°～40°刺入亲鱼肌肉，并缓缓注入药液。这种方法适合药液较少的注射，如行两次注射的第一针。

（4）主要养殖鱼类人工催产药物的常用剂量

① 青鱼人工催产。常用剂量为每千克体重LRH-A 5μg、HCG 500IU、PG 3mg。进行二次注射时，第一针LRH-A 1μg/kg体重，雌、雄同样注射。水温25℃以上，间隔15～18h注射第二针。一般青鱼发情不明显，自产受精率低，甚至不产，应按预测效应时间拉网检查，进行人工授精。

② 草鱼人工催产。常用剂量为LRH-A 3～5μg/kg体重。在水温偏低和亲鱼性腺发育较差时，每千克体重DOM 2～5mg。

③ 鲢鱼、鳙鱼人工催产。常用剂量为HCG 800～1000IU/kg体重。在水温偏低和亲鱼性腺发育较差时，每千克体重加DOM 2～5mg。

④ 鲤鱼、鲫鱼人工催产。常用剂量为每千克体重DOM 2～5mg、LRH-A 10μg。

⑤ 团头鲂人工催产常用剂量为LRH-A 8～10μg/kg体重。在水温偏低和亲鱼性腺发育较差时，每千克体重加DOM 2～5mg。

（5）效应时间　亲鱼注射催产剂后（两次或三次注射从最后一次注射完成算起）到开始发情所需的时间叫效应时间。效应时间的长短与催情剂的种类、注射次数、亲鱼种类、年龄、性腺成熟度以及水温、水质条件等密切相关，主要由水温决定，水温与效应时间呈负相关（表1-3）。一般情况下，水温每相差1℃，从注射到发情产卵的时间要增加或减少1～2h。一般两次注射比一次注射效应时间短。脑垂体的效应时间比绒毛膜激素短，绒毛膜激素又比类似物短。通常鳙鱼的效应时间最长，草鱼效应时间最短，鲢鱼和青鱼效应时间相近。

表 1-3　草鱼一次注射催产剂的效应时间

水温/℃	催产剂		水温/℃	催产剂	
	PG/h	LRH-A/h		PG/h	LRH-A/h
20～21	14～16	19～22	26～27	9～10	12～15
22～23	12～14	17～20	28～29	8～9	11～13
24～25	10～12	15～18			

引自：张扬宗，谭玉钧，欧阳海. 中国池塘养鱼学。

4. 产卵池

家鱼产卵池是模拟天然产卵场的流水条件，包括产卵池、集卵池和排灌设施。产卵池的种类很多，多为直径 8～10m、面积 50～100m² 的圆形水泥池（图 1-25）。池底由四周向中心倾斜 10～15cm。池深 1.5～2.0m，池底中心设方形或圆形出卵口一个，出卵时由暗道引入集卵池。墙顶每隔 1.5m 设稍向内倾斜的挂网杆插孔一个。集卵池一般为长方形，长 2.5m、宽 2m，其池底较产卵池底低 25～30cm。在集卵池设溢水口一个，底部设排水口一个。集卵池墙一边设 3～4 级阶梯，每一级阶梯设排水洞一个，可采用阶梯式排水。集卵网与出卵暗管相连，放置在集卵池内，以收集鱼卵。

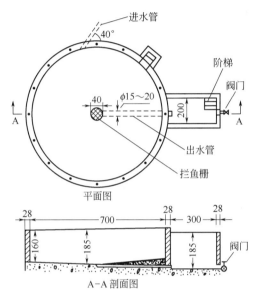

图 1-25　产卵池（单位：cm）

5. 发情和产卵

（1）发情　亲鱼注射催产剂后在激素作用下，经过一定的效应时间，产生性兴奋现象，雄鱼追逐雌鱼即是发情。开始时比较缓慢，以后逐渐激烈，使水面形成明显的波纹和旋涡，激烈时甚至能跃离水面。在水质清新时，可看到发情的雌、雄"四大家鱼"腹部朝上，肛门靠近，齐头由水面向水下缓游．精、卵产出，甚至射出水面，清晰可见；有时还可观察到雄鱼在下，尾部弯曲抱住雌鱼，肛门靠近，将雌鱼托到水面。

（2）产卵　"四大家鱼"、鲤、鲫、团头鲂等鱼类的发情、产卵时间主要取决于当时的水温，通过测定水温可以推算预测其发情、产卵的时间。当水温在 20℃ 时，采用一次注射，经 14～16h 即开始发情、产卵；如采用两次注射，打第二针后约经 8～11h 即开始发情、产卵。而水温每上升或下降 1℃，则分别提早或推迟 1h 左右。此外，发情、产卵还受亲鱼种类、亲鱼性腺发育程度、注射次数、催产剂种类和剂量等因素的影响。一般注射 PG 比 HCG 效应时间要少 1～2h，注射 LRH-A 的效应时间要比注射 HCG 和 PG 要长一些。

6. 鱼卵收集

亲鱼注射催产剂后，必须有专人值班，密切注意鱼的动态。一般在发情前 2h 开始冲水，发情约 0.5h 后便可产卵，若产卵顺利，一般可持续 2h 左右。受精卵在水流的冲动下，很快进入集卵箱。当集卵箱中出现大量鱼卵时，应及时捞取，经计数后放入孵化工具中孵化，以免鱼卵在集卵箱中沉积而导致窒息死亡。产卵结束，可捕出亲鱼，放干池水，冲放池底余卵。

亲鱼产卵过程中也会遇到半产、难产现象，亲鱼能否顺利产卵与亲鱼体质、水温、雌鱼性腺成熟度、催产剂量等有直接关系。

7. 人工授精

用人工方法采取成熟的卵子和精子，将它们混合后使之完成受精的过程叫人工授精。进行人工授精需密切注意观察发情鱼的动态，当亲鱼发情至高潮即将产卵之际，迅速捕起亲鱼采卵、采精，并立即进行人工授精。鱼类人工授精的方法有干法、湿法和半干法三种。

（1）干法人工授精　首先分别用鱼夹装好雌、雄鱼沥水，用毛巾擦去鱼体表和鱼夹上的水。将鱼卵挤入擦净的盆中（"四大家鱼"）或大碗内（鲤鱼、鲫鱼、团头鲂等），接着挤入数滴精液，用羽毛轻轻搅拌，约 1～2min，使卵混匀，再加少量清水拌和，静置 2～3h，慢慢加入半盆清水，继续搅动，使其充分受精，然后倒去混浊水，再用清水洗 3～4 次。"四大家鱼"受精卵，待卵膜吸水膨胀后，移入孵化器中孵化；鲤鱼、鲫鱼、团头鲂等受精卵，可撒入鱼巢孵化，也可通过脱黏后在孵化器中孵化。

（2）湿法人工授精　塑料盆内装少量清水，由两人分别同时将卵和精液挤入盆内，并由另一人用羽毛轻轻搅动或摇动，使精卵充分混匀，其他同"干法人工授精"。该法不适合黏性卵，特别是黏性强的鱼卵不宜采用。

（3）半干法人工授精　半干法授精与干法的不同点在于，将雄鱼精液挤入或用吸管由肛门处吸取，加入盛有适量 0.3%～0.5% 生理盐水的烧杯或小瓶中稀释，然后倒入盛有鱼卵的盆中搅拌均匀，最后加清水再搅拌 2～3min 使卵受精。

生产中最常用的是干法人工授精，但值得注意的是，亲鱼精子在淡水中存活的时间极短，一般在半分钟左右，所以需尽快完成全过程。

8. 鱼卵计数方法

（1）体积法　用容器量出鱼卵的总体积，再测出单位体积内的鱼卵数，用鱼卵的总体积乘以单位体积内的鱼卵数即可。若卵已经开始吸水，则应待充分吸水膨胀后再测定。

（2）重量法　雌鱼产卵前、后的重量之差乘以单位重量的卵粒数。

9. 产后亲鱼的护理

亲鱼产卵后体质十分虚弱，催产过程中又极易受伤，稍不注意便会导致亲鱼死亡。一般产后亲鱼应放入水质良好、溶氧充足的池塘精心饲养，使它们尽快恢复体质。若是受伤亲鱼可用各种抗生素或磺胺类软膏涂抹伤口，也可用高锰酸钾溶液涂抹。伤情较重的，可同时注射青霉素（剂量为 10000 IU/kg 体重）或 10% 的磺胺噻唑钠，体重 5～8kg 的亲鱼注射 1mL。

三、养殖鱼类的孵化

受精卵在一定环境条件下经过胚胎发育最后孵出鱼苗的全过程叫孵化。人工孵化就是要创造合适的孵化条件，使胚胎正常发育成鱼苗。

1. 孵化条件

（1）水质　因家鱼卵均为半浮性卵，在静水条件下会逐渐下沉、堆积，导致溶氧不足、胚胎发育迟缓，甚至窒息死亡。在水流的作用下可使受精卵漂浮，流水可提供充足的溶氧，及时带走胚胎排出的废物，保持水质清新。水流的流速一般为 0.3～0.6m/s，以鱼卵能均匀随水流分布漂浮为原则。鱼卵孵化要求 pH 值为 7.5～8.5，pH 值过高易使卵膜变软甚至溶解；过低容易形成畸形胎。受工业或农药污染的水，不能用作孵化用水。

（2）溶氧　鱼胚胎在发育过程中，因新陈代谢旺盛需要大量的氧气。孵化期间要求溶解氧不低于 4mg/L，最好保持在 5～8mg/L。实践证明，当水体中溶氧低于 2mg/L 时，可导致胚胎发育受阻甚至出现死亡。在胚胎出膜前期，如果缺氧会导致提早出膜，但溶氧过饱和容易导致鱼卵和幼苗气泡病。

（3）水温　鱼卵孵化最适水温为 $24\sim26℃$，适宜水温为 $22\sim28℃$，在最适水温中孵化率最高。正常孵化出膜时间为 1 天左右，在适宜水温范围内随着水温升高，孵化速度加快，相反则减慢。水温低于 $17℃$ 或高于 $31℃$ 都会对胚胎发育造成不良影响，甚至死亡。水温的突然变化也会影响正常胚胎发育，造成停滞发育或产生畸形甚至死亡。

（4）敌害生物　鱼卵孵化期间主要敌害有以剑水蚤和水蚤为代表的桡足类、枝角类、水生昆虫、小鱼和小虾等。桡足类、枝角类不但会消耗大量氧气，同时还能用其附肢刺破卵膜或直接咬伤仔鱼及胚胎，造成大批死亡；水生昆虫、小鱼、小虾可直接吞食鱼卵，因此必须彻底清除。孵化用水必须用 60 目的筛绢过滤。

2. 孵化设施

生产中常用的孵化设施有孵化桶（缸）、孵化环道及孵化槽等。基本原理是创造均匀的流水条件，使鱼卵悬浮于流水中，可在溶氧充足、水质良好的水流中翻动孵化，因而孵化率较高（80%左右）。一般要求孵化设施内壁光滑、没有死角，不会积卵和积苗。每立方水可容卵 100 万～200 万粒。

（1）孵化环道　分圆形和椭圆形两种，适用于大规模生产使用，按环数可分为单环型、双环型、三环型等几种。一般认为椭圆形环道比圆形好，因其减少了水流循环时的离心力，从而减少了环道的内壁死角。整个环道孵化系统由蓄水池、环道、过滤窗、进水管道、排水管道、集苗池等组成（图 1-26）。

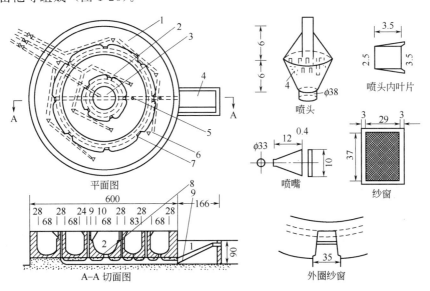

图 1-26　孵化环道（单位：cm）

1—外圈环道；2—内圈环道；3—中心孵化池；4—出苗池；
5—排水取苗管；6—喷头；7—外圈纱网；8—中心孵化池；9—集卵箱

蓄水池主要为了保证孵化用水的流量、流速及水质，蓄水池与孵化环道要有 1m 以上的水位落差。环道中每环的宽度一般为 80cm，深 $1.0\sim1.2$m，底部呈弧形。过滤窗为长方形，装有 50 目过滤筛绢，窗向外倾斜，以便洗刷。过滤窗是为了防止卵和苗溢出以及保持环道水位。过滤窗的总面积与放卵密度、流量、筛绢孔径大小等因素有关，圆形环道过滤窗的大小为 50cm×30cm，内环 8 个，外环 14 个；椭圆形环道过滤窗的大小为 120cm×70cm，每环 4 个。进水管道全部为埋在地下的暗管，半径 100～150mm，用瓷管或镀锌钢管，按环道各环走向，每隔 1.5～2m 设一鸭嘴形的喷头，喷头管口为 25mm 左右，安装时离池底 5～10cm，向环道内壁切线方向喷水，使水环流，不形成死角。孵化用水由过滤窗、溢水口、暗沟和跌水孔进入埋在地下的排水管道，排水管与每环的出苗口相连，并直接通集苗池。

（2）孵化桶（缸）　适用于小批量的鱼卵孵化，一般由白铁皮或塑料制成，也有用普通水缸改制而成（图 1-27）。要求缸形圆整，内壁光滑，以容水量 200L 左右为宜，可按每100L 水放卵 10 万～20 万粒孵化。该孵化设备具有放卵密度大、孵化率高、使用方便等优点。

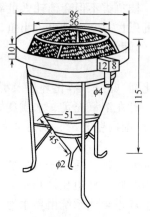

图 1-27　孵化桶（单位：cm）

（3）孵化槽　孵化槽是用砖和水泥砌成的一种长方形水槽，大小依据生产需要。较大的长 300cm，宽 150cm，高 130cm。每立方米可放 70 万～80 万粒鱼卵。槽底装三只鸭嘴喷头进水，在槽内形成上、下环流。

3. 孵化方法

养殖鱼类的孵化方法主要有以下四种。

（1）静水充氧孵化法　该法需要的器具主要有空气压缩机、通气总管、支管、散气石、塑料盆、木桶或玻璃缸、水族箱等。将受精卵均匀地洒在孵化容器底部，不要堆积，加水至15cm，连续充氧。每天换水 4 次，每次换水量为总水量的（1/4）～（1/3），换水后还要用吸管吸出死卵、未受精卵和感染水霉病的卵。该方法操作简单、方便、用水量小，但是孵化率较低。

（2）流水孵化法　该法是利用家鱼孵化用的孵化环道、孵化桶、孵化池等设备孵化。受精卵放在环道中，被流水冲起，始终处于漂浮状态，有充足的溶氧进行孵化。孵化时受精卵放在木桶、缸内，水流从桶、缸底冲入，水流使鱼卵漂浮于水中，溢满的水通过滤水纱网从上部流出。

（3）淋水孵化法　在寒潮侵袭、水温太低的情况下，将鱼巢移入室内进行淋水孵化。操作时，将鱼巢移到室内整齐平放在分层的竹（木）框架上，鱼巢上、下分别放置一薄层板或其他草类，每隔 30min 左右用喷壶洒水 1 次，保持鱼巢、鱼卵湿润。同时，关好室内窗户以保温、保湿，室温保持在 18～20℃。当眼点出现后，应及时将鱼巢移入池塘继续孵化。该法仅适用于黏性卵。

（4）脱黏孵化法　脱黏孵化法又叫人工授精脱黏孵化方法。即将精、卵在黄泥浆水中受精，脱黏后用孵化环道、孵化槽和孵化桶（缸）进行流水孵化。操作时先准备好黄泥浆水，即每 10L 清水加入不含沙或少含沙的黄泥 2～3kg，充分搅拌，并用 40 目网片过滤，除去杂物放入盆（桶）内备用。脱黏时，一人将鱼卵缓缓倒入装有过滤泥浆水的容器内，另一人不停地用手上、下翻动泥浆水 5~10min，然后将卵和泥浆一同倒入 40 目网箱中，洗去泥浆，卵粒计数后放入孵化器中孵化。

4. 孵化管理

催产前必须对孵化设施进行一次彻底的检查、试用，发现问题及时修复，特别是进排水系统、水流情况、水源情况、排水滤水窗纱有无损坏、进水过滤网是否完好、所用工具是否备齐等。有关工具及设施清洗干净、消毒后备用。孵化期间，以水流的速度控制在不使卵粒、仔鱼下沉、堆积为度，鱼苗平游后应适量降低流速。随时清洗过滤窗筛网，以保证排水畅通。若孵化水体中剑水蚤数量较多，可泼洒 0.1mg/L 的晶体敌百虫水溶液杀灭。

项目三　主要养殖鱼类鱼苗、鱼种的培育

鱼苗培育，是指将孵化后的鱼苗养成 3~5cm 的稚鱼的饲养过程；鱼种培育，指将 3~5cm 的小规格稚鱼养成能直接供池塘、湖泊、水库、河沟等水体放养的大规格鱼种的过程。鱼苗长到全长 3cm 左右时，称为夏花鱼种。夏花鱼种培育到当年 12 月底出池为 1 龄鱼种；培育到第二年冬季出池时，称为 2 龄鱼种。一般把从鱼苗入池培育到 2 龄鱼种的这段生产过程统称为鱼苗、鱼种培育，其间分为鱼苗培育和鱼种培育两个阶段。

一、鱼苗、鱼种培育的基础知识

1. 鱼苗阶段的生物学特征与鉴别

不同种类的鱼苗主要根据其体形大小、眼的大小和位置、鳔的形态大小及位置、尾的形状、体色及游泳特点等方面鉴别，具体鉴别方法见表 1-4。

表 1-4　几种养殖鱼类鱼苗的形态特征与鉴别

鱼苗	体形	体色	色素	鳔	尾部
青鱼苗	长、弯曲	淡黄色	灰黑色，自鳔到尾端，在鳔处略向上弯曲	椭圆、狭长、前钝后尖	具不规则小黑点
草鱼苗	小、胖	淡橘黄色	自鳔到肛门	椭圆、狭长、离头较近	小如笔尖，呈红色
鲢鱼苗	较小、直	灰白色	自鳔到尾部，未达到脊索末端	椭圆、狭长、前钝后尖	有上、下两黑点，尾上大下小
鳙鱼苗	较大、胖	嫩黄色	黄色，自鳔前到肛门	椭圆、比鲢鱼苗大、距头远	下叶具一黑点，尾呈半圆形
鲫鱼苗	小且鳔后部分逐渐变小	淡黄色	灰黑色	卵圆、后端稍尖	尾鳍圆形下叶有不规则黑色素
鲤鱼苗	粗短、头大	浅褐色	粗、黑色	椭圆、前钝后尖	尖细
鲮鱼苗	短小、胖	微红色	无	葫芦形、前钝后尖	尾鳍圆形，基部具一星状色素

2. 食性变化

刚孵出的鱼苗以卵黄囊中的卵黄为营养，称内营养期；随着鱼苗逐渐长大，卵黄囊变小，此时鱼苗一面吸收卵黄，一面摄食外界食物，称混合营养期；卵黄囊消失后，鱼苗完全靠摄食水中的浮游生物生长，称外营养期。几种主要养殖鱼类由鱼苗成长为鱼种的过程中，

它们的食性将发生明显的变化。

（1）仔鱼早期　此时鱼苗刚刚下塘1～5天，全长一般为7～10mm。鲢鱼、鳙鱼、鲤鱼、草鱼等鱼苗的"口径"（指鱼口的长径）大小相似，为0.22～0.29mm，适口食物大小为（165～210）μm×700μm。食物主要有轮虫和小型枝角类，个体过大、过小的食物都不适合。

（2）仔鱼中期　鱼苗下塘后5～10天，全长一般为12～15mm。几种常见鱼类鱼苗的口径大小基本为0.62～0.87mm，但摄食方式已开始出现区别。鲢鱼苗、鳙鱼苗的摄食方式由吞食向滤食转化，适口的食物是轮虫、枝角类、桡足类、少量无节幼体和较大型的浮游植物；鲤鱼苗、草鱼苗的摄食方式仍然是吞食，适口食物是轮虫、枝角类、桡足类，还能吞食少量摇蚊幼虫等底栖动物。

（3）仔鱼晚期　鱼苗下塘后培育10～15天，此时全长一般为16～20mm，即乌仔阶段。此时鲢鱼苗、鳙鱼苗由吞食完全转为滤食，但鲢鱼苗的食物以浮游植物为主，鳙鱼苗的食物以浮游动物为主；草鱼、青鱼、鲤鱼等鱼苗口径增大、摄食能力增强，可主动吞食大型枝角类、摇蚊幼虫和其他底栖动物，草鱼鱼苗开始吃幼嫩水生植物。

（4）夏花期　此时鱼苗的全长一般为21～30mm。几种常见鱼类鱼苗的食性分化更加明显，很快进入鱼种期。

（5）鱼种期　此时鱼体全长一般为31～100mm。摄食器官和滤食器官的形态和功能都基本与成鱼相同。草鱼、青鱼、鲤鱼等的上、下颌活动能力增强，可以挖掘底泥，有效地摄取底栖动物。

综上所述，草鱼、青鱼、鲢鱼、鳙鱼、鲤鱼五种主要养殖鱼类，由鱼苗发育至鱼种阶段，其摄食方式和食物组成发生规律性变化。鲢鱼、鳙鱼由吞食转为滤食，鲢由吃浮游动物转为主要吃浮游植物，鳙鱼由吃小型浮游动物转为吃各种类型的浮游动物；草鱼、青鱼、鲤鱼等始终都是主动吞食，草鱼由吃浮游动物转为吃草，青鱼由吃浮游动物转为吃螺、蚬等底栖动物，鲤鱼由吃浮游动物转为主要吃摇蚊幼虫和水蚯蚓等底栖动物。

3. 生活习性

（1）栖息水层　鱼苗培育是在池塘等小水体中进行的。初下塘时，各种鱼苗在池塘中大致是均匀分布的。当鱼苗长到15mm左右时，各种鱼苗所栖息的水层随着它们食性的变化而各有不同。鲢鱼苗、鳙鱼苗因滤食浮游生物，多在水域的中、上层活动；草鱼苗食水生植物，喜欢在水的中、下层及池边浅水区成群游动；青鱼苗和鲤鱼苗除了喜食大型浮游动物外，主要吃底栖动物，所以栖息在水的下层，也到岸边浅水区活动。

（2）水温　鱼苗、鱼种的新陈代谢受温度影响很大，当水温降到15℃以下时，主要养殖鱼类的食欲明显减弱；水温低于7℃时，几乎停止或很少摄食。它们的最适生长温度为20～28℃，水温高于36℃则生长受到抑制。

（3）水质　鱼苗、鱼种对水质的适应能力相对比成鱼差，因此对水质条件要求比较严格。

① 溶氧。鱼苗、鱼种的代谢强度比成鱼高得多，因此对水中的溶氧量要求高，草鱼、青鱼、鲢鱼、鳙鱼、鲤鱼等摄食和生长的适宜溶氧量在5～6mg/L或更高，水中溶氧应在4mg/L以上，低于2mg/L则鱼苗生长受到影响，而低于1mg/L则容易造成鱼苗浮头死亡。

② pH值。鱼苗、鱼种的最适pH值为7.5～8.5，长期低于6.5或高于9.0都会不同程度地影响鱼苗、鱼种的生长和发育。

③ 盐度。成鱼可在盐度为5的水域中正常发育，而鱼苗在盐度为3的水中生长缓慢、成活率很低，鲢鱼苗在盐度为5.5的水中不能存活。

④ 氨氮。当总氨浓度大于0.3mg/L时（pH值为8），鱼苗生长受到抑制。

4. 生长特点

（1）鱼苗的生长特点　鱼苗到夏花阶段相对生长率最大，是生命周期的最高峰。据测定，鱼苗下塘 10 天内，平均每 2 天体重增加 1 倍多，平均每天增重 10～20mg。鲢鱼苗平均每天增长 0.71mm，鳙鱼苗为 1.2mm。

（2）鱼种的生长特点　鱼种阶段鱼体的相对生长率较鱼苗阶段有显著下降，在 100 天的培育期间内，每 10 天体重约增加 1 倍，但绝对增重量则显著增加。鲢鱼平均每天增重 4.19g，鳙鱼 6.3g，草鱼 6.2g，是鱼苗阶段绝对增重的 200～600 倍。在体长增长方面，鲢鱼平均每天增长 2.7mm，鳙鱼 3.2mm，草鱼 2.9mm。鲢鱼种体长增长为鱼苗阶段的 2 倍多，鳙鱼种体长增长为鱼苗阶段的 4 倍多。影响鱼苗、鱼种生长速度的因素很多，除了遗传性状外，还与生态条件密切相关，主要有放养密度、食物、水温和水质等。

二、鱼苗培育

为了提高夏花鱼种的成活率，在鱼苗培育阶段要创造无敌害生物、水质良好的生活环境，要保持数量多、质量好的适口饵料，以便培育出体质健壮、适合于高温运输的夏花鱼种。

1. 鱼苗培育前的准备

（1）鱼苗池的选择　为了保证鱼苗正常生长发育，在鱼苗培育过程中，需要随时注水和换水。要求鱼苗池注、排水方便、水源水质清新、不含泥沙和其他任何污染物质。鱼苗池要池形整齐，最好为长方形东西走向，其长宽比为 5∶3，面积为 1000～2000m²，水深 1.0～1.5m 为宜。鱼苗池堤坝牢固不漏水，其高度应超过最高水位 0.3～0.5m。池底平坦，并向出水口倾斜，且以壤土为好，池底淤泥厚度少于 20cm，无杂草。鱼苗池通风向阳，其水温升高快，有利于有机物的分解和浮游生物的繁殖，保持鱼池较高的溶氧水平。

（2）鱼苗池的清整和消毒　鱼苗池使用过以后要排干池水，清除过多淤泥。通过日晒、冰冻等自然过程可杀死部分致病菌、病毒、害虫和各类水生动、植物。春天时清除水线上下的各类杂草、脏物，修堤，堵漏，平整池堤、池坡。一般在鱼苗放养前 10～12 天进行药物清塘，清塘时间过早或过晚，都会给鱼苗培育带来不利影响。清塘常用的药物有生石灰、漂白粉、清塘净等。

生石灰清塘时，先把池水排低至 6～10cm，在池底四周挖若干个小坑，按照 60～70kg/亩❶的用量将生石灰倒入小坑内加水兑浆后，立即向全池均匀泼洒。为了提高清塘效果，次日可用铁耙将池底耙动一遍，使生石灰与底泥充分混合。生石灰清塘经济实用、方法简单、清塘效果最好，是目前最常用的清塘方法。

漂白粉清塘，药性消失快，对急于使用的鱼苗池更为适宜。漂白粉清塘时同样要先将池水排至 5～10cm，按照 100kg/hm² 左右的用量将漂白粉在瓷盆内用清水溶解后，立即全池泼洒。

（3）培养天然开口饵料　鱼苗下池时能吃到适口的食物是鱼苗培育的关键技术之一，也是提高鱼苗成活率的重要环节。主要养殖鱼类鱼苗的天然开口饵料有轮虫和类似轮虫大小的其他原生动物。

鱼苗培育池清整、消毒以后，在鱼苗下池前 7 天左右注水 50～60cm，并立即向池中施放发酵的绿肥或粪肥（畜粪、禽粪等）150～300kg/亩，或施微生物菌肥 20～30kg/hm²（或依说明书施用），以繁殖适量的天然饵料，俗称"肥水下塘"。在水温 25℃左右时，施肥后 5 天左右轮虫会大量出现，逐渐达到繁殖的高峰期，如果此时投入鱼苗，鱼苗就可摄食丰富、可口的活饵料，生长快，成活率高。

---

❶ 1 亩＝666.67m²。

为了促进轮虫繁殖生长，鱼苗下塘前，以拉空网的方式翻动底泥，使沉入泥中的轮虫冬卵翻起、孵化、生长而增加其数量。如果水质"变瘦"，应适当"追肥"，以补充水中有机质和营养盐类，保持一定数量的轮虫和藻类，为鱼苗提供充足的天然饵料。

（4）放苗前的准备 放苗前1～3天要对鱼苗培育池水质仔细检查，包括测试清塘药物的毒性是否消失。方法是取池塘底层水用几尾鱼苗试养，观察24h左右，若鱼苗生活正常，可以放苗；检查鱼苗培育池中有无有害生物，方法是用鱼苗网在塘内拖几次，俗称"拉空网"。若发现大量丝状绿藻，应用硫酸铜杀灭，并适当施肥，如有其他有害生物也要及时清除；观察池水水色，一般以黄绿色、淡黄色、灰白色（主要是轮虫）为好，池塘"肥度"以中等为好，透明度20～30cm，浮游植物生物量20～50mg/L。若池水中发现大量的大型枝角类，可用0.2～0.5mg/L的晶体敌百虫全池泼洒，并适当施肥。

2. 鱼苗的放养

（1）放养密度 鱼苗的放养密度对鱼苗的生长速度和成活率有很大影响。密度过大则鱼苗生长缓慢或成活率较低，由鱼苗培育至夏花的时间过长，影响下一步鱼种的饲养；密度过小，虽然鱼苗生长较快，成活率较高，但浪费池塘水面，肥料和饵料的利用率也低，从而成本增高。在确定放养密度时，应根据鱼苗、水源、肥料、饵料来源、鱼池条件、放养时间以及饲养管理水平等情况灵活掌握。

目前，鱼苗培育大都采用单养的形式，由鱼苗直接养成夏花，放养密度为10万～15万尾/hm²；由鱼苗养成乌仔，放养密度为15万～20万尾/hm²；由乌仔养到夏花时，一般放养密度为3万～5万尾/hm²。

（2）鱼苗下塘时的注意事项 鱼苗幼嫩，对环境的适应能力较弱，特别是经过长途运输的鱼苗，在放入培育池时应注意以下事项。

① 鱼苗入池标准。准备下塘的鱼苗必须是腰点（膘）大部已经显现，肉眼清晰可见，卵黄囊基本消失，体色清淡，游动活泼，在鱼盘内能逆水游动，去水后能在盘中弯体摆动，能摄食外界食物。

② 暂养。凡是经过运输的鱼苗，须先放在鱼苗暂养箱中暂养后再下塘。塑料袋充氧密封运输的鱼苗，特别是长途运输的鱼苗，应先放入暂养箱中暂养0.5h左右，并在箱外搅动池水，以增加暂养箱内水的溶氧。当暂养箱中的鱼苗能集群在箱内逆水游动，即可下塘。

③ 饱食下塘。鱼苗下塘前先喂食，以提高鱼苗下塘后的觅食能力和成活率。将煮熟的鸡蛋黄用双层纱布搓碎，均匀泼洒到鱼苗暂养箱内，待鱼苗饱食后，肉眼可见鱼体内有一条白线，方可下塘。一般每10万尾鱼苗喂1个蛋黄。

④ 温度。鱼苗下塘的安全水温不能低于15℃，一般要求水体温差不超过±2℃。

⑤ 天气。闷热天、气压低或暴雨前后鱼苗不宜入池，否则会明显降低成活率，甚至全部死亡；长期阴雨、水温低时鱼苗入池后成活率会降低。下塘时应选择在鱼池上风向方位入池，以便鱼苗随风游开。

⑥ 敌害生物。放养鱼苗前用密眼网拉1～3遍，如发现培育池中有大量蛙卵、蝌蚪、水生昆虫或残留野杂鱼等敌害生物，须重新清塘消毒。

⑦ 水质。鱼苗下塘时，池水透明度最好在30～35cm。如池水"过肥"则应加些新水；如果池水中枝角类、桡足类较多，池水透明度大，可用0.2～0.5mg/L的晶体敌百虫全池泼洒进行杀灭，也可以放养体长13cm左右的鳙鱼300～450尾/hm²，待枝角类、桡足类等浮游动物被吃掉后，将鳙鱼全部捕出，然后放入鱼苗。

⑧ 下塘时间。一般选择在晴天上午进行，有利于鱼苗适应环境的改变。

3. 鱼苗的饲养管理

（1）精细喂养 根据不同发育阶段鱼苗对饵料的不同要求，可分为四个阶段进行强化培育。

① 轮虫阶段。此阶段为鱼苗下塘 1～5 天。此期鱼苗主要以轮虫为食，为维持池内轮虫的数量，鱼苗下塘开始，每天上午、中午、下午各泼洒豆浆 1 次，每次每公顷泼豆浆 15～17kg。

② 水蚤阶段。此阶段为鱼苗下塘后 6～10 天。此期鱼苗主要以水蚤等枝角类为食。每天需泼豆浆 2 次（上午 8:00～9:00，下午 1:00～2:00），每次每公顷豆浆量可增加到 30～40kg。在此期间，追施一次腐熟粪肥，施肥量为 100～150kg/hm²，以培养大型浮游动物。

③ 精料阶段。此阶段为鱼苗下塘后 11～15 天。此期水中大型浮游动物数量下降，不能满足鱼苗生长的需要，鱼苗的食性已发生明显转化，开始在池边浅水寻食。此时，应改投豆饼糊或磨细的酒糟等精饲料，每天每公顷投干豆饼 1.5～2.0kg。这一阶段必须投喂数量充足的精饲料，以满足鱼苗生长的需要。

④ 锻炼阶段。此阶段为鱼苗下塘后 16～20 天。此期鱼苗已达到夏花规格，需拉网锻炼，以适应高温季节出塘分养的需要。此时豆饼糊的数量需进一步增加，每天每公顷投干豆饼 2.5～3.0kg。此外，池水也应加到最高水位。

（2）日常管理　鱼苗入池后，首先观察其活动状态是否正常。凡正常的鱼苗应立刻向四周游动散开，1h 内在鱼池边的水下可观察到鱼苗有规律地游动并开始摄食。

① 分期注水。鱼苗饲养过程中分期注水是加速鱼苗生长和提高鱼苗成活率的有效措施。在鱼苗入池时，池塘水深 50～60cm，然后每隔 3～5 天加水 1 次，每次注水 10～20cm，培育期间共加水 3～4 次，最后加至最高水位。注水时须在注水口用密网过滤，防止野杂鱼和其他敌害生物进入鱼池，同时避免水流直接冲入池底把水搅浑，具体注水时间和注水量要根据池水肥度和天气情况灵活掌握。分期注水可使水温提高快，促进鱼苗生长，又可节约饵料和肥料，同时容易掌握和控制水质。

② 巡塘。每天早晨和下午各巡塘 1 次，早晨巡塘要特别注意观察鱼苗有无浮头现象，如有浮头应立即注入新水或采取其他措施。要在早晨日出前捞出蛙卵，否则日出后，蛙卵下沉不易发现。观察鱼苗活动、生长和摄食情况，以便及时调整投饵、施肥数量，随时消灭有害昆虫、有害鸟类和池边杂草等。及时发现和治疗鱼病，做好各种记录，以便不断总结经验。

③ 控制水质。池水以呈绿色、黄绿色、褐色为好。透明度以 25～30cm 为宜。

④ 鱼苗培育阶段病害的防治。鱼苗培育早期阶段的鱼病主要是气泡病，而敌害有以水蜈蚣为代表的水生昆虫，以水绵、水网藻为代表的藻类，甚至过多的大型浮游动物、水生草类和水边杂草也会对下塘鱼苗构成危害。此外，野杂鱼类、虾类、螺类、蚌类、贝类、蝌蚪等都是鱼苗的敌害。到了培育后期，随着鱼体不断长大和食性转化，鱼病逐渐增多，如以车轮虫、斜管虫、鳃隐鞭虫等常见小型寄生虫引起的鱼病，以及白头白嘴病、白皮病等常见的细菌性鱼病。

在鱼苗入池前必须进行彻底清塘和采取防止敌害多途径入侵的措施；在培育后期，一旦发现病害需要及时对症治疗并及时分塘。

（3）鱼苗拉网锻炼　鱼苗下塘 20 天后，一般已达 3cm 左右，体重增加了几十倍乃至上百倍，它们需要更大的活动范围。同时鱼池的水质和营养条件已不能满足鱼种生长的需要，应及时分塘转入下阶段的鱼种养殖。

出塘前要拉网锻炼，锻炼的目的是增强鱼的体质，提高分塘和运输成活率。因为拉网可使鱼受惊、增加运动量，使肌肉结实并增强各个器官的功能。同时，幼鱼密集在一起，相互受到挤压刺激促使分泌大量黏液和排出粪便，增加耐缺氧的能力，大大减少运输过程中黏液和粪便的排出量，有利于保持运输水质，提高夏花运输成活率。另外，还可以发现并淘汰病弱苗，清杂除野。

鱼苗拉网锻炼时，为使鱼体不受伤或少受伤，力争使网内鱼群自动游进箱内，宜选择晴天的上午9:00左右进行，拉网前应停食，拉网速度要慢些，与鱼苗的游泳速度相一致，并且在网后用手向网前撩水，促使鱼苗向网前进方向游动，否则鱼体容易贴到网上，特别是第一次拉网，鱼体质差，更容易贴网。第一次拉网将夏花围集网中，提起网衣，使鱼在半离水状态密集10～20s后放回原池。如夏花活动正常，隔天拉第二网，将鱼群围集后移入网箱中，使鱼在网箱内密集，经2h左右放回池中。在密集过程中，须使网箱在水中移动，并向箱内撩水，以免鱼浮头。若要长途运输，应进行第三次拉网锻炼。

（4）夏花鱼种质量的鉴定 优良的夏花鱼种应该规格整齐、头小背厚、体色光亮、体表润泽、无寄生虫、游泳活跃、喜欢集群、逆水性强，在容器中活动于水的下层，受惊动时反应敏捷。

（5）夏花鱼种的计数 夏花鱼种出塘销售或分塘饲养都涉及数量问题，需要计数。目前生产上常用的计数方法，多采用体积法和重量法两种。

① 体积法。用适当的鱼盘或类似鱼盘形状、大小的塑料碗或搪瓷碗等器具，量出夏花鱼种盘数或碗数，再任选几盘或几碗过数，求出每盘或每碗的平均尾数，最后计算总尾数。

② 重量法。先用鱼桶加少许清水，称其重量（皮重），然后将网箱中的夏花鱼种集中，捞取鱼种放入桶内称重，计算出鱼种净重，最后通过单位重量的尾数计算总尾数。

三、鱼种培育

夏花阶段鱼体仍然幼小，对敌害生物的防御能力和觅食能力均较弱，若直接放入大水面或鱼池内饲养，其成活率将会大大降低并浪费水体。因此，需要将夏花再经过一段时间精细地饲养管理，养成大规格和体质健壮的鱼种，供池塘、湖泊和水库等大水体放养之用。

鱼种培育分1龄鱼种培育和2龄鱼种培育。1龄鱼种培育即从夏花分塘后养至当年年底出塘或越冬后开春出塘。根据养殖目标和放养密度的不同，出塘规格也不一样。一般若长途运输到外地，则出塘规格较小，为6.5～10cm，以便于高密度运输；出塘规格为15～20cm（50g左右），可供当地培育2龄鱼种或直接在食用鱼池套养。

2龄鱼种培育是指1龄鱼种经过越冬后，翌年继续进行培育，养到第二年底，规格达250g或500g左右，甚至达到1000g左右。2龄鱼种也可通过食用鱼池套养。

1. 夏花鱼种放养前的准备

（1）清塘和消毒 在夏花下塘培育前，对鱼池同样需要清塘消毒，彻底杀灭鱼种直接或间接的敌害和病原体。清塘、消毒的基本方法与鱼苗培育相同。

（2）进水和施肥 当清塘药物毒性消失后，同样需要施用有机肥，培育鱼种的天然饵料，即浮游植物、浮游动物和底栖生物，使夏花鱼种入池后就能吃到适口饵料。一般在夏花放养前10天左右施粪肥200～400kg/hm²，也可以添施少量氮、磷等无机肥料，如施氨水75～150kg/hm²、硫酸铵37.5～75kg/hm²或过磷酸钙15～22.5kg/hm²。

2. 夏花放养

（1）放养密度 夏花放养密度需根据养殖目标、池塘条件、饲料情况和技术水平等多方面因素决定。如鱼种外销，为了提高运输成活率，培养鱼种的规格宜小些，因此放养密度可大些；如鱼种就近放养，一般要求个体较大的鱼种，夏花放养的密度就需小些。如需获得尾重50g左右的鱼种，则投放夏花15万尾/hm²左右；要获得尾重50～100g的鱼种，则投放夏花7.5万～12万尾/hm²；要获得尾重250～500g的大鱼种，则投放尾重50～100g的1龄鱼种4.5万尾/hm²左右，即培育2龄鱼种；要获得8～10cm/尾的小鱼种，则投放夏花22.5万尾/hm²左右。

同样的出塘规格，鲢鱼、鳙鱼的放养量可较草鱼、青鱼大些，鲢鱼可较鳙鱼大些。池塘面积大、水较深，可适当增加放养量。

各种鱼的生长规格，既受池鱼总密度的影响，又受本身群体密度的影响。因此，总密度相同而混养比例不同时则生长也不一样，通过调节混养比例可以控制出塘规格。如果以鲢为主养，鲢鱼应占 60%～70%，搭配鳙鱼 8%～10% 和草鱼（或青鱼）20%～30%；如果以草鱼为主养，草鱼应占 60%～70%，搭配鲢鱼 20%～30% 和鳙鱼 8%～10%；如果以青鱼为主养，青鱼占 60%～70%，搭配鲢鱼 20%～30% 和鳙鱼 8%～10%。鳙鱼在池塘中的自然生产力很低，一般较少主养，如果主养鳙鱼，鳙鱼可占 60%～70%，搭配 20%～30% 的草鱼或青鱼。

在确定混养比例时，还应结合池塘的水源、水质、饲料和市场情况等确定主养对象，做到主、次分明，便于饲养与管理。

（2）混养　主要养殖鱼类在鱼种培育阶段，各种鱼的活动水层、食性和生活习性已明显分化。因此可以进行适当的搭配混养，以充分利用池塘水层和天然饵料资源，发挥池塘的生产潜力。同时，混养还为密养创造了条件。在混养的基础上，可以加大池塘的放养密度，提高单位面积鱼产量。混养还能做到不同鱼类之间的彼此互利，如草鱼与鲢鱼或鳙鱼混养，草鱼的粪便及残饵分解后使水质变肥，繁殖浮游生物可供鲢鱼、鳙鱼摄食，鲢鱼、鳙鱼吃掉部分浮游生物，又可使水质不致变得过肥，从而有利于喜在较清水中生活的草鱼的生长。

鱼种混养的种类，一般采取中、下层的草鱼、青鱼、鳊鱼、鲂鱼、鲤鱼、鲫鱼等与中、上层的鲢鱼、鳙鱼以 2～3 种或 4～5 种鱼混养。其中以一种鱼为主养鱼（主体鱼），比例较大。鱼种池的主养鱼应根据生产需要来确定，混养比例则按鱼的习性、投饵施肥情况以及各种鱼的出塘规格等来决定。一般主养鱼占 60% 左右。

鱼种混养时，生活在同一水层的鱼，要注意它们之间的搭配比例。一般鲢鱼、鳙鱼不同池混养、草鱼、青鱼不同池混养，因鲢鱼比鳙鱼、草鱼比青鱼争食力强，后者会因得不到足够的饵料而成长不良。即使要混养也必须以前者为主养鱼，后者只许放少量（如鳙鱼一般在 20% 以下）。

根据夏花食性明显转化和池塘天然饵料的生长规律，对混养的品种不能一次性放养到位。尽管草鱼、青鱼、鲤鱼、鲫鱼、团头鲂和鳙鱼的食性已基本分化，但在鱼种培育早期均喜食各类大型浮游动物，所以首先放入这些鱼类让其摄食水中浮游动物，有利于浮游植物大量繁殖，7～10 天后投放鲢鱼，使鲢鱼同样也能获取大量天然饵料。这样每种鱼入池后都能各得其利，生长快、体质好，为进一步生长打下良好基础。

（3）鱼种的饲养管理　鱼种培育时期鱼体逐渐长大，摄食量增加，且生产中大都采取密养方式。因此，靠天然饵料已不能满足池鱼摄食的需要，必须投喂人工饲料，即每天每万尾鱼种投喂精料 1～2kg，并逐渐增加到 3～4kg。投喂鲢鱼、鳙鱼时，以粉状料在鱼池上风处干撒于水面；投喂草鱼、青鱼、鲤鱼、鲫鱼、团头鲂时，则用少量水调湿，条状投于水下坡滩上。投饵时要坚持"定时、定量、定位、定质"的四定原则。正常天气，一般在上午 8:00～9:00 和下午 2:00～3:00 各投饵 1 次。在初春和秋末冬初水温较低时，一般在中午投饵 1 次；夏季如水温过高，下午投饵的时间应适当推迟。在生长旺季，投饵量占鱼总体重的 5%～8%，其他季节适当减少。每日的投饵量要根据水温高低、天气状况、水质肥瘦和鱼类的摄食情况等灵活掌握。

① 草鱼的投喂。草鱼夏花的食性已经开始转变，可以按每千尾夏花每天投喂浮萍 2～4kg；20 天左右其体长可增长到 7cm 左右，每千尾每天投喂 10kg 小浮萍；体长 10cm 左右之后，改喂水草或细嫩的陆草。草鱼在 10cm 规格时，容易患出血病、肠炎病等病害，所以立秋之后应减少投饵，适当加注新水并注意防病。越冬前投喂些精饲料，使其积累一定脂肪，增强体质，有利于提高越冬的成活率。当草鱼与鲢鱼、鳙鱼混养时，每天必须先投草

类，让草鱼先吃，然后再投喂豆渣等鲢鱼或鳙鱼的饵料，这样既能保证草鱼的摄食，又能保证鲢鱼或鳙鱼的摄食。

② 青鱼的投喂。在青鱼夏花下塘前施基肥培养枝角类，下塘2～3天之后，用2～3kg豆渣或其他饵料引诱夏花到食场摄食，使之形成习惯。然后根据夏花的采食情况，每天上、下午各投喂豆渣1次，每次每万尾投喂12.5～15kg。青鱼夏花体长逐渐增至8cm左右时，改喂磨碎的豆饼，每万尾5～7.5kg/天，上、下午各投喂1次；体长增加到8～10cm后，除按时按量投喂豆渣、豆饼之外，开始投饲一些轧碎的螺蛳，由每万尾投喂35kg/天左右逐渐增加到120～140kg/天；体长达到15cm以后，可投喂一些小螺蛳。

③ 鲢鱼的投喂。鲢鱼种以浮游生物为食，而且有特殊的滤食机制。鲢鱼夏花下塘前一定要施肥培养浮游生物，下塘后适当投喂人工饵料。下塘初期每万尾投喂豆渣1.5～2kg/天；下塘中、后期投喂磨细的酒糟或豆饼粉，每万尾投喂1kg/d，并逐渐增加到1.5～2.0kg/天，直到10月中、下旬气温开始下降为止。

④ 鳙鱼的投喂。与鲢鱼投喂的要求相同，只是投饵量增大。若鲢鱼每万尾投喂2.0kg/天，则鳙鱼每万尾投喂豆饼应增加到3.0～3.5kg/天。

（4）鱼种的日常管理　每天早、中、晚各巡塘1次，观察水色和鱼的动态。如发现池水缺氧，应及时注水或开增氧机。注意水质变化的情况，经常清扫食台、食场，保持池塘环境卫生。

① 改善水质。在鱼种培育过程中，水质、水位处在不断变化中。每月定期注、排水1～2次，使水位保持在1.5m左右、透明度保持在30～35cm。

② 调整投饵。鱼种培育过程中，通过鱼的游动状况、吃食状态、生长速度和气候变化，适时调整投饵量和投饵次数，满足鱼种正常生长的需要。

③ 病害防治。随着鱼体日渐长大，病害逐渐增多。鱼种培育期间，常见的病害有细菌性白皮病、白头白嘴病、车轮虫病、鳃隐鞭虫病、斜管虫病等，以及水蜈蚣、水绵、水网藻等常见敌害；若水质恶化、天气突变，容易引起泛塘。因此在管理中，每天坚持巡塘，经常清除池内杂草、腐败杂物，每2～3天清扫食场1次，每15天用0.25～0.5kg漂白粉对食场及附近区域消毒1次。

项目四　商品鱼的养殖

目前，依据养殖水域来划分，我国商品鱼的主要养殖方式有池塘养鱼、流水池养鱼、围栏养鱼、稻田养鱼、大水面养鱼、网箱养鱼以及工厂化养鱼等。静水池塘养鱼是商品鱼的主要形式。下面以池塘养鱼为例介绍商品鱼的养殖。

一、池塘的准备

1. 水源及周围环境

水源是池塘养鱼的首要条件。池塘周围既要有充足的水源，同时水质必须要符合国家渔业用水标准；池底土壤不要是砂土，否则在养殖过程中池塘容易漏水；池塘最好建设在周围没有高大树木及房屋的开阔地带。在池塘养鱼过程中，充足的阳光照射有利于池塘内浮游生物的大量繁殖和池塘水体温度的提高。同时，交通是否方便也是池塘选择的一个重要因素，便利的交通方便饵料、鱼种及商品鱼的运输。

2. 池塘要求

池塘的大小根据精养程度而定，一般池塘越小越有利于精养管理；对于粗放池塘，面积可以适当增大。成鱼养殖池塘的面积一般在1hm²左右，水深在2～3m，以长方形为宜，其长宽比一般约为 2：1 或 5：3。长方形池塘有利于阳光照射，同时受风面积大，有利于增加水体的溶氧，减少鱼类浮头，还有利于拉网操作。池底要求中间稍高周围略低，进水口与排水口方向要有 1：200 的斜度，便于排水。

二、放养前的准备

鱼种放养是商品鱼饲养的一个关键技术环节，它关系到商品饲养鱼的成活率、生长速度和成鱼上市的时间和规格等。

1. 池塘的清整

清塘的目的是改善底质、减少泛池的危险、提高池塘肥度、提高鱼产力。主要是清除池底杂物、挖去过多的塘泥、平整池底、维修排水通道和拦鱼设施、消灭池塘中的有害生物等。

2. 注水与施基肥

清塘 5～6 天后向池塘注水。注水时要用筛网过滤以防敌害生物进入池塘。初次注水，水深在 50～80cm 有利于水温的提高。为了提高水体鱼产力及增加水体浮游生物的生物量，在放养鱼种前要根据池塘条件施基肥，一般每公顷施粪肥或绿肥 4500～7500kg，具体的施肥量根据水体状况决定。在施有机肥的时候一定先要进行充分发酵，一方面可以杀死大量的微生物，另一方面还可以通过发酵使有机肥料进一步分解，有利于浮游植物的利用。施肥时间一般选择在清塘 5～6 天后的晴天中午进行。

3. 优质鱼种的选择

优质的鱼种在饲养中成长快、疾病少、成活率高、饵料转化效率高，是获得高产及高效益的前提条件之一，因此优质鱼种的选择对成鱼的饲养就显得非常重要。选择优质鱼种主要从鱼的品种和体质两方面考虑。

品种的优劣主要由亲鱼的遗传性状所决定。对于"四大家鱼"，目前一般认为从自然水体捕获的亲鱼由于近亲繁殖的可能性小，保持了天然的遗传性状，抗病力强；而对于鲤鱼、鲫鱼种要看杂交亲本的亲缘关系，亲缘关系越远则杂交优势越大，在繁殖和生长上都有一定的优势。同时，杂交亲本选育越纯，杂交优势表现越强。鱼种体质从鱼种体重和外观及活动状况就可以判断。体质好的鱼种规格整齐，同种同龄鱼种体重体长接近，体形正常，背部肌肉厚，体色鲜明，鳞片、鳍条完整；活泼好动，在池塘或容器中受惊立即下沉，并且都能逆水游动。

4. 放养时间的确定

提早放养是实现高产的措施之一，放养宜早不宜迟。对于长江流域或以南地区，冬季起捕以后应立即清塘放养。因为冬季水温低，鱼的活动能力弱，鱼种在捕捞和运输过程中不易受伤，同时放养后能有较长的适应期和恢复期，可以降低发病率、提高成活率。北方地区可以在秋季起捕以后放养，也可以在解冻以后水温稳定在 5～6℃时放养。放养具体时间一般确定在晴天的中午或傍晚进行。

三、鱼种的放养

1. 放养规格

为了保证出塘规格、养殖期间成活率，提高鱼产量，一般要求放养大规格鱼种。由于我国各地区气候条件差异大、饲养方法不同，不同地区对放养规格有不同的要求。如青鱼、草鱼的养殖，由于我国南方气温高，池塘不结冰，鱼种越冬容易，一般放养 500g 左右的 2 龄鱼种；而北方地区由于越冬困难，一般当年鱼种就需要放入成鱼养殖池，其规格一般在 50～

100g。鲢鱼、鳙鱼一般放养50～100g的1冬龄鱼种，为了提高当年上市规格，目前也可放养2龄250g左右的鱼种。鲤鱼的放养规格一般在25～50g，当年的商品鱼规格就可达到1kg。

2. 鱼种消毒

放养过程中要防止鱼病传染和鱼体受机械损伤。放养前要对鱼种进行疾病检查和消毒（表1-5），防止疾病传播。为了减少鱼种在放养和运输过程中的机械损伤，操作过程中要尽量使用光滑的容器，并且要尽量小心。

表1-5　鱼种消毒药物的种类与应用

药物种类	浓度	浸泡时间
漂白粉	10mg/kg	20～30min
硫酸铜	8mg/kg	20～30min
食盐	3%	20～30min

3. 养殖种类搭配与放养密度

由于鱼类的栖息习性、摄食习性不同，可将不同种类、不同规格的鱼混养于同一水体中，以充分利用水体和各种饵料资源、增加放养量、降低养殖成本、增加池塘的产量、提高养殖经济效益。

（1）放养种类搭配原则　在混养模式中，按照养殖目的将放养鱼类分为主养鱼和配养鱼。所谓主养鱼就是投放、管理的主要对象；配养鱼则是在投放和管理方面处于次要地位的饲养鱼类。在放养数量上以主养鱼为主，而配养鱼放养较少；在饲养上以投喂主养鱼饲料为主，而配养鱼则投料少或者不投料，只是以主养鱼的残饵或水中的浮游生物和有机碎屑为食。

主养鱼与配养鱼的种类及搭配要根据不同的养殖方式、饵料来源、池塘的特点、当地的消费习惯等方面来确定（表1-6）。如有机肥料来源充足、方便的地区可以鲢鱼、鳙鱼、罗非鱼等为主养鱼，草类资源丰富的地区可以草鱼、鲢鱼、团头鲂等为主养鱼，贝类资源丰富的池塘可以青鱼为主养鱼。对于配养鱼，除了以鲢鱼、鳙鱼为主养鱼的池塘，一般池塘养鱼都可以考虑搭配鲢鱼、鳙鱼，因为不管养殖何种鱼类，鲢鱼、鳙鱼对主养鱼均没有太大影响，同时还可以充分利用水中的浮游生物。另外，鲫鱼也是非常好的搭配种类，因为其个体小，以摄食有机碎屑为主，对主养鱼影响也不大。对于小型野杂鱼多的池塘，可适当放一些肉食性鱼类，如乌鳢、鳜鱼、翘嘴红鲌等。

表1-6　池塘鱼类混养比例参考表

养殖方式与池塘条件	上层主养鱼/%	底层主养鱼/%	底层配养鱼/%
投饵与施肥精养池	鲢鱼、鳙鱼 40～50	青鱼、草鱼、鲤鱼 30～40	鲂鱼或鳊鱼、鲮或鲴、鲫鱼 20
施肥不投饵的池塘	鲢鱼、鳙鱼 75～85	鲤鱼、鲫鱼、鲴鱼、鲮鱼 10～15	青鱼、草鱼、鲂鱼或鳊鱼 5～10
水质较肥的粗养池	鲢鱼、鳙鱼 60～70	鲤鱼、鲫鱼、鲴鱼、鲮鱼 20～30	青鱼、草鱼、鲂鱼或鳊鱼 5～10
水质中等的粗养池	鲢鱼、鳙鱼 40～50	青鱼、草鱼、鲤鱼 40～50	鲂鱼或鳊鱼、鲮鱼或鲴鱼、鲫鱼 10
水质清瘦的粗养池	鲢鱼、鳙鱼 5～10	青鱼、草鱼、鲤鱼 65～70	鲂鱼或鳊鱼、鲮鱼或鲴鱼、鲫鱼 20～25

注：1. 表中搭配比按产量比计算。

2. 仿：毛洪顺. 池塘养鱼。

（2）密度的计算　放养密度应根据池塘条件、水体估计鱼产量、鱼种的成活率以及放养鱼在养殖期间的平均增重等方面进行考虑。如水体较深、饵料充足、管理精细、技术水平高，池塘放养密度可以大一些；相反，水体浅、饵料受限、管理粗放、技术水平不高的池塘，放养密度则应小一些。同时，历年的放养量、产量、放养规格、捕捞规格等养殖经验也是计算放养密度的重要依据。如成鱼规格过大、单位产量不高，说明放养密度过小，应该适当增大放养密度；反之，如果成鱼规格过小，则应降低放养密度。

① 单养放养密度计算公式

$$X = \frac{P}{W_2 - W_1} \times K$$

式中　X——某种鱼的放养密度，尾/hm^2；

　　　P——池塘估计鱼产量，kg/hm^2；

　　　W_1——放养鱼种规格，kg/尾；

　　　W_2——预期养成规格，kg/尾；

　　　K——养殖成活率，%。

② 混养放养密度计算公式

$$X = \frac{rP}{W_2 - W_1} \times K$$

式中　r——计划某种鱼产量占总产量的比例，%；

　　　X——某种鱼的放养密度，尾/hm^2；

　　　P——池塘估计鱼产量，kg/hm^2；

　　　W_1——放养鱼种规格，kg/尾；

　　　W_2——预期养成规格，kg/尾；

　　　K——养殖成活率，%。

4. 套养鱼种的轮捕轮放

套养鱼种的轮捕轮放是指一次或多次投放鱼种、分期捕捞、"捕大留小"或"捕大补小"的养殖方法，是提高池塘产量的重要措施。

（1）轮捕轮放的条件　有数量充足、规格一致的鱼种是实施轮捕轮放的首要条件。在养殖初期要具有大量、大规格鱼种，而在养殖中、后期则需要小规格或中等规格的鱼种，使各种规格的鱼种呈梯度生长。轮捕轮放是一种高密度、高产量的养殖模式，只有当养殖鱼类密度较高时，采用轮捕轮放才能达到很好的效果。一般静水池塘载鱼量达到 5000～7000kg/hm^2、流水养鱼或具有较好增氧设备的池塘载鱼量达到 9000～15000kg/hm^2 时，应采用轮捕轮放的养殖模式。同时，良好的销售渠道和运输技术是实现轮捕轮放的保证。

（2）轮捕轮放的方法

① 捕大留小。指一次放足不同规格、年龄的鱼种，分期捕捞达到商品规格的食用鱼，不再补放鱼种的方法。这种方法由于不能为翌年提供大规格鱼种，养殖过程中需要大面积的专用鱼种养殖池，因此目前很少被采用。

② 捕大补小。指一次投放 3～4 个不同规格的鱼种，当大规格鱼种达到商品规格时及时捕捞，同时再投放相同数量的小规格鱼种的方法。这样既能保证池塘内具有较高的载鱼量，又能为翌年的养殖提供大量、大规格的鱼种。

5. 施肥与投饵

（1）施肥　施肥以有机肥为主、无机肥为辅。有机肥能直接作为腐屑食物为鲫鱼等鱼类提供饵料，同时有机肥还能培育大量浮游生物为滤食性鱼类提供饵料生物。但有机肥耗氧量大，容易引起水质恶化或引起鱼类浮头，所以大量施有机肥时应该加强巡塘，如发现鱼类浮头必须及时注入新水或开增氧机。一般在早春和晚秋多施有机肥，在鱼类主要生长季节多施无机肥。

① 施基肥。一般放养前施的基肥占全年施肥总量的 50%～60%，每公顷施粪肥 4500～7500kg。肥水池塘或多年养鱼池要适当少施或不施，新开挖的池塘则应适当多施，选择晴天的中午将发酵后的有机肥泼洒到池塘中，也可以将有机肥堆放在池塘的四个角上。

② 施追肥。根据池塘水质肥瘦状况来确定是否施加追肥。一般施追肥要坚持"少量多次"的原则，有利于防止池塘缺氧，同时施追肥应选择在晴天中午进行。

（2）投饵　饵料是池塘养鱼的基础，正确的投饵方法不但是实现养殖鱼类健康、快速生长的条件，也是养殖场能否获得经济效益的关键。

① 投饵计划。根据净产量和饵料系数来计算全年投饵量。例如，某养殖场鱼池面积 1.5hm²，草鱼放养密度 700kg/hm²，计划净增重倍数为 5，即每公顷产草鱼 $700 \times 5 = 3500$kg，投喂颗粒饲料的饵料系数为 2.5，青饲料的饵料系数为 35，并确定青草投喂量占草鱼净增重的 2/3，则全年计划共需草料为 $3500 \times 2/3 \times 35 \times 1.5 = 122500$kg，全年计划共需颗粒料为 $3500 \times 1/3 \times 2.5 \times 1.5 = 4375$kg。

一年各月的投喂计划应根据鱼类的大小、生长状况和水温情况等来确定。在养殖初期投喂量少，在生长旺季投喂多。每月投饵计划可以参考表 1-7 来制订。

表 1-7　池塘养殖饵料投喂各月分配比例

月份	4	5	6	7	8	9	10	11
分配比例/%	2.5～3	7～8.5	11～12	14～15.5	18～20	20～23	16.5～18	4～5

② 每日投饵量的确定。在每月投饵分配比例的指导下，制订每日的投饵量。但在养殖过程中，不能盲目按照计划执行，要坚持"三看"，即看鱼、看天、看水。所谓看鱼，就是看鱼的生长状况、吃食状况。如果每次投饵很快被吃完，则应适当增加投喂量，相反应适当减少投喂量。所谓看天，就是看天气。天气晴朗温度较高则应多投，天气阴沉或下雨则应少投。所谓看水，就是看水色。水色呈褐绿色或草绿色，可正常投饵；水色过于清瘦，可以多投并施有机肥；水色浓并呈黑色，说明水质已开始恶化，应减少投饵并加注清水。

③ 投饵方法。在池塘养殖过程中，投饵要坚持"定时、定位、定质、定量"的四定原则。草料投喂一般每天 1～2 次，并选择在上午或傍晚。颗粒料投喂一般 4 月份和 11 月份，每日 1～2 次；5 月份和 10 月份，每日 3 次，可在每天 9:00、13:00、16:00 投喂；6～9 月份，每日 4 次，可在每天 9:00、12:00、14:00 和 16:00 投喂。不同养殖场可以根据本地区日出、日落的差异适当调整投喂时间，以保证在日落前所投饵料被摄食完为准，但每天应准时投喂。每次投喂要固定食场，不能随意改变投喂场所。投喂草料时，则需将青草撒开，以免堆积腐烂。饲料要新鲜、适口、营养价值高，草料要去根、去泥，贝类要清洗干净无杂质。发霉变质的饲料绝不可以投喂，以免引起鱼类中毒。

6. 养成期间的饲养管理

（1）水位的控制　放养初期的池水一般控制在 1m 深以下，池水水温升高快则有利于浮游生物的生长繁殖。之后每天加注新水 2～3cm，直到水深达到 2.0～2.5m。高温季节池水应保持在 2.5m 深以上。不断向池塘注入新水，一方面可以增加水中溶氧，另外还有利于浮游生物的生长繁殖。补水时间一般选择在清晨 3:00 左右，此时池塘溶氧较低。

一般在 6～9 月份的高温季节，每周排水 2～3 次，每次排水量为池水的 1/20 左右；每半个月大排 1 次，约为池水的 1/5。排水的目的在于排出池塘中的鱼类排泄物、残饵以及氨氮含量高的底层水。排水时间一般选择在清晨，此时水体分层明显，底层水几乎处于无氧状态。排水的同时还需要对食场进行冲洗。

（2）水质管理

① 肥度。水体的肥度主要通过透明度来进行判断。如果透明度偏低，可以通过注入新水或换水的方法提高透明度，在晴天的中午全池泼洒泥浆也可以降低水体肥度。如果水体透明度偏高则需要通过向水体施加有机肥和磷肥来降低水体透明度，即增加水体肥度。一般套养滤食性鱼类的池塘，为了提高滤食性鱼类的产量，全年透明度应控制在 $20\sim40cm$，并且为"两头小、中间大"。6 月份以前，因为水体中浮游生物对鲢鱼、鳙鱼适口，透明度应控制在 $20\sim25cm$；$6\sim8$ 月份，其他鱼类摄食旺盛，水中溶解氧较低、氨氮升高，为了保证水体具有较好的水质，透明度应控制在 $30\sim40cm$；9 月份以后，水温降低、水质转好、浮游生物大量繁殖，此时透明度应控制在 $25\sim30cm$。

② 溶解氧。水中溶解氧低不但影响鱼的生长，甚至会引起浮头和泛池。养殖池塘溶解氧要求不低于 $4mg/L$。生产中通常需要在晴天的中午开动增氧机，目的是使水体形成垂直对流，消耗表层过饱和的溶氧，缓解底层缺氧的状况，从而有效预防因为天气突然变化引起的泛池现象。另外，利用生物、化学增氧法也能达到增氧的目的。

③ pH 值。鱼类生长适宜的 pH 值一般在 $6.5\sim8.5$，在中性偏碱性水域中鱼生长最好。正常情况下，由于池塘大量施有机肥，水体 pH 值容易偏低，可以用生石灰来调节 pH 值。生石灰不但能调节水体 pH 值，还能释放大量钙离子，提高水体肥度。

（3）增氧机的使用　精养池塘由于饲养密度大、投饵多、池底有机质丰富，因此在养殖过程中常常会出现因缺氧引起的浮头或泛池。所以精养池塘必须配置大功率增氧机。目前多数养殖场采用叶轮式增氧机。增氧机主要有增氧、搅水和曝气的作用。晴天白天使用增氧机可以造成池塘水体垂直对流，把溶氧多的表层水传到底层，不但能增加底层水溶氧，缓解夜间或阴雨天气的缺氧状况，同时还能加速底层中有机质的分解。叶轮式增氧机通过搅动池水起到曝气的作用，能加速水中有害气体（如 H_2S、NH_3 等）向空气中扩散，从而达到改良水质的作用。

（4）记录与统计　在养殖过程中要坚持做好池塘日志。对各种鱼的放养及捕捞日期、数量、规格、重量，投饵施肥的种类与数量以及平常其他相关工作记录在案，以便日后统计分析，为及时调整养殖措施、管理方法和制订生产计划提供科学依据。

（5）"八字精养法"及其相互作用　"八字精养法"是对我国池塘养鱼技术的总结，可概括为"水、种、饵、密、混、轮、防、管"八个字，是广大劳动人民智慧的结晶。"水"是养鱼的环境条件，是鱼类栖息、生长的场所，水质必须适合养殖鱼类生活和生长的要求；"种"是鱼种，要质优、体健、量足、规格合适、品种齐全；"饵"是饵料或饲料，要营养完全、新鲜、适口、量足；"密"是放养密度，要高而合理；"混"是实行不同规格、不同年龄的多种鱼类混养；"轮"是轮捕轮放，能使养殖过程始终保持较合理的密度，以适应高产、高效和市场的需求；"防"是做好防病工作；"管"是饲养管理，要精心、科学。

这八个字有极其丰富的内涵，同时它们之间相互依存、相互制约。

小　结

鱼是指终生生活在水中的变温脊椎动物，在演化过程中，由于生活习性和生活环境的差异，形成了多种多样与之相适应的体形，完善的呼吸系统、循环系统、消化系统、神经系统、内分泌系统和生殖系统，以及特有的运动与维持身体平衡的器官。不同种类的鱼具有不同的生活习性、摄食习性和繁殖习性。

通过对本项目的学习，学生可了解鱼类的生活习性、摄食习性与繁殖习性，掌握常见鱼类亲鱼的培育方法、产卵孵化技术以及仔鱼的培育技术，以及各种常见鱼类鱼苗、鱼种的养殖方法和商品鱼的养殖技术。

目 标 检 测

一、名词解释

鱼、饵料系数、水花鱼苗、轮捕轮放、泛塘。

二、填空题

1. 鱼体的外部分区主要可分为（   ）、（   ）和（   ）三个部分。

2. 主要养殖鱼类常见的体形有（   ）、（   ）、（   ）、（   ）等四种。

3. 鱼类的主要呼吸器官是（   ）。

4. 鱼类的消化道主要由（   ）、（   ）、（   ）、（   ）和（   ）等五部分构成。

5. 鳍是鱼类主要的平衡、运动器官，按其所着生的位置，可分为（   ）、（   ）、（   ）、（   ）和（   ）五种。

6. 鳃的主要功能是（   ）。

7. 鱼类亲鱼培育过程中，雌雄选留比例通常为（   ）。

8. 催产剂的注射，按照注射部位的不同可分为（   ）、（   ）、（   ）三种方法。

9. 人工授精的方法包括（   ）、（   ）、（   ）三种方法。

10. 鱼卵计数的方法有（   ）、（   ）。

三、简答题

1. 请简述鲤鱼的生活习性。

2. 如何鉴别鱼苗质量的好坏？

3. 请简述鱼类人工繁殖胸腔催产注射的方法。

四、论述题

1. 论述池塘养鱼"八字精养法"的基本技术要领。

2. 论述鱼类人工催产繁殖的主要技术要领。

3. 试述"四大家鱼"的亲鱼培育方法。

4. 试述淡水鱼类人工繁殖技术所包括的内容。

模块二　主要甲壳类增养殖技术

【知识目标】
　　了解常见甲壳类动物的外部形态与内部构造，掌握常见甲壳类动物的生态习性。
【能力目标】
　　掌握常见甲壳类动物的成体养殖技术。

项目一　主要养殖对虾类的识别

　　对虾隶属于节肢动物门（Arthropoda）、有鳃亚门（Branchiata）、甲壳纲（Crustacea）、软甲亚纲（Malacostraca）、十足目（Decapoda）、对虾科（Penaeidae）。我国养殖的对虾有对虾属（*Penaeus*）、明对虾属（*Fenneropenaeus*）、囊对虾属（*Masupenacus*）、滨对虾属（*Litopenaeus*）、新对虾属（*Metapenaeus*）的一些种类，主要有中国明对虾、斑节对虾、日本囊对虾、凡纳滨对虾、长毛明对虾、墨吉明对虾、短沟对虾、刀额新对虾、近缘新对虾等。

一、对虾的外部形态识别

　　对虾身体分头胸部和腹部两部分（图2-1）。体外被几丁质甲壳，称外骨骼，甲壳向体内深入形成的刺状结构，称为内骨骼。甲壳具有支撑体形和保护内部器官的作用。

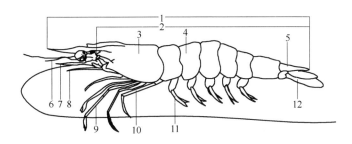

图2-1　对虾的外部形态
1—全长；2—体长；3—头胸部；4—腹部；5—尾节；6—第一触角；7—第二触角；
8—第三颚足；9—第三步足；10—第五步足；11—游泳足；12—尾肢

　　对虾身体由21个体节组成，即头部6节、胸部8节、腹部7节。头部和胸部愈合为一，体节已难分辨，合称头胸部；外被一大型甲壳，称为头胸甲。头胸甲前端中央突出前伸，形成额角，其上、下缘常具齿；头胸甲表面具突出的刺、隆起的脊和凹陷的沟等结构，是鉴别对虾种类的重要分类依据之一。

　　对虾具20对附肢，除尾节外，每一体节均具1对附肢，末对附肢（尾肢）与尾节组成尾扇。由于各附肢的着生部位及功能不同而特化成不同的形态，但基本构造均为基肢、内肢和外肢。

二、对虾的内部构造识别

1. 消化系统

对虾的消化系统由消化道和消化腺组成（图 2-2），消化道包括口、食道、胃、肠以及肛门。口位于头胸部腹面，被"口器"包围，口后为一短而直的食道。胃分前、后两部分，前胃大，称为贲门胃，内有几丁质齿，形成胃磨；后胃小，称幽门胃（图 2-3）。胃后接一长管状的中肠，直肠短而粗，开口为肛门。在胃肠交界处有一对消化腺，称肝胰脏或中肠腺，具消化和吸收双重功能。肝胰腺有管道通入中肠前端。

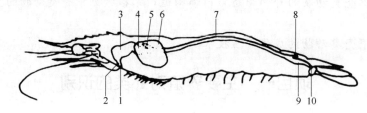

图 2-2　对虾的消化系统

1—口；2—食道；3—贲门胃；4—幽门胃；5—中肠前盲囊；
6—肝胰腺；7—中肠；8—中肠后盲囊；9—直肠；10—肛门
（仿：王克行. 虾蟹类增养殖学）

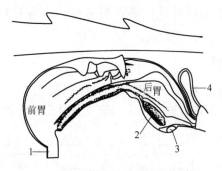

图 2-3　对虾胃的结构

1—食道；2—过滤室；3—消化腺开口；4—中肠前盲囊

2. 呼吸系统

对虾以鳃进行气体交换。鳃位于胸部两侧的鳃腔之中，呈枝状，由鳃丝构成。鳃内有入鳃血管和出鳃血管，两条血管各有分支通入鳃丝，形成血管网（图 2-4）。对虾生活时，第 2 小颚的颚舟片和肢鳃不停地摆动，使水不断在鳃腔中流动，经过鳃丝表面进行气体交换。

3. 神经系统

对虾类的神经系统为链状神经系统。食道上神经节较大，称为脑；腹部有神经索。胸部、腹部每节各有 1 对神经节，头部由脑发出 5 对神经。感觉器官有复眼 1 对，具眼柄。眼柄内有神经分泌组织构成的 X 器官，控制对虾的生长发育、性腺成熟、体色变化及蜕皮。眼柄内还具释放激素的窦腺。

4. 循环系统

对虾类为开放式循环系统，包括心脏、动脉、小血管、血窦和静脉（图 2-5）。心脏位于胸部背面后方的围心腔内，呈三角形，透过头胸甲可以看到心脏的跳动。血浆内含血蓝蛋白，不含血红蛋白，故血液呈无色或淡蓝色。血细胞具有吞噬功能和运输功能。

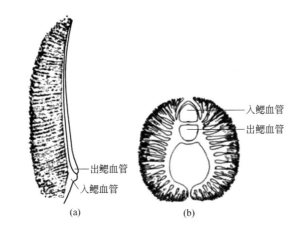

图 2-4 对虾的鳃
（a）侧面观（引自：王良臣，刘修业. 对虾养殖）
（b）横切面（引自：任淑仙. 无脊椎动物学）

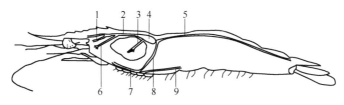

图 2-5 对虾的循环系统
1—眼动脉；2—前侧动脉；3—肝动脉；4—心脏；5—背腹动脉；
6—触角动脉；7—胸下动脉；8—胸动脉；9—腹下动脉

5. 排泄系统

对虾类的排泄器官为触角腺，位于第 2 触角基部，由一囊状腺体和一薄壁的膀胱及排泄管组成，排泄孔开口于第 2 触角基部的乳突上。由于腺体内的排泄物呈绿色，故触角腺又称"绿腺"。

6. 内分泌系统

对虾类的内分泌系统由神经内分泌系统和非神经内分泌系统组成。神经内分泌系统有眼柄中的 X 器官和窦腺等；非神经内分泌系统有 Y 器官、大颚器官等（图 2-6）。

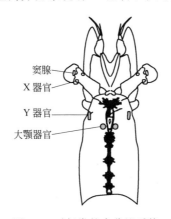

图 2-6 对虾类的内分泌系统

7. 生殖系统

对虾为雌雄异体，性征差异显著。

（1）雌虾生殖系统　由成对的卵巢、输卵管、雌性生殖孔和一个在体外的纳精囊组成（图 2-7）。卵巢位于身体背面，由胃的前方向后延伸到腹部末端，成熟的卵巢由 1 对前叶、6 对中叶（即侧叶）和 1 对后叶组成。输卵管 1 对，由第 5 侧叶伸出，开口于第 3 步足基部内侧的乳突上。纳精囊位于第 4 与第 5 步足基部之间的腹甲上，为雌虾交配并贮存精子的器官。

（2）雄虾生殖系统　由精巢、输精管、精荚囊、雄性生殖孔、交接器和雄性附肢等组成（图 2-7）。精巢位于头胸部肝区中部至第 1 腹节之间，呈盘肠状，由 1 对前叶、6 对中叶和 1 对后叶组成，成熟时呈微白色；输精管 1 对，一端与精巢后叶相通，另一端与精荚囊相接；成熟雄虾的精荚囊外观似一对豆状的白色圆形球体，位于第 5 对步足基部；生殖孔开口于第 5 步足基部内侧乳突上，交配期间该乳突特别膨大，平时则不易见到；雄性交接器由第 1 腹肢内肢特化而成。

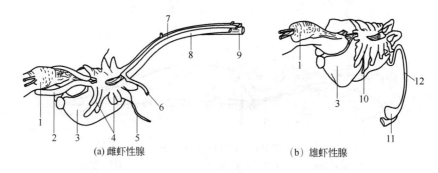

图 2-7　雌、雄虾性腺形态和位置

1—胃；2—卵巢前叶；3—中肠腺；4—卵巢侧叶；5—输卵管；6—下行大动脉；7—后方大动脉；
8—卵巢后叶；9—中肠；10—精巢；11—精荚囊；12—输精管

三、对虾的生长和生活习性

中国明对虾的寿命多为 1 年，少数 2～3 年；斑节对虾一般寿命为 2 年左右；日本囊对虾、刀额新对虾寿命 2 年。对虾一生中要经过几个不同的生活阶段。不同的生长发育阶段，对外界环境条件要求也不同，并表现出不同的生态类型。

1. 对虾类的蜕皮和生长

（1）对虾的蜕皮　蜕皮是对虾重要的生理现象，在对虾的生长过程中，每隔一段时间就要蜕去旧皮，其一生需要蜕皮 50 多次。对虾个体大小的增加呈阶梯式，即在蜕皮时快速地增长，蜕皮之后至下一次蜕皮前，大小几乎很少增加。蜕皮影响着对虾的形态、生理和行为，也影响着繁殖活动。蜕皮的同时，对虾还可以蜕掉甲壳上的寄生虫和附着物并使残肢再生。

（2）对虾的生长　对虾的生长因品种、性别而异，如斑节对虾体型大、生长快，周氏新对虾个体小、生长相对较慢，雌虾生长明显快于雄虾等。对虾类的生长也受环境条件的制约，影响对虾生长的环境因素主要有水温、盐度、水质、种群密度和饵料等（表 2-1）。在人工养殖条件下，对虾比自然海区生长慢。养成初期，中国明对虾体长平均日增长可达到 1.2～1.5mm，中期 0.8～1.2mm，后期 0.6～1.0mm，到收获时体长可达 11～15cm。

表 2-1　几种常见养殖对虾对主要水环境因素的适应范围

种类	水温/℃			盐度		pH 值	溶解氧窒息点 /(mg/L)
	适温范围	停止摄食	致死	适宜范围	致死	适宜范围	
中国明对虾	14～30	<8	<4 或>39	5～40	<2 或>45	7.8～9.3	1.0～0.6(25℃,体长 6～7cm)
墨吉明对虾	20～33	<13	>40	20～30	<6.5	7.6～8.8	0.7～0.4(25～27℃,体长 4cm)
长毛明对虾	16～34	<13	>40	22～35		7.5～8.8	
日本囊对虾	14～33	<8	<5 或>38	15～36	<10	7.5～8.8	
斑节对虾	18～35	<14	<14	11～40	<7 或>45	7.4～9.0	0.5～0.2
凡纳滨对虾	16～32			5～40		7.6～8.3	
刀额新对虾	16～37			0～33			0.6～0.3

仿:李金锋.虾标准化养殖新技术。

2. 对虾的栖息习性

对虾幼体阶段常浮游生活。中国明对虾仔虾常聚集在河口附近或在内湾中觅食,随着幼虾长大,逐渐离开河口到近岸浅海区域栖息活动,当幼虾长至 8～9cm 后,便开始移向较深的水域中生活。

中国明对虾喜栖息在泥沙质海底,白昼多匍匐爬行或潜伏于海底表层泥沙中,夜间活动频繁,常缓游于水底部,有时也急速游向水的中、上层。静伏时,步足支撑着身体,游泳肢缓缓摆动。游泳时第 2 触角触须分列于身体两侧,步足自然弯曲,游泳肢频频划动,升降自如。受惊时腹部屈伸后跃,或以尾扇击水,在水面上噼啪腾跳。

日本囊对虾自仔虾期就有潜沙习性,涨潮时到处觅食,退潮后潜入潮间带水洼的沙底中。随着生长向深水移居,逐渐改为晚上活动觅食、白天潜沙,潜沙深度因大小而异,一般潜入底质约 3cm,眼完全潜入。觅食时常缓游于水的下层,有时也游向中、上层。在高密度养殖中,饥饿时呈巡游状态,但一般情况下很少发现其游动,尤其是养殖前期较难观察到。

对虾潜伏习性主要受光照强度支配,而月光和水的混浊度影响光照。潜底也受水温影响,如日本囊对虾在水温 14℃ 以下时,一般很少出沙;水温 28℃ 以上时,白天也不愿潜沙。虽然对虾在低温时长久潜底,但水温降到接近致死时,对虾多跳出泥沙层而死于水中。

对虾对底质的性质具有选择性,底质本身的性质可能影响对虾的潜底和摄食。日本囊对虾喜栖息于沙底;中国明对虾、长毛明对虾、墨吉明对虾、斑节对虾等则可潜泥或泥沙。但底质受到严重污染时,对虾是不愿潜入的,水中溶解氧接近于窒息点时,对虾也不潜底而浮于水面。

3. 对虾的摄食习性

(1) 对虾的食性　对虾的食性广,在自然海区,对虾所食饵料随着对虾的不同发育阶段和栖息环境而改变 (表 2-2)。

表 2-2　中国明对虾各发育阶段的主要饵料

幼体阶段	自然海区的饵料	人工养殖期间的饵料
溞状幼体	10μm 左右的甲藻,其次是硅藻	角毛藻、骨条藻等硅藻及扁藻
糠虾幼虫	甲藻、硅藻、瓣鳃类幼体,桡足类幼体和成体等	轮虫、卤虫无节幼体,颗粒大小适宜的代用饵料
仔虾阶段	舟形硅藻,桡足类幼体、双壳类幼体等	卤虫无节幼体、鱼糜等
幼虾阶段	小型甲壳类(介性类、糠虾类、桡足类等),软体动物的幼体和小鱼等	卤虫成体,小型贝类、鱼虾及人工合成饵料
成虾阶段	底栖的甲壳类、双壳类、多毛类、蛇尾类及鱼类等	蓝蛤、四角蛤、贻贝、鲜杂鱼虾,豆饼及各种人工配合饲料

（2）对虾的摄食行为　对虾的摄食方式随着幼体的发育由滤食性为主逐渐转为捕食性为主，底栖生活后完全转为捕食性。对虾以嗅觉和触觉觅食，对虾多在海底爬行寻找食物，有的会用步足在底质中探查，一旦发现食物，便用螯足拾起食物并送至口器。对虾类有自相残杀的习性，饥饿的虾会攻击刚蜕皮的虾和小虾。

大部分对虾都是白天伏于底层沙下，夜间出动捕食。日落后开始，黎明时逐渐结束。但如果海水混浊、透明度小，养殖对虾也可白天出来觅食。对虾的摄食强度在不同的生活环境（如水温、溶氧含量、水质状况等）和不同的生理时期（蜕皮、生殖活动等）有很大差异。

4. 对虾的洄游与移动习性

对虾按生态习性可分为两类：一类为定居型，如日本囊对虾、宽沟对虾、短沟对虾等，栖于浅海或海湾，白天潜伏于海底沙内，在分布区内无大范围的季节性移动；另一类为洄游型，有长距离的季节性洄游习性，如中国明对虾等。对虾长距离的洄游主要受水温的支配，南方或热带的对虾类没有长距离的洄游习性，仅在小范围移动。长毛明对虾在秋、冬水温下降至 20℃ 以下时，港内虾群逐渐向外海移动，游向水深 19～35m 处越冬或分散于近海深沟越冬，翌年 2 月末至 4 月水温上升后游向内湾、河口产卵。日本囊对虾的仔、幼虾栖息在沿岸河口、内湾浅水区，随着生长逐渐移向深海区，并在那里成熟、交配和产卵。

洄游型对虾的活动规律：

河口、沿岸产卵场（生长发育）→近海较深水域（交配、越冬洄游）→越冬场→产卵洄游→沿岸产卵场

定居型对虾的活动规律：

河口、浅海（生长、交配）→深海（越冬）→浅海（产卵）

项目二　凡纳滨对虾的养成

凡纳滨对虾的养成是指由苗种养殖至达到商品规格的过程。

一、养成方式

凡纳滨对虾的养成方式可分为粗养、半精养、精养等几种。粗养方式的养殖池塘面积较大或直接利用天然汊港等进行养殖，通常利用潮汐纳水，放苗密度低，不投饵或少量投饵，产量较低，养成商品虾规格较大；半精养方式的池塘面积为 0.7～3.3hm²，靠潮汐纳水或机械提水，可以人工换水，使用天然饵料及人工补充投饵；精养方式的面积较小，完全依靠机械提水，使用增氧机，换水量大，完全投喂人工饲料。

二、养成场的建造

池塘养殖是凡纳滨对虾养殖的主要方式。养成场的选址要符合当地水产养殖规划，没有工业、农业和生活污染，海区潮流畅通，具有电源、交通的便利条件。池塘一般建在没有污染的河口、内湾等地的潮间带或潮上带，最好有淡水水源，以便用来调节盐度。养成场要有独立的进、排水系统，配备增氧机等设施，依靠潮汐纳水或机械提水。

1. 养成场的防浪主堤

在潮间带建虾池，需修建防浪主堤。主堤设计应参照工程设计规划，有较强的抗风浪能力。一般情况下堤坝应高过当地历史最高潮位 1m 以上。

2. 池塘（图 2-8）

每口池塘的适宜面积为 0.2～1hm²，圆形或方形切角。如果为长方形，长宽比不应大

图 2-8　对虾的养殖池塘

于 3∶2，池深最好为 2.5～3m，养殖期间可保持水深 2m 左右。池底平坦并向排水口略作倾斜，比降 0.2％，做到池底积水可自流排干，池底可用无毒塑料土工膜或混凝土等铺底。高位池池底通常呈锅底状，中央设排水口。

3. 海上沙滤系统和抽水泵

池塘的位置高、海区的水纳不入时，就应铺设管道伸到海区的中、低潮线进行抽水。有条件的地方可以建设海上沙滤系统，铺设口径为 40～60cm 的滤水管道至海区的中、低潮线，滤水管外包裹两层 60 目的筛绢网作为过滤网，在中、低潮线的管口埋于滩面以下 50～100cm，以管口的高度为基准面，进水管水平铺到高潮线上与井相连，用抽水泵抽水至池塘。或者在海区滩面下铺设进水管，沿着地势逐步上升，铺到高潮线上与抽水泵直接相连。地势高的虾池抽水泵选用混流泵或离心泵，这种泵吸程和扬程都较高，但所需功率大、耗电能多。如抽水吸程和扬程不高时，可使用轴流泵或潜水泵，该水泵吸程和扬程低，但抽水量大、节省电能，水泵日提水量应达到养殖场总蓄水量的 5％～10％。

4. 进、排水渠道

进、排水渠道应独立设置，进水口与排水口应尽量远离。进水可使用水泵抽水，采用水沟或 PVC 管作进水渠道。排水渠道除考虑正常换水量需要外，还应考虑能满足暴雨排洪及收虾时排水的需要。

5. 蓄水池

养成场可配备蓄水池。建蓄水池的目的是储存、净化海水，降低海水中的病原菌及病原体宿主数量，从而达到稳定水环境的目的，经过沉淀、净化后供养殖用水。蓄水池尽量使用纳潮方式进水，以节约能源，但也应有提水设备。蓄水池内可放养一些滤食性贝类、肉食性鱼类、江蓠等。疾病流行期，可在蓄水池消毒处理水，再作为养殖用水。

三、清池与消毒

该项工作是指清除虾池内一切不利于对虾生存和生长的因素，包括沉积有机物的清淤、敌害与竞争生物的清除、致病微生物的消毒以及其他有害生物的清除等。清池与消毒是养好对虾的前提，关系到养虾的成败。

1. 池塘的处理

凡纳滨对虾为底栖生物，因此池塘底质状况会直接影响凡纳滨对虾的生存与生长。在不良底质上，凡纳滨对虾轻则生长不良，重则健康状况不佳，甚至暴发疾病，以致死亡。池塘经几年使用后往往在池底积累大量的排泄物、残饵、生物尸体等有机沉积物，这些有机物会在缺氧条件下分解生成有毒或有害物质，因此池塘在进行养殖之前必须进行彻底处理。池塘底质的处理方法主要包括清淤、曝晒、生石灰消毒等。

（1）清淤 是将池底淤积物彻底清出池塘。对虾收获之后，打开闸门，让海水反复冲洗，尽可能地带走部分有机物。然后封闭闸门，如是沙质底的池塘，可用高压喷枪对全池反复冲洗，使池底 10cm 厚的沙层变白为止。对于泥质底的虾池，要人工搬运或者使用钩机或者泥浆泵等把池底的淤泥清出池塘。

（2）曝晒 池塘在收获对虾之后应将水排干，曝晒池底 10～20 天，待池底表层颜色转黄后翻耕池底，如此重复多次，以使池底彻底氧化。

（3）生石灰消毒 施用生石灰可以改善池塘底质条件、杀灭有害生物，是池塘处理的有效方法之一，近年来得到广泛应用。生石灰的用量可视池塘状况的而定，一般用量为 500～1000kg/hm²。实际生产中也可使用漂白粉等含氯化合物进行池塘消毒。

2. 清除敌害生物

池塘中存在多种生物种类及群落，其中有些生物对于凡纳滨对虾的生存与生长不利，应尽可能去除。鲈鱼、四指马鲅、虾虎鱼等凶猛性鱼类入池后，每生长 0.5kg 就要吃掉 3～4kg 虾，应彻底除尽；梭鱼、鲻鱼、斑鲦等鱼类虽不直接捕食养殖的凡纳滨对虾，但在饲料、空间上与养殖种类有竞争，它们的存在往往使养殖饲料消耗加大、环境负担大，同样不利于凡纳滨对虾的生长；池塘中的梭子蟹、小螃蟹、刀额新对虾、虾姑等甲壳类不仅捕食虾苗、争食饲料，还会携带病毒和细菌，可使凡纳滨对虾患病，应控制其数量；池塘中的藻类对维持及改善池塘环境有重要意义，但刚毛藻、浒苔等大型藻类大量繁殖时，会消耗池水中的营养盐，限制浮游生物和底栖硅藻的生长，使池水变清，同时杂藻老化、衰败后大量死亡，会引起池塘水质败坏；纤毛虫类、夜光虫、裸甲藻等的大量繁殖也是虾池内可能出现的患害，所以这些有害的生物在放苗前要彻底清除。

3. 清除方法

要对蓄水池、过滤池及所有沟渠、用具等进行消毒杀菌。池塘进水时要使用 40～60 目筛绢网过滤，防止各种敌害鱼类的卵和幼体进入池塘。常用的清池药物有生石灰、茶籽饼、漂白粉、强氯精、鱼藤精、杀灭菊酯等（表 2-3）。严禁使用残留期长、对人畜有毒害的药物。消毒方法：通常进水 20cm，使池底部被浸或者一次把池水进到正常的养殖水位，封闭闸门，再将药物溶解、稀释后均匀泼入池中，待药物毒性彻底消失以后可以放养虾苗。

表 2-3 几种清池药物的参考用量及使用方法

药物	有效成分	使用浓度/(mg/L)	主要杀伤种类	药效消失时间/天	使用方法
生石灰	氧化钙	500～1000	鱼类、虾蟹、细菌、藻类	7～10	可干撒或用水化开后冷却时泼洒
茶籽饼	皂角碱(10%～15%)	20～30	鱼类	2～3	破碎后浸泡 1 天，将浸出液稀释后连水带渣泼洒
漂白粉	有效氯(28%～32%)	70～100	鱼类、虾蟹、细菌、藻类	3～5	先加水调成糊状，再加水稀释泼洒
强氯精	有效氯(60%以上)	40～60	鱼类、虾蟹、细菌、藻类	3～5	加水稀释泼洒
鱼藤精	鱼藤酮(7.6%)	2～3	鱼类	2～3	先用淡水乳化，再加海水稀释泼洒
杀灭菊酯	有机磷	0.2～0.3	虾蟹、寄生虫等	3～4	加水稀释泼洒

4. 杂藻的清除

杂藻可以人工清除，也可使用除草剂杀灭，如用 $1\sim2mg/L$ 的除草醚杀除。

四、培养基础饵料生物

培养基础饵料生物的主要内容是繁殖藻类，包括浮游藻类及底栖藻类。其过程主要包括进水和施肥。

1. 进水

进水是在放养虾苗之前纳水，纳水时使用 $40\sim60$ 目的筛绢网过滤，以防止敌害生物进入池塘，初期水深以 $60\sim100cm$ 为宜，待池中藻类繁殖后再逐渐添加海水。

2. 施肥

池中的浮游生物和底栖硅藻是仔虾的主要食物，所以培养好基础饵料并保持其数量持续稳定，以满足仔虾生长的需要是降低饵料成本、提高虾苗成活率、促进幼虾生长的生产技术中十分关键的措施。

施肥可以施用有机肥或无机肥。常用的化肥有尿素、硫酸铵等氮肥，过磷酸钙、汤姆磷肥等磷肥，也可使用复合肥。施肥应根据池塘肥力及藻类生长状况灵活掌握，通常用硝酸铵或尿素 $15\sim30kg/hm^2$，磷 $4.5\sim7.5kg/hm^2$，隔 $5\sim7$ 天追加 1 次，施肥量为第一次的一半。池水透明度维持在 $25\sim40cm$，pH $8.5\sim9.0$，水色茶褐色或黄绿色。偏酸性土壤的池塘或新池塘适宜多施用有机肥，但在施肥前最好要把肥料晒干、粉碎、发酵、消毒，再用纤维袋包装，每袋 $5\sim10kg$，分散挂在池塘的四周。

五、放养

1. 虾苗的中间培育

一般市售虾苗的体长在 $0.7\sim1.0cm$，可以直接入池养殖。如果有条件，也可经中间培育，培育成体长 $3cm$ 左右的大规格虾苗，可提高养成期间成活率，提高经济效益。虾苗的中间培育可在育苗场进行，也可在养成场进行。在养成场进行的中间培育，分为水泥池培育、土池培育、塑料大棚培育等几种方式。

2. 放养技术

（1）虾苗的质量　虾苗质量关系到放养成活率的高低。选择虾苗时应选用大小整齐、个体粗壮、肌肉饱满、体色半透明、无畸形的虾苗，去除大小不齐、体型纤细、瘦软、畸形比例高、体色发红或腹部白浊的虾苗；选用全身干净、不挂脏的虾苗，去除甲壳及附肢附着纤毛虫、丝状细菌、长杆菌等所谓"挂脏"或"长毛"的虾苗；选用活力强、弹跳力强、游泳能力强的虾苗，将虾苗放于水盆内，搅动水，使水在盆内旋转，强壮者多在盆边逆流而游，差者则集中于盆中间或沉于底层，久久不能游开；健康虾苗第一触角的两条小角鞭并拢，偶尔分开摆动几下后又重新并拢，病弱虾苗则两鞭经常分开，甚至不能并拢；选用胃肠饱满、肝胰腺黄褐色的虾苗，去除胃肠空、肝胰腺发红或身体白浊的虾苗。

（2）放养密度　放养密度的确定通常必须考虑池塘的生产条件（如水深、换水能力、增氧设施、排灌设施等）、饵料的种类及数量、苗种质量、养成方式、养成规格以及管理水平等。通常精养放养密度为 5 万～20 万尾/亩❶。

（3）放苗方法　放苗前应对池塘条件进行测定。虾苗对温度突变有一定的适应能力，但是温度突变不能太大，应在运输过程中或在池边缓慢下降或者上升，使突变温差尽量保持在

---

❶ 1 亩＝$1/15hm^2$

3℃以内。仔虾对盐度突变的适应力较强，但是盐度差应控制在 5 以内。所以当池塘与育苗池盐度超过以上限度时，应在育苗场逐步过渡。

放苗应安排在晴天上午 10:00 前或傍晚，在雨天、烈日的中午不宜放苗。放苗时应在迎风端的池边深水处放苗，以免虾苗被风浪吹打到池边而死亡。放苗时把整袋的虾苗放在池中浸泡 20～30min，待袋内水温与池水水温大体相同才放苗。放苗数量一定要准确，以利于计算投饵量，运回场的虾苗最好在池边重新抽样计数。经过长途运输的虾苗，可取 100～200 尾虾苗放入虾池中的网箱内饲养观察 3～5 天，计算其成活率，推算所放养虾苗的数量。

六、养成期间的管理

1. 生态环境监测

对于池塘中的敌害生物、竞争生物、病原生物以及影响池塘水质变化的浮游生物等进行定期监测，掌握动态数据，对于了解池塘生态变化规律、有针对性地进行有效调控是十分重要的。在养殖凡纳滨对虾过程中，生态环境监测内容包括对虾存池数量估计、生长测量、摄食检查、健康状况检查等方面。

（1）存池数量估计　存池数量估计对于精确投喂、避免过量投饵、减少污染、降低成本有重要意义。通常采用抽样估计的方法，潜底种类宜用网框定量，非潜底种类宜用拉网或旋网取样方法定量。以抽样数量与面积推算全池凡纳滨对虾的存池数量。

当虾池内对虾体长在 3～6cm 时，使用已知面积的小缯网，在池内多点取出小缯网计算网内的对虾数量，以此凭经验估测存塘对虾数量。在池虾达到 6cm 以上期间，可用手抛网定量。在池塘代表性的几个点，用手抛网捕捉池虾，根据下式计算出全池对虾的总数。

$$全池对虾总数（尾）＝网捕对虾总数（尾）\times \frac{虾池面积（m^2）}{网口面积（m^2）\times 撒网次数}\times K$$

其中 K 为经验系数，一般水深 1.2m 以下时，K 值为 1.3；水深在 1.3～1.5m 时，K 值为 1.5；水深在 1.5m 以上时，每增加 10cm，K 值就增加 0.1。

（2）生长测量　生长测量是测量养殖凡纳滨对虾的平均体长、体重，以了解生长速度。一般每 10 天定期测量 1 次，每次测量取样不少于 50 尾。

（3）摄食检查　主要了解凡纳滨对虾的摄食状况，用来评估投饵量是否合适。其方法是以池塘中残饵数量及投喂后一定时间内凡纳滨对虾胃含物的多寡来认定摄食状况及投喂量是否适宜。

（4）健康状况检查　主要通过观察及检测养殖对虾有何疾病症状，活动、摄食等是否正常来评价凡纳滨对虾健康状况。观察体表是否干净，鳃部、附肢是否有附着物，对虾是否有病等。健康的对虾活力强、色泽鲜艳、肠胃充满食物，反之则活力差、色泽灰暗、淡白色或粉红色、软壳、空胃、断须等。

有条件的在养成期可经常做病毒病原检测，可使用显微镜检查、T-E 染色体法、PCR 等方法。

2. 养殖期间水质与底质的管理

（1）水质管理　池水环境的好坏直接关系到对虾的生长和生存，养殖者认为"养虾就是养水"。水质的好坏受水源、气候、水中生物、残饵及生物排泄物的影响，这些影响不是单一作用而是互相影响，所以对每一种影响因素必须加以注意和控制，使水质稳定，促进对虾生长。

① 检测水质理化因子。测定水温、pH 值、透明度、盐度、溶解氧、氨氮、亚硝酸盐氮等水质理化因子。每天早上 6:00、下午 3:00 测量水温、pH 值。定期测量池水透明度、盐度、溶解氧、氨氮、亚硝酸盐氮等，经常检测池内浮游生物的种类及数量变化。

② 水色。观看池水水色，绿藻类占优势会呈绿色，硅藻类占优势会呈黄褐色。绿色水较稳定，而黄褐色不稳定，但虾类生长较快。良好的水色应是黄褐色、黄绿色、绿色、褐色等。在养殖前期池水的透明度以控制在 30cm 为宜，后期 30～50cm 为佳，要求池水清爽、悬浮物少。当浮游生物大量繁殖时，夜间要消耗大量氧气，会造成虾池缺氧，尤其当硅藻达到一定浓度时，会发生大量死亡，其腐败后消耗的大量氧气会造成更大的损失。如果虾池水色澄清，要检测 pH 值找出原因，若 pH 值偏低，可采用石灰进行调节，然后施肥；如 pH 值偏高，就要先排出一部分池水，然后加入新鲜水，24h 后浮游生物会成倍增加。池水出现暗绿色或墨绿色、黑褐色及酱油色、乳白色、灰蓝色等为异常水色，可施 2～5mg/L 的硫酸铜，并更换新水。应预防透明度急剧变化，防止池水盐度的大幅度波动。连续阴雨天、暴雨降水均极易造成藻类下沉，应增开增氧机，使池水搅动。藻相不良时或透明度过大，可及时加入新鲜海水、引入其他藻相好的池塘藻类，施肥增加营养盐或适量施放光合细菌。

③ 增氧。增氧是维持、改善池塘水质，提高池塘生产力的重要措施之一。充足的溶解氧除可供凡纳滨对虾生命活动所需外，更重要的是可以促进池塘内有机物的氧化分解，减少有害物质的积累，大大改善凡纳滨对虾的栖息环境条件，增强凡纳滨对虾的体质与抗病能力。池水溶解氧含量应保持在 5mg/L 以上。机械增氧主要是利用增氧机，根据池塘水质、底质条件，结合天气变化情况具体掌握开机时间。一般在午夜、黎明前及烈日中午，阴雨天、气压低、无风及出现浮头时开机。一般 1～2 亩水面配置 1kW 增氧机。高位精养池增氧机的安装位置要以开机后池水能沿同一方向顺时针形成环流，能把残饵、粪便等旋转到池塘中心排出以及池塘四周没有形成死角为原则。

④ 使用水质改良剂。为了保持池塘水质的良好与稳定、减少对虾应激的发生，就要定期使用一些水质改良剂和微生物制剂，以净化和改良水质，常用的有生石灰、白云石粉、沸石粉、漂白粉、二氧化氯，也可适当投放有益细菌、活性酵素、硝化细菌等。

⑤ 换水。应根据池塘与海域水质状况选择最佳的换水时机。当海区水质良好且与池塘水质相差不大，海水中病原数量不高于正常指标、无赤潮生物、非病毒病流行；池塘水质严重恶化、浮游动物过量繁殖、透明度过低或过高，池塘水质因子超标（如溶解氧低于 3mg/L、氨氮含量超过 0.4mg/L、pH 值低于 7 或高于 9.6、底层水硫化氢超过 0.1mg/L 等），池底污染严重，底泥黑化有硫化氢逸出；凡纳滨对虾摄食量下降，池塘中生物出现浮头等情况时，应适当进行换水。通常日换水量控制在 10%～15% 以内。养殖后期（60 天后）每天排污数次，安排在投喂前进行，每次排污 5～10min，然后添注新水至原水位。

（2）底质管理　池塘底质条件对凡纳滨对虾的生存与生长至关重要。在不良底质中，凡纳滨对虾的摄食与栖息均会受到限制。在养殖过程中，要加强管理、减少沉积物积累。如精确投饵，避免残饵产生；强化增氧，减少有毒物质积累等。也可向池中施用池底改良剂，以改善池底环境。常见的池底改良剂有生石灰、沸石粉、麦饭石、膨润土、过氧化氢等。采用中央排污的池塘可以及时排污。

3. 饵料投喂

（1）饵料种类　饵料分为鲜活饵料与配合饲料两类。前者包括低值贝类、小杂鱼虾、卤虫等；后者则营养配比完善、加工方便、投喂便捷。目前，在凡纳滨对虾养成中，主要投喂配合饲料，较少投喂鲜活饵料。可在养殖后期将要收获前的 20 天内投喂鲜活饵料。鲜活饵料在投喂前应冲洗干净，而且应小心剔除其中的蟹类、虾类等甲壳类生物，贝壳厚的要打碎或压破，最好用药物浸泡消毒后才投喂。以下主要介绍人工配合饲料的投喂。

（2）投喂量　饵料投喂量的确定较为复杂，应根据多种因素综合考虑并加以调整。主要确定及调整依据有以下几点。

① 根据池塘中凡纳滨对虾总重量确定日投喂量。养殖前期（虾长 1～3cm）日投饵量为

虾体重量的 8％～10％，中期（虾长 3～10cm）5％～7％；后期 3％～4％。每天多次投喂，也可以参照饲料生产厂家的使用说明进行投喂。晚间投喂量占全日量的 40％～60％。

② 根据对虾摄食情况调节投喂数量。投喂后 1～2h 有 2/3 对虾达饱胃或半胃，证明饵料投喂充足；在下次投喂前池塘中有剩余残饵，则应减少投喂量。也可利用在池中设立饲料观察网（饵料盘、小缯网）的方法检查并掌握对虾的摄食情况。

③ 根据对虾生长情况调节投喂量。在北方，放苗初期平均日增长 0.5～1.0mm；中期水温度适宜，平均每天增长 1.0～1.8mm；后期平均每天增长 0.6～1.0mm。而在南方，生长期长，通常养殖 90 天就可达到商品规格（平均体长 12cm，体重 25g），即平均每天生长 1.3mm，增重 0.27g。如生长低于上述标准，则应加以调节，适当增加投喂量。

④ 根据水质条件调节投喂量。水质恶化、溶解氧过低可引起对虾摄食量下降，应减少投喂量，待水质好转后再酌情增加投喂量。

⑤ 根据天气条件调节投喂量。水温高于 34℃ 或低于 18℃ 以及昼夜水温差 5℃ 时，少投或不投；气压过低、阴雨不断的天气应注意减少投喂量。

⑥ 根据对虾生理、病理状况调节投喂量。对虾在蜕皮前后要停食，患病对虾摄食量会下降，因此，在上述条件下应适度减少投喂量。

（3）投喂方法

① 投喂原则。投饵采取"少量多次、日少夜多、四周多投、中间少投、合理搭配、先粗后精"的原则，以适应对虾摄食的生物学特点，有利于提高饵料利用率，减少污染，促进对虾的生长。

② 饲料粒度型号的选择。因放养密度较大，一般在放苗的第三天至第七天开始投喂人工配合饲料。投喂配合饲料时，要根据池虾的体长选择饲料粒度的型号，即幼虾体长 1.5～2.5cm 时，投喂对虾开口料、0 号料；对虾体长在 2.5～4.5cm 时，投 1 号料；对虾体长在 4.5～7.5cm 时，投喂 2 号料；对虾体长在 7.5cm 以上则选用 3 号料，也可以按照饲料生产厂家的使用说明进行投喂。一般投喂前及投喂后关闭增氧机 1 个小时左右。放养第一个月内，饲料全池均匀投撒，养殖中、后期投饲应沿虾池四周均匀投喂。

③ 投喂次数。每天投喂 3～5 次。前期 3 次；虾长至 3.5cm 以后，每天投喂 4 次；后期投喂可以增至 4～5 次。

4. 一些常见问题的处理

（1）暴雨后的处理　暴雨后由于淡、海水分层，易使池塘藻类下沉死亡，并因此产生其他问题，如缺氧、氨氮增高、酸碱度下降等，因此暴雨前后均应采取措施。暴雨前要做好表层排淡水准备，暴雨时要加强巡塘；雨停后，及时开动增氧机，测定 pH 值和盐度等，并施用沸石粉或熟石灰，以及适量施肥。

（2）预防对虾浮头　在正常情况下，池虾多伏在池底或近底游动觅食。池虾如伏于池边浅水处，或浮游于水面游动缓慢，受惊扰时反应迟钝，甚至将头胸甲前端伸出水面，这种现象称为"浮头"。引起浮头的原因是多方面的，如天气闷热、气压低、连续阴雨、阵雨、雾水天气等，但主要还是因水质败坏、杂藻大量死亡、养殖密度过大所致。

预防浮头的措施是综合性的。平时要加强管理，保持良好的水环境，消除造成浮头的各种因素。一旦出现浮头，应立即启动排水闸门排出一些池水，并灌入新鲜海水，加开增氧机增氧，也可以泼洒增氧剂，浮头解救后的当天减少投饵量、适量换水和施用沸石粉或农用石灰等池底改良剂。

5. 常见虾病的防治

虾病分为由生物引起的疾病和非生物性疾病两大类。前者包括病毒、细菌、固着类纤毛虫等，后者如肌肉坏死病、痉挛病和浮头死亡等。现将养成阶段的常见疾病防治方法介绍如下。

（1）病毒性疾病　凡纳滨对虾养成中最常见以下三种病毒性疾病。

① 白斑综合症（WSSV）。被感染的对虾离群、游动无力、反应迟钝、不摄食、胃肠内空。头胸甲被剥开时不粘连真皮；甲壳上有直径 0.5～2mm 的白点，有的呈花斑状；血淋巴稀薄不凝固；濒死的虾体色微红，色素加深；养殖期 20～50 天内，体长 3～8cm 的幼虾最易被感染，3～10 天内死亡率可达 90％以上。

② 桃拉病毒病（TSV）。发病的对虾一般在养殖 15～50 天时易发病，死亡快，3～5 天死亡率可达 80％，幸存者甲壳有黑斑；病虾不摄食，消化道内发红且肿胀、无食物；游动无力，常浮在水面，反应迟钝；甲壳变软，虾体变桃红色，尤其是尾扇顶端变红；后期肝胰脏肿大，变白。

③ 皮下及造血组织坏死杆状病毒病（IHHNV）。是一种慢性病。病虾身体变形，引起慢性感染。养成池虾大小参差不齐，产生许多超小体形对虾。虾体变形明显，尤其多出现额角弯向一侧，第 6 体节及尾扇变形、变小，故又称"矮小变形症"。死亡率虽不高，但养不大，损失比虾死亡更重。

病毒性疾病的防治方法：对虾病毒性疾病目前尚无有效的防治药物，应贯彻"预防为主，综合防治"的原则。主要是加强健康管理、切断病原传播途径和进行综合预防。

（2）细菌性疾病

① 红腿病

症状：患病初期，病虾鳃部肿大，有的坏死变黑；附肢变红，特别是游泳肢变红；虾活力差，在浅水处或池边缓慢独游，或静伏于池底，容易捕捉；血淋巴混浊，凝固慢或不凝固；镜检血淋巴、血细胞减少，高倍镜下可看到许多运动活泼的短杆状细菌。

病原：副溶血弧菌、鳗弧菌等弧菌及气单胞菌属中的一些种类。当环境条件恶化或饵料不良时，弧菌大量繁殖，对虾抵抗力下降，引起发病。

② 烂鳃病（黄鳃病）

症状：鳃丝呈灰色或黑色、肿胀、变脆，从边梢向基部坏死、溃烂。镜检溃烂组织有大量细菌，重者血淋巴内有活动的细菌。

病原：为弧菌或其他细菌（如气单胞杆菌）。

以上两种细菌性疾病可采用的防治措施有：定期（一般 10 天左右）泼洒 7～10kg/亩的生石灰。发病时，全池泼洒含氯消毒剂，如漂白粉 1～2mg/L 或强氯精 0.5～0.8mg/L 等。可使用抗生素等药物饵料，如磺胺甲基嘧啶 2～3g、诺氟沙星 0.5～1g、蒜泥 30～50g 等配制在 1kg 饲料中进行投喂，每天喂两餐，5～7 天为一个疗程。

③ 丝状细菌病

症状：对虾鳃部的外观多呈黑色或棕褐色，头胸部、附肢和游泳足色泽暗淡和似有棉絮状附着物。这是黏附于丝状细菌之间的食物残渣、污物或藻类、原生动物等。镜检可见鳃上或附肢上有成丛的丝状细菌附着。

病原：为毛霉亮发菌或硫丝菌等。池水肥、有机质含量高是诱发丝状细菌大量繁殖的重要原因。

防治方法：主要是保持水质、池底清洁，促进对虾正常蜕壳和生长。发现虾鳃和附肢上有大量丝状细菌时，用浓度为 10～15mg/L 的茶麸全池泼洒，以促进对虾蜕壳，蜕壳后适量换水。

（3）固着类纤毛虫病

症状：固着类纤毛虫附着在对虾的体表、附肢和鳃部，甚至在眼睛上。在体表大量附生时，肉眼可看到有一层灰黑色绒毛状物。取鳃丝或体表附着物在显微镜下观察，可见很多的纤毛虫类附着。虾浮游于水面、离群独游、反应迟钝、食欲不振，以至停止摄食、不能蜕皮；午夜后至天亮前夕，当池水溶氧低于 3mg/L 时，常因呼吸困难而死亡。

病原：为固着类纤毛虫，常见的有聚缩虫、单缩虫、钟虫、累枝虫等。主要是因放苗前池塘清淤不彻底、池底淤泥过多、放养密度过大、换水量少、投饲量过大、残饵多等原因，而使池水含有大量有机物，或因虾体感染了细菌、病毒等原发性病原生物，而促使固着类纤毛虫大量繁殖并附着于虾体。

防治方法：保持虾池水质清洁是最有效的预防措施，保证池水溶氧不低于 5mg/L；检查、诊断虾体是否有细菌或病毒感染，如有应对症治疗；可用 10～15mg/L 的茶麸全池泼洒，促使对虾蜕皮，然后换水。

（4）肌肉白浊病和痉挛病

症状：病虾腹节肌肉变白、不透明，有的全身肌肉变得白浊；有的对虾呈痉挛状，两眼并拢，腹部向腹面弯曲，严重者尾部弯到头胸部之下，不能自行伸展恢复，伴随肌肉白浊而死亡。

病因：水温过高、盐度过高或过低，或者溶氧低、对虾密度过大。水质过浓时，进入少量新鲜水而引来池虾集结在进水口周围互相惊扰跳跃也可能诱发此病。

防治方法：放养密度要适宜；高温季节保持水位并适量换水，保持水质新鲜，不使理化因子急剧变化；采取增氧措施，保持溶氧充足。

（5）偷死症　高密度精养凡纳滨对虾的养殖后期容易出现此症，对虾在池底死亡，不易被发现，故称"偷死"。

病因：对虾密度过大，底部缺氧或局部缺氧，氨氮、亚硝酸盐氮增多，水质变坏。

防治方法：放养密度要适宜，保持溶氧充足，可适当使用光合细菌、乳酸杆菌或水质改良剂净化水质。

6. 巡塘检查

巡塘检查是生产管理中的日常工作。要做到勤观察水质、水色的变化；观察对虾活动情况、是否出现病害等；要勤于思考、及时处理、防患于未然，勤清除闸门、闸网附生的藤壶生物，池塘周围的杂草、鼠类、蟹类、残饵、浮泥等；勤于每天按时做好各项生产记录。

七、收获

适时收获是丰产又丰收的重要途径。决定收获时间的主要条件是对虾的规格、对虾健康状况、水温变化、水质、底质的污染程度、加工能力、市场行情及下一茬养殖计划等。凡纳滨对虾经 70～120 天的养殖，一般达到 50～80 尾/kg 的商品规格，应抓紧收获。

收虾方法主要为电网捕捞法和拉网法。电网捕捞法省时、省力、高效。收虾时，将池水排至 1.2m 左右，一口十亩的池塘，4～6 人作业，每人操作一口小电网在虾池里反复推网捕捞，经过 3～4h 能捕捞池虾 95% 以上。拉网法适合于池底平坦的中、小型池塘，一般每张网由 2～3 人操作，拉网时应根据对虾数量和池塘地形，选择合适的地方进行放网和收网。捕捞的对虾成活率高，适宜于活虾的运输和销售。

项目三　中华绒螯蟹的识别

中华绒螯蟹（*Eriocheir sinensis* H. Milne-Edward），俗名河蟹、螃蟹、大闸蟹等，是分布非常广的大型食用蟹类，其肉味鲜美、营养丰富，很受人们欢迎。我国渤海、黄海及东海沿岸诸省均有分布，但以长江口的崇明岛至湖北省东部的长江各地及辽宁省、浙江省产量为大。在国外，朝鲜西部黄海沿岸地区、英国、比利时、法国、丹麦、瑞典、芬兰、俄罗斯、德国，以及美国、加拿大等国家均有分布。中华绒螯蟹为我国特产，特别是 20 世纪 80 年代末，由于人工育苗技术的突破，使中华绒螯蟹养殖事业在我国得到普遍推广。

一、中华绒螯蟹的分类与形态构造

1. 分类

中华绒螯蟹在分类上属于节肢动物门（Arthropoda）、甲壳纲（Crustacea）、软甲亚纲（Malacostraca）、十足目（Decapoda）、爬行亚目（Reptantia）、方蟹科（Grapsidae）、绒螯蟹属（*Eriocheir*）。绒螯蟹属有 4 个种，即中华绒螯蟹、日本绒螯蟹（*E. japonica*）、直额绒螯蟹（*E. rectus*）、狭额绒螯蟹（*E. leptognathu*）。中华绒螯蟹和日本绒螯蟹个体大、养殖产量高，具有较高的经济价值；后 2 个种个体小，无经济价值。中华绒螯蟹在我国渤海、黄海与东海沿岸诸省均有分布，有 2 个种群，其中北方种群以辽河、黄河水系蟹为代表，南方种群以长江、瓯江水系蟹为代表。日本绒螯蟹在我国主要分布于福建、广东、广西等沿海地区。

中华绒螯蟹的北方种群和南方种群，在原产地均能长成大规格的商品蟹，但将其移殖到与原生态条件差异较大的地区后，原有的生长优势将受影响，并且易与当地中华绒螯蟹种群杂交，造成种质混杂和经济价值下降。因此，养殖生产上不应将不同水系或不同种群的中华绒螯蟹移殖到异地养殖。

2. 中华绒螯蟹的外部形态

中华绒螯蟹甲壳一般呈墨绿色，腹面灰白色。身体分头胸部和腹部，腹部退化，折贴于头胸部之下。5 对胸足伸展于头胸部的两侧，左右对称。头胸部和腹部均有附肢（彩图 2-9，彩图见插页）。

（1）头胸部　头胸部背面覆盖一背甲，称"头胸甲"，俗称"蟹兜"（图 2-10）。头胸甲中央隆起，表面凹凸不平；边缘分额缘、眼缘、前侧缘、后侧缘和后缘。额缘具 4 个额齿，中央 2 个为内额齿，外侧 2 个为外额齿。中央两额齿间一凹陷最深，其底端与头胸甲后缘中点之连线，为头胸甲长度，表示中华绒螯蟹的体长。眼下方一凹陷为眼窝。左右前侧缘各具 4 齿，为侧齿，由前至后依次变小。第 4 侧齿之间距为头胸甲的宽度，即表示中华绒螯蟹的体宽。额后有 6 个疣状突，左右两侧各有 3 条突起叫作"龙骨脊"。头胸甲表面还有不少凹陷，为内部肌肉的着生之处。

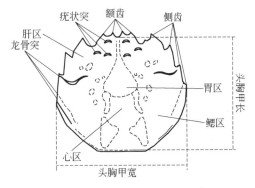

图 2-10　中华绒螯蟹的头胸甲（背面）

（2）腹部　蟹类腹部退化，紧贴头胸部下面折向前方，通常称为"蟹脐"，四周有绒毛。幼蟹腹部均为长三角形，随着生长雌蟹渐呈圆形，雄蟹仍为狭长的三角形（图 2-11）。展开腹部可见一隆起的肠道以及腹部附肢（图 2-12）。雌蟹腹肢着生于第 2～5 腹节上，具内、外肢，密生细长刚毛，用于附着和抱持卵粒；雄性腹肢退化，已特化为交接器，着生于第 1～

2 腹节上，形成交接器。

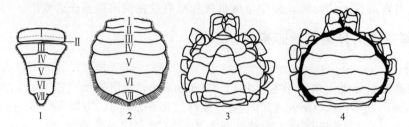

图 2-11　中华绒螯蟹的腹部（图中罗马数字为腹节节数）

1—雄性；2—雌性（仿：赵乃刚. 河蟹增养殖新技术）；3—未成熟个体，腹
脐不能完全覆盖腹甲；4—成熟个体，腹脐能覆盖腹甲

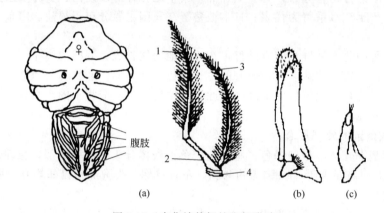

图 2-12　中华绒螯蟹的腹部附肢

（a）雌性：1—内肢；2—基节；3—外肢；4—底节
（b）雄蟹第 1 腹肢（交接器）；（c）雄蟹第 2 腹肢

（3）附肢　蟹类体节共 21 节，其中头部 6 节、胸部 8 节、腹部 7 节，各节均有附肢 1
对，但头胸部愈合，节数不能分辨。腹部附肢退化，雌蟹 4 对，雄蟹 2 对。

中华绒螯蟹的附肢因功能的分工而形态各异，但均由双肢型演变而成。头胸部的附肢有
2 对触角、1 对大颚、2 对小颚、3 对颚足、5 对步足。

3. 中华绒螯蟹的内部构造

打开中华绒螯蟹的头胸甲，可见胃、肝脏、心脏、鳃、生殖腺等重要内脏器官
（图 2-13）。

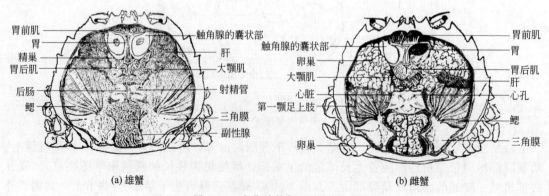

（a）雄蟹　　　　　　　　　　　　　　（b）雌蟹

图 2-13　中华绒螯蟹的内部构造

（1）消化系统　中华绒螯蟹的消化系统包括口、食道、胃、中肠、后肠和肛门。口位于大颚之间，食道短且直，末端通入膨大的胃。胃内具一咀嚼器，亦称"胃磨"，用以磨碎食物。胃壁上有一钙质小粒，蟹蜕壳后，钙质小粒逐渐被吸收到柔软的新外壳中，使壳变硬。中肠短，后肠较长，末端开口在腹部末节。中华绒螯蟹消化腺即肝胰脏，左右两叶，橘黄色，体积很大，肝脏还有贮藏养料的功能，以备在缺食的冬季以及洄游时供给营养。

（2）呼吸系统　鳃 6 对，位于头胸部两侧鳃腔内。鳃腔通过入水孔和出水孔与外界相通，水从螯足基部的入水孔进入鳃腔，再由第 2 触角基部下方的出水孔流出。中华绒螯蟹登陆时，不断地自出水孔向外吐水，"嘶嘶"作响并形成泡沫。若干露时间长，则第 1 对颚足内肢会将出水孔关闭以防鳃部干燥，故中华绒螯蟹适宜于长途干运。

（3）循环系统　心脏位于头胸部的中央，略呈五边形，外包一层围心腔壁。中华绒螯蟹血液无色，血液由心脏发出的动脉流出，进入细胞间隙中，然后汇集到胸血窦，经过入鳃血管，进入鳃内进行气体交换，再由鳃静脉汇入围心腔，由心脏上的 3 对心孔回流到心脏，如此循环不息。

（4）排泄器官　中华绒螯蟹的排泄器官为触角腺，又称"绿腺"，为左右两个卵圆形的囊状物，被覆在胃的背面，开口在第 2 触角基部。

（5）神经系统（图 2-14）　位于头胸部背面、食道之上、口上突之内，有一略呈六边形的神经节，亦称"脑"。从脑神经向前和两侧发出 4 对主要的神经。脑神经节向后通过 1 对围咽神经与头胸部腹面的中枢神经系统连接。蟹类腹部退化，腹神经索及各腹神经节愈合，形成一大腹神经团。腹神经团分出许多分枝，散布到腹部各处，腹部感觉十分灵敏。中华绒螯蟹感觉器官较发达，除复眼和平衡囊外，第 1 触角、第 2 颚足指节上的感觉毛有味觉功能。

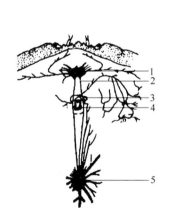

图 2-14　中华绒螯蟹的神经系统
1—脑；2—围食道神经；3—围食道
神经节；4—食道；5—腹神经团

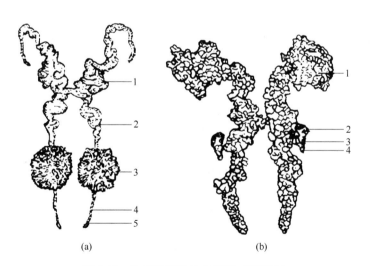

(a)　　　　　　　(b)

图 2-15　中华绒螯蟹的生殖腺（腹面观）
（a）雄蟹：1—精巢；2—射精管；3—副性腺；4—输精管；5—阴茎
（b）雌蟹：1—卵巢；2—纳精囊；3—输卵管；4—雌孔

（6）生殖系统　雄蟹精巢乳白色，位于胃两侧，在胃和心脏之间相互融连。精巢的下方有盘曲的输精管，后端渐粗为射精管。射精管在三角膜下内侧与副性腺汇合，其管变细，穿过肌肉，开口于第 7 节腹甲的皮膜突起之处（阴茎）。副性腺为许多分枝的盲管，分泌物黏稠、乳白色。雄蟹生殖腺见图 2-15(a)。

雌蟹的生殖器官包括卵巢和输卵管两部分［图 2-15(b)］。卵巢左右两叶，呈"H"形，成熟时呈紫酱色或豆沙色，充满头胸甲的大部分空间并延伸到腹部前端和后肠两侧。卵巢有 1 对很短的输卵管与纳精囊相通，纳精囊开口于腹甲第 5 节的雌孔上。纳精囊交配前是一空盲管，交配后充满精液，膨大并呈乳白色。

二、中华绒螯蟹的生态习性

1. 中华绒螯蟹的栖息习性

中华绒螯蟹生活在水质清新且水草丰盛的江河、湖泊和池塘中，喜栖居泥岸或滩涂洞穴或隐藏在石砾、水草丛中。在潮水涨落的江河中，蟹穴多位于高低水位之间；而湖泊中，中华绒螯蟹的洞穴较分散，常位于水面之下，不易被发现。中华绒螯蟹的洞穴，一般呈管状，常斜向下方，底端不与外界相通而使洞穴深处常有少量积水。洞口直径与穴道直径一致，大小与蟹体相仿，约容蟹体侧着进去，穴道长度 20～80cm，有的 1m 以上。中华绒螯蟹掘穴能力强，短则几分钟，长则数小时或一昼夜就可掘成一穴。掘洞是中华绒螯蟹躲避敌害的方式。严冬季节，中华绒螯蟹潜伏洞穴中越冬。但在土池散养成蟹期间，掘穴率较低，约 10％～20％，且多为雌蟹。大多数个体藏匿底泥中，只露出眼和触角，维持呼吸；或是寻找藏身之处，有时也会堆挤在一起。精养池塘池壁坡度大于 1：3，中华绒螯蟹在饲养期间几乎不打洞。

2. 中华绒螯蟹的感觉与运动

中华绒螯蟹的神经系统和感觉器官较发达，对外界环境反应灵敏。复眼视觉敏锐，人在河边走，远处或隔岸的中华绒螯蟹会立刻钻进洞穴或逃走；在夜晚微弱的光线下，便能觅食和避敌。

中华绒螯蟹能在地面迅速爬行，也能攀高和游泳。中华绒螯蟹爬行时以 4 对步足为主，偶尔也用螯足。起步时，以一侧的步足抓住地面，对侧的步足在地面直伸起来，推送身体斜向前进。第 3、第 4 对步足较扁平，其上着生刚毛较多，有利于游泳。

3. 中华绒螯蟹的食性

中华绒螯蟹为杂食性动物，但偏爱动物性食物，如鱼、虾、螺、蚬、河蚌、水生昆虫等，并残害同类，对腐臭的动物尸体尤感兴趣。在自然环境中，因动物性饵料缺乏，中华绒螯蟹主要取食水草、水生维管束植物或一些岸边植物。幼蟹、成蟹一般白天隐居于洞穴中，夜晚出洞觅食。夏季中华绒螯蟹食量大，但耐饥能力也很强，10 天甚至更久不进食也不致饿死。

4. 中华绒螯蟹的自切和再生

当中华绒螯蟹受到强烈刺激或机械损伤时，常会发生肢体自切，这是一种保护性的适应。断肢处位于附肢基节与座节之间，此处构造特殊，既可防止流血，又可再生新足。中华绒螯蟹断肢数天后，就会长出一个疣状物，继而长大（图 2-16）。但附肢再生仅在蟹蜕壳生长阶段，性成熟后再生能力也即停止。

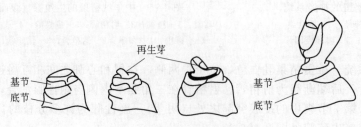

图 2-16　蟹类断肢的再生过程

5. 中华绒螯蟹的蜕壳与生长

在正常情况下，中华绒螯蟹一生大约蜕壳 20 次。其中幼体阶段 5 次、仔蟹阶段 5 次、蟹种阶段 5 次、成蟹阶段 5 次。身体的增大、形态的改变和断肢的再生均与蜕壳有关。在中华绒螯蟹的生活史中，蜕壳贯穿于整个生命活动过程中。

中华绒螯蟹通过蜕壳而生长，幼体期间每蜕 1 次壳，身体可增大 1/2；以后随着个体的增大，每蜕 1 次壳，头胸甲增长（1/6）~（1/4）。中华绒螯蟹的生长受水质、水温、饵料等环境因子制约。饵料丰富，则中华绒螯蟹的蜕壳次数多，生长迅速；环境条件不良（如咸水、高温），则停止蜕壳，生长缓慢。

三、中华绒螯蟹的繁殖习性

1. 中华绒螯蟹的生殖洄游

中华绒螯蟹大约在淡水水域中生长 16~18 个月，即 2 秋龄后便开始成群结队、浩浩荡荡地离开生长发育的栖息地，向通海的江河移动，沿江河而下，到达河口浅海的咸、淡水中交配繁殖，这就是中华绒螯蟹生活史中的生殖洄游。

中华绒螯蟹生殖洄游前，个体较小，背甲土黄色，称为"黄蟹"。每年 8~9 月份，"黄蟹"完成生命过程中的最后一次蜕壳后，即进入成蟹阶段。此时背甲呈青绿色，称为"绿蟹"。"黄蟹"蜕壳成为"绿蟹"即标志着中华绒螯蟹已进入性成熟期。变成"绿蟹"后，中华绒螯蟹的甲壳不再增大，而肌肉进一步充实、性腺迅速发育、重量明显增加，并开始进行生殖洄游。

2. 中华绒螯蟹的交配产卵

（1）交配　到了性成熟阶段，中华绒螯蟹对温度、盐度和流水等外界因子的变化十分敏感。俗话说"西风起、蟹脚痒"。每到晚秋季节，水温下降，中华绒螯蟹便开始降河生殖洄游。随着中华绒螯蟹的降河，其性腺越趋成熟，当亲蟹群体游至入海口的咸、淡水交界处（盐度为 15~25）时，雌、雄亲蟹进行交配产卵。12 月到次年 3 月是中华绒螯蟹交配产卵的盛期，交配产卵的适宜温度为 8~12℃。水温 8℃以上时，性成熟的雌、雄中华绒螯蟹只要一同进入盐度 0.8~33 的海水环境中，均能顺利交配。中华绒螯蟹有多次重复交配的习性。

（2）产卵　中华绒螯蟹在淡水中虽能交配，但不能产卵。海水刺激是雌蟹产卵和卵子受精的必需条件。海水盐度在 8~33 时，雌蟹均能顺利产卵；盐度低于 6，则怀卵率和怀卵量均下降。此外，只要卵巢发育成熟，一旦具备产卵环境，雌蟹不经交配亦能产卵，但此类卵未受精，不能发育。雌蟹产卵的外界条件，除盐度外，与水温、水质以及亲蟹密度等也有关。在低水温（5℃以下）、水质不良或密度过高的情况下，雌蟹虽然产卵，但卵不能正常黏附于刚毛上，而会全部或大部分散落水中，导致"流产"现象。

雌蟹的产卵量与体重成正比，体重 100~200g 的雌蟹，怀卵量 30 万~65 万粒，多者 80 万~90 万粒。雌蟹第 1 次产卵孵幼完毕，用螯足清除腹部内肢刚毛上的剩余卵子和卵壳，以准备下一次产卵。第 2 次产卵的产卵量较少，数万粒到十几万粒；第 3 次产卵量更少，数千粒到数万粒。第 2、第 3 次产卵，卵径较小，人工育苗成活率低。

（3）胚胎发育　中华绒螯蟹胚胎发育的速度与水温密切相关。在水温 9.6℃±3.6℃ 到 23℃ 之间，胚胎均能发育，最适发育水温为 18~23℃。在 27~28℃ 的高温环境下，则容易造成胚胎死亡。在适宜范围内，水温越高，速度越快。水温 23~25℃ 时，经 20 天左右，幼体即能孵化出膜；水温 10~18℃，则需 1~2 个月才能完成胚胎发育。在自然水域的越冬期间，胚胎发育缓慢，长期滞留于原肠阶段，胚胎发育可达 4~5 个月之久。此外，海水盐度突变对胚胎发育也有明显影响。胚胎发育必须在海水中才能正常进行。

（4）幼体发育　中华绒螯蟹初孵幼体称"溞状幼体"，经 5 次蜕皮变态为"大眼幼体"。"大眼幼体"经 1 次蜕皮变成幼蟹，幼蟹经多次蜕壳才逐渐长成成体。

项目四　中华绒螯蟹蟹种的养殖

蟹种又叫"扣蟹"，是由于此时蟹体的大小与纽扣大小差不多，所以称之为"扣蟹"。蟹种养殖，就是把蟹苗（大眼幼体）经过几个月的精心饲养和管理，当年培育成性腺尚未成熟的幼蟹的养殖过程。

一、蟹种养殖场地条件及养殖方式

由于中华绒螯蟹蟹种具有挖洞穴居、脱壳生长、杂食、自残等生活习性，所以在选择养殖场所时，必须考虑其习性特点，只有这样才能满足其生长、变态的需要，才能达到预计的生产效果，做到稳产、高产。

场地的选择必须经济，花钱少、造价低、易于管理、交通方便，如稻田、苇田、河沟、土池等；要求有充足的、无污染的纯淡水，如农田用水、江河水以及经过暴晒处理的地下水等，只要符合淡水养鱼所用水的标准即可；土质条件要求不软、不硬、保水性好、不漏水；长有一些水草或者便于移植来的水草繁殖生长的环境更好；同时为了便于收获蟹种，要求养殖场地的排、注水要方便。

蟹种的养殖方式有许多种，可以因地制宜。在北方常见的有稻田养殖、池塘养殖、苇塘养殖等。

二、蟹种的养殖管理

蟹种养殖管理工作主要是指放苗前的准备工作、饲养管理工作和收获三部分内容。下面主要以稻田养殖为例，来讲述蟹种养殖期间的管理。

1. 准备工作

（1）暂养池的准备　根据总养殖面积选择暂养池，暂养池面积一般在 $0.1\sim0.2hm^2$。池坝坡度比为 1:（2～3），尽可能加宽、加高，并且一定要修平、夯实；要独立设置进、排水系统，进、排水管最好对角设置，而且水管的周围一定要夯实，管口要有过滤网袋。最初时网眼要密一些，防止青蛙卵、野杂鱼卵等敌害进入稻田，以及大眼幼体逆水跑掉，以后随着幼蟹的生长，可以适当地更换网眼大一些的过滤网。暂养池要有蟹田工程，即在稻田内挖环沟和田间沟，沟面积占稻田总面积的 10%～20%，环沟应距离田埂1m 远处开挖，沟的上口宽 1.0m 左右，下口宽 0.3～0.5m，沟深 0.5m 左右。若暂养池的面积较大，最好在稻田内再挖一些"一"字形或"十"字形的田间沟，其规格与环沟基本相似。完成蟹田工程的同时要把防逃设施准备好。防逃设施一般用光滑的塑料板和塑料薄膜做成，建在池埂的中部，高度 40～50cm，拐角处成弧形，防逃蟹膜要绷紧。最后就要进水消毒，暂养池在放苗前15～20 天要用漂白粉或生石灰进行消毒。一般田面进水 10cm，用漂白粉 $45\sim75kg/hm^2$ 或用生石灰 $750\sim1500kg/hm^2$，使用时要把漂白粉或生石灰兑水化成浆，全池均匀泼洒即可。对于池中的青蛙、田鼠、蛇等敌害也要采取办法彻底清除干净。2～3 天以后，进行插秧并可以适量地使用一些发酵的有机肥或尿素等无机肥肥水；准备投放大眼幼体的前 10 天，就不可再向稻田施肥，以免对大眼幼体造成毒害。另外，最好向环沟里移栽一些水葫芦、浮萍或其他水杂草，既为幼蟹提供了饵料，又能遮阴，有效地防止中午时池水水温升高。

（2）大眼幼体的选购　蟹种养殖的成败，很大程度上取决于大眼幼体的质量，它关系到养殖户的经济效益及育苗厂家的生存和发展。在选购大眼幼体前 10 天左右，就要到育苗场家了解育苗情况，主要掌握亲蟹的来源、个体大小，幼体培育期间的水温、用药以及淡化时间等情况，特别是淡化期间温度和盐度的下降幅度。在选购大眼幼体时，主要根据以下几点来判断其质量的好坏。

① 看颜色。质量好的大眼幼体的体色应为整齐的淡黄色或黄褐色，甲壳晶莹透亮。相反，甲壳浊白或深黑的大眼幼体，质量不好。

② 看活力。健壮的大眼幼体应有逆水能力。取 10～20 只大眼幼体放置于水盆等容器中，向一个方向搅动水，使容器中的水形成旋涡，健壮的大眼幼体将逆水游动或定置于容器的底部。其次，健壮的大眼幼体还应有带水爬行能力，连苗带水倒在手心，然后直立手掌，则健壮的大眼幼体能滞留手上并能带水爬行而不跌落。再有，健壮的大眼幼体还应有攻击能力，取若干大眼幼体于手背上，平置数分钟，大眼幼体爬行时有明显的瘙痒感。

③ 看手感。抓一把大眼幼体，甩干水后，健壮的大眼幼体轻握时应有弹性感、沙粒感和沉重感，松开手后能迅速散开，无结团和互相牵扯现象。

④ 看回水性。将捏成团的大眼幼体放回水中，健壮的大眼幼体能立即分散游开，而不结团沉底。

⑤ 看规格。健壮的大眼幼体的规格应该在 14 万～20 万只/kg。

⑥ 显微镜观察。健壮的大眼幼体应该体表光洁、无聚缩虫或丝状细菌，同时胃肠饱满。

综上所述，选购大眼幼体时，最好到规模比较大、信誉比较好的育苗场选择，并且最好选购经过淡化的室外土池孵化的天然蟹苗。

（3）大眼幼体的运输　中华绒螯蟹大眼幼体一般采用专用蟹苗箱干运的方法进行运输（图 2-17）。这种运输方法安全可靠，在正常情况下，成活率可达 90% 以上。运输之前要将蟹苗箱放到清净淡水中浸泡一段时间，保证蟹苗箱基本湿透。装苗前将蟹苗箱沥干水滴后，检查筛网是否有破裂，底部筛网是否平整。每箱装沥干水的大眼幼体 0.5～0.75kg，并把大眼幼体轻轻铺平。每 5 个蟹苗箱为一组，用绳子或铁丝捆扎好，防止箱间留有空隙使大眼幼体逃掉。运输时，蟹苗箱外要用浸湿的麻袋片、毛巾被等围好，保持箱内一定的湿度。

图 2-17　蟹苗运输箱

大眼幼体的运输时间最好在 10h 之内。白天运输时应避免阳光直射，夜晚避免凉风直吹蟹苗，防止大眼幼体鳃腔水分散失，造成脱水死亡。如果运输时间过长，中途可以适当给蟹苗箱外的麻袋片、毛巾被喷淋清净的淡水，以保持蟹苗箱内空气湿润。

采用汽车等运输工具运苗时，要注意防风、防晒、防雨淋、防高温以及防止强烈震动，最好是把蟹苗箱放在车厢内。气温偏高时，一定要选择空调车或在蟹苗箱周围加冰运输。

（4）暂养密度　室外土池孵化的天然蟹苗以每亩放 1kg 左右为宜，正常条件下暂养密度越小，大眼幼体的成活率就越高。

（5）暂养期间管理　暂养期间的管理工作非常重要，它决定蟹种养殖产量的高低以及经济效益的好坏。主要包括以下几个方面的工作。

① 投饵。刚放苗时，由于大眼幼体要蜕皮变成 1 期仔蟹，处于变态期间，摄食量很小，所以暂养池里只要保持有一定数量的枝角类（俗称"水虮子"）也就足够了。1～2 天以后，大眼幼体基本变成了 1 期仔蟹，这时可以适量地投喂动物性饵料，如煮熟剁碎的小杂鱼等，每天每千克大眼幼体可投喂 1～2kg 的饵料，每天可以投喂 1～2 次，均匀投喂到暂养池水位线以下的坝坡上。根据幼蟹的摄食情况酌情增减投饵量。需要指出的是，由于幼蟹一般是在夜间出来寻找食物，所以投饵主要在傍晚时进行，第二天早晨观察，以饵料稍有剩余为标

准。另外，此期间投饵量一定要充足，保证吃饱、吃好，否则容易造成幼蟹规格不齐，产生所谓的"懒蟹"。

② 换水。在水质正常的情况下，大眼幼体刚入池2～3天内尽量不换水，为大眼幼体变态提供相对稳定的生态环境。大眼幼体顺利蜕皮变态为1期仔蟹以后，适量换水，每次换水量（1/3）～（1/4）。在换水时特别要注意检查池坝、上下水口是否有漏洞、是否有跑蟹的地方，并且注意不要让有残余农药的水进入蟹田。

③ 巡池。每天都要坚持巡池，特别是早、晚时间。主要是观察幼蟹的摄食情况、活动情况、池塘水质变化情况、防逃设施和进出水口有无漏洞，尤其是下雨天更要仔细观察，发现问题要及时解决。另外，每天还要注意观察蟹池中是否有青蛙、蛇、鼠等敌害，如果发现，要想办法除掉。

2. 蟹种养殖

（1）稻田的准备　准备暂养池的同时，就要有计划地修整好养殖蟹种的稻田。平整田埂，安装进、排水管及滤水网袋，夯实进、排水口，安装防逃设施，并且也要进行好蟹田工程，具体方法同暂养池一样。最主要的是一定要提早使用稻田封地的农药，在放养幼蟹前20天之内不可以施用农药，另外还要提前施肥、插秧，确保稻田在放养幼蟹时药效、肥效彻底消失。

（2）放苗时机　经过20天左右的集中暂养，此时幼蟹已经蜕壳4～5次。规格达到4000只/kg左右时，就要适时地把幼蟹放入稻田中养殖，否则将严重影响大眼幼体暂养的成活率。这时稻田中正常使用的化肥已经基本用完，放苗前要把稻田中的水全部排干，然后用新鲜的淡水冲洗1～2遍，最后注入新水、放苗。

（3）放养密度　正常养殖管理情况下，幼蟹放养密度的大小将决定蟹种的规格和产量。如果计划当年收获蟹种的规格在100～150只/kg，每亩稻田可放养规格为4000只/kg的幼蟹20000只左右；如果计划蟹种的规格在200～300只/kg，每亩稻田可放养规格为4000只/kg的幼蟹30000只左右。总之，在正常养殖管理条件下，随着放养密度的增大，蟹种的规格将会减小。

（4）日常管理　稻田养殖蟹种的过程中，暂养以后大面积放养期间的日常管理工作是一个重要环节，做好这期间的各项饲养管理工作，是获得稻蟹双丰收的根本保证。

① 饲料管理。中华绒螯蟹属于杂食性动物，像小杂鱼、杂虾、螺、蚌、动物内脏等动物性饵料，和水杂草、浮萍、水葫芦、豆饼等植物性饵料以及全价颗粒配合饲料等，都可以作为蟹种的饲料。在实际生产过程中，为了降低生产成本，避免由于动物性饲料投喂过多而造成蟹种"性早熟"，往往采取动物性饵料与植物性饵料搭配投喂，即在养殖前期（7～8月份）多投喂一些植物性的饵料，搭配全价配合颗粒饲料，适当补充动物性饵料；到了养殖后期（9月份）以动物性饵料为主，适当搭配植物性饵料及全价配合颗粒饲料，以便于蟹种储存足够的营养，有利于越冬。日投喂1～2次，如果日投喂1次，一般在傍晚时投喂；如果日投喂2次，一般上午投喂全天量的1/3，傍晚时投喂全天量的2/3。原则上，日投喂量一般控制在蟹种总体重的5%～10%，但主要是根据天气情况、水质情况以及蟹种的摄食情况酌情增减投饵量，切忌盲目投喂。

② 水质管理。蟹种养殖要求水质清新，透明度在50cm左右，养殖水位一般在15～20cm。高温季节，在不影响水稻生长的情况下，可以适当加深水位。饲养期间，每5～7天换水一次；在高温季节，有条件的地方可以增加换水次数，换水时可以先排出（1/3）～（2/3）的池水，然后注入新水，换水一般在上午进行。在养殖期间，每隔10～15天向环沟泼洒生石灰水一次，用量为15～20mg/L，特别是在夏季，换水条件差的池塘，更要经常用生石灰消毒。

③ 防逃、防敌害。在蟹种养殖过程中，防逃、防敌害工作要常抓不懈，贯穿于整个养殖过程。要经常仔细检查防逃设施有无破损的地方，进、排水口以及田埂有无漏洞，特别是在换水的时候，一定要仔细巡查，一旦发现有跑蟹的地方，必须立即处理。蟹种养殖中的敌害主要有老鼠、青蛙、水鸟、杂鱼等，其中蟹田里的青蛙必须及时除净。另外，还要防止老鼠咬破防逃蟹膜，使蟹种逃跑。

④ 巡池。坚持每天早、中、晚巡池，主要观察防逃设施和进排水口的拦网有无损坏、田埂有无漏水、饲料利用情况和水质变化情况以及蟹种的活动是否正常与有无病情等，发现问题及时解决。

⑤ 生长测定。每 7～10 天测定一次幼蟹的体重及背甲的长宽，了解幼蟹的生长情况，以便及时调整养殖方法。

（5）蟹种的起捕　大眼幼体经过 5～6 个月的精心饲养管理，完全长成了蟹种，此时北方已经进入了秋、冬季节，水温已经降至 10℃ 以下，蜕壳现象也完全停止，这时就要准备起捕蟹种。

① 准备工作。首先要准备好暂存蟹种的池子。一是把大眼幼体暂养池修整一遍，加固田埂、加深水位，可以暂存一段时间；另外，有条件的可以直接把起捕的蟹种放到越冬池中，这样可以减少许多麻烦和不必要的损失。其次，要准备好起捕蟹种的网具、浴盆、水桶等工具。最后要有明确的人员分工。

② 起捕时机。稻田养殖的蟹种一般在 10 月份左右开始起捕，起捕过几遍以后可以排干池水，收割水稻，然后继续起捕蟹种，直到池水结冰为止。

③ 起捕蟹种的方法。首先白天要做好准备工作，在出水口系一个大一点的倒须网。还要在环沟里以及水岸上随意放置一些倒须网、水桶和浴盆等捕蟹工具，注意水桶和浴盆的上沿一定要与池底、地面相平。其次，在傍晚时打开出水口放水。由于蟹种有顺水流爬行的习性，这样就可以通过上述工具捕到蟹种。当然，要想把稻田中的蟹种起捕干净，是一件很困难的事情，需要经过反复的白天往池中加水、傍晚排水的过程。

三、蟹种的运输

无论是长途还是短途运输蟹种，通常都采用干运法。在短途运输蟹种时，可以把蟹种装入浸湿的麻袋、网袋、竹筐、竹篓中，系紧袋口，防止蟹种随意爬动。运输时，注意避免风吹、日晒、雨淋，另外冬季运输还要防冻。长途运输时，可以先把蟹种装入网袋中，外加泡沫保温箱或竹筐、竹篓等工具。

四、蟹种的越冬

在北方用作第 2 年养殖成蟹或者暂留待卖的蟹种，必须要经过室外越冬过程。目前常用的蟹种越冬方式有池塘越冬和网箱越冬。池塘越冬是北方最常用的、较为安全的蟹种越冬方式。

1. 池塘越冬

（1）池塘的准备　蟹种越冬池塘要求靠近水源、保水性能较好，面积在 0.2hm² 左右，水深要求在 2.0～2.5m。放蟹种前必须把越冬池水抽干，彻底清除底泥，直至见到硬底为止。放蟹种前 10～15 天，修建防逃设施，并将越冬池进水 10cm 左右，用 750～1500kg/hm² 生石灰或 150～200kg/hm² 漂白粉消毒，杀灭池中的各种病原体和敌害生物，24h 后进水。

越冬池水源为无污染的淡水，水质清新，透明度在 40～50cm。经过严格的过滤，防止野杂鱼、虾、枝角类、桡足类等进入越冬池。如果水源充足，可以先加 1.0～1.5m 深，在封冰前把池水补至 2.0～2.5m 深。注意，不要等到越冬池结冰后再补水，防止形成夹层冰。

（2）蟹种入池　一般在 11 月初，水温在 4℃以下时肉肥体壮的蟹种可以放入越冬池中，准备越冬。如果此时水温过高，可以继续在暂养池中集中喂养一段时间，适当多投喂一些动物性饵料，增加蟹种的营养，对其越冬有利。

蟹种越冬密度一般为 7500～10000kg/hm²。蟹种放入越冬池前，要对蟹种进行称重和挑选，规格相差悬殊的蟹种要分池放置，便于以后出售。

（3）封冰前的管理

① 饵料管理。蟹种放入越冬池以后，在结冰前还要继续对蟹种进行育肥，提高其质量，有利于提高越冬的成活率。为防止因投饵而败坏水质，要注意观察投喂，尽量少投，每天投喂一次即可，而且最好投喂全价颗粒饲料。

② 水质管理。每天观察池水颜色变化，池水发绿、发红或水的透明度在 20cm 以下时，就必须换水。

③ 日常管理。坚持每天巡池，认真观察蟹种的活动情况、摄食情况、水质变化情况以及蟹种有无死亡现象，并注意做好防逃、防盗工作，发现问题及时解决。

（4）封冰期间的管理

① 打冰眼。为了便于观察越冬池中的蟹种活动情况、池水透明度大小，以及便于监测池中溶解氧情况，要求每天必须打冰眼，并且及时清除冰眼中的冰块。

② 扫雪。遇到下雪天气，雪停后必须及时扫雪，此项工作非常重要。越冬期间保持冰面透明，有利于越冬池中浮游植物的光合作用，增加越冬池中溶解氧。在正常情况下，由于冬季水温低，氧气在水中的溶解度大，水中不会缺氧甚至溶氧常常过饱和，特别是池水透明度低、明冰面积大的池子，在春节过后很容易发生水中溶解氧过于饱和，而使蟹种发生气泡病。所以，有条件的单位要定期监测越冬池的溶解氧，发现问题及时解决。

③ 巡池。要有专人看护，注意观察蟹种的活动情况、水质的变化情况，以及做好防盗工作。

2. 网箱越冬

网箱越冬就是把蟹种放在网箱中，网箱固定在越冬池中。目前市场上有出售专门用于蟹种越冬的网箱，一般每平方米可放蟹种 5kg 左右。

网箱越冬蟹种的优点是便于回捕，回捕率高；缺点是网箱中的蟹种抓伤、磨伤严重，降低了蟹种的质量。相同的蟹种用网箱储存越冬后，售价明显降低。在条件允许的情况下，不提倡用网箱越冬。

项目五　中华绒螯蟹成蟹的养殖

中华绒螯蟹成蟹的人工养殖，就是把蟹种养殖到性成熟，也就是养成商品蟹，是中华绒螯蟹养殖的最终目的。由于商品蟹的规格越大价值越高，所以成蟹养殖力求提高规格和质量，这样才能获得更好的经济效益。

一、成蟹的养殖方式

养殖成蟹的方式很多，从养殖的生态条件来讲，有稻田养蟹、池塘养蟹、湖泊水库养蟹、河沟养蟹、庭院养蟹、草荡养蟹和网箱养蟹等。不同地区有不同的自然环境条件，养殖时可根据本地区的自然条件，选择适宜的养殖方式。

二、成蟹的养殖管理

1. 准备工作

（1）稻田养殖成蟹的准备

① 稻田的选择。一般选择靠近水源，水质清新、无污染，符合国家渔业用水水质标准，排灌方便、保水性好，土质为黏壤土的田块。

② 蟹田工程。为了增加养殖水体，满足成蟹正常生长发育的环境条件，稻田养殖成蟹，首先必须提早挖环沟，最好再适当增加"一"、"二"、"十"、"井"字形的田间沟等蟹田工程。环沟应距离田埂 1.0m 左右，沟上面宽 1.5~2.0m，下面宽 0.5m 左右，沟深 0.5~1.0m，田间沟的规格与环沟相同。其次，修整田埂工作也是必不可少的，此工作可结合挖环沟一起进行。为了满足防逃、防汛及日常巡池管理等工作的需要，田埂高度不低于 60cm，顶宽不少于 50cm，坡比为 1：(2~3)。最后，也要有防逃设施，一般用光滑的塑料板和塑料薄膜，要求高出地面 50~60cm，无褶无缝隙，拐角处应成弧形。进、排水口周围要夯实，并设置好防逃网。

③ 暂养池的准备。由于一些地区受水资源不足的限制，稻田在泡田、插秧之前一般不供水，而这段时间正是中华绒螯蟹生长的重要阶段。在北方从 3 月下旬到 6 月初有 2 个多月的时间，正常情况下，这期间的蟹种能蜕壳 2~3 次。因此，在蟹种放入稻田养殖之前，应该给蟹种创造一个良好的生长环境，这是养殖大规格成蟹的必要条件。一般利用稻田的一角或者边沟作为蟹种的暂养池，有条件的可选择面积适当、无淤泥、水草丰富的池塘作为暂养池。要求暂养池既有滩面又有深沟，而且水草丰富。如果是稻田，可提前完成好田间工程，而且环沟、田间沟的工程标准要高于普通养殖田块，平均水深应在 50cm 左右，没有水草的田块必须移栽水杂草，同时做好田埂的平整、加固工作以及做好防逃设施。

④ 暂养池的消毒。暂养池的田间工程、防逃设施完成好后，在放蟹种前 15~20 天进水，滩面水深 10cm 左右，用 750kg/hm² 生石灰兑水化浆后全池泼洒消毒。

⑤ 蟹种的选择及暂养。成蟹养殖，选择蟹种很重要，如同蟹种养殖时选购大眼幼体一样。一般选择活力强、肢体完整、无病无伤、规格整齐、体色有光泽的人工养殖或天然的蟹种。规格大小可根据自己的养殖条件，选择 60~200 只/kg 的蟹种均可。挑选时应注意避免混入性腺已经成熟的蟹种。

购进的蟹种在放入暂养池前要进行消毒。可用 3%~4% 的食盐水浸浴 5~10min，或用 5mg/L 的硫酸铜溶液药浴 20min，也可用 20mg/L 的高锰酸钾溶液药浴 3~5min。

蟹种的暂养密度一般为 750kg/hm² 左右。

⑥ 暂养期间的管理。饵料以优质的中华绒螯蟹全价配合饲料为最佳，搭配投喂小杂鱼、动物内脏、豆粕等动植物饵料，以保证营养全面，满足蟹种生长的需要。日投饵量一般按蟹种体重的 3%~5% 计算，坚持观察投喂的原则来增减每天的投饵量。7~10 天换水一次，每次换水量为 1/3 左右。换水时注意温差最好不超过 3℃，一般在上午换水。

⑦ 蟹田的准备。养蟹稻田在完成好田间工程、平整田埂工作以后，可以进水 10cm 左右泡田，同时用 750kg/hm² 左右的生石灰消毒。具体消毒方法同暂养池一样。另外养蟹稻田要抓紧时间耙地，尽量提前插秧、施肥，便于水稻的分蘖、移栽水草以及放养蟹种等工作。

（2）池塘养殖成蟹的准备　池塘养殖成蟹与稻田养殖成蟹的准备工作基本相同。首先是池塘养殖成蟹要求底质无淤泥，如果池底淤泥较多，必须清淤。其次，消毒一定要彻底，严禁池中有黑鱼、鲶鱼、鲫鱼等野杂鱼。最后，俗话说"蟹大小，看水草"，在养殖成蟹水域中种植水生植物，一是可为蟹种提供天然优质的植物性饵料；二是为蟹种提供栖息和蜕壳的隐蔽场所，不容易被敌害发现，减少相互残杀；三是水生植物的光合作用，能增加水中溶氧量，并吸收水体中的有机质，防止水质富营养化，可起到净化水质作用，保持水质清新、改善水体养殖环境；四是在高温季节水生植物能起到遮阴、降温作用，有利蟹种生长。栽种水生植物品种不宜单一，要多样化，最好沉水植物、挺水植物及漂浮植物相互结合，合理分布，以适合蟹种多方面的需求。沉水植物可选种苦草、轮叶黑藻、伊乐藻等；挺水植物如芦苇、茭白草等；漂浮植物如浮萍等。养蟹水域栽植水草面积宜占水面面积的 $50\%\sim60\%$。水草切忌捞入太多，腐败水草易引起水质恶化，诱发中华绒螯蟹疾病。

（3）湖泊水库养殖成蟹的准备　湖泊、水库养殖成蟹主要分布在江苏、湖北、安徽、江西等省，由于湖泊、水库面积较大，水域生态环境稳定，水草等天然饵料丰富，非常利于成蟹养殖。但要注意防汛。

成蟹养殖已经普及全国各地，各地区可以因地制宜，可充分利用河沟、庭院、草荡、苇塘等进行养殖成蟹。它们的准备工作与池塘养殖成蟹基本相同。

2. 成蟹养殖

稻田或池塘经过 $5\sim7$ 天的消毒之后，可将池水排干，重新进水后插秧或移栽水草，准备放养蟹种。

（1）放养密度　利用稻田养殖成蟹，放养密度一般为 $5000\sim8000$ 只/hm²；池塘养殖成蟹放养密度为 $7000\sim15000$ 只/hm²。在相同条件下，放养密度越大越要加强养殖期间的投饵、换水等管理工作，否则商品蟹的规格小、售价低，影响经济效益。

（2）日常管理

① 投饵。成蟹的饵料非常丰富，如植物性的有豆粕、高粱、玉米、麸皮、马铃薯、山芋等，动物性的有各种杂鱼、螺、动物内脏等，以及全价配合饲料。

成蟹养殖的投饵技术很重要，要有科学的、合理的搭配，才能降低养殖成本，增加经济效益。在成蟹养殖期间一般以动物性饵料占 $20\%\sim40\%$、植物性饵料占 $60\%\sim80\%$ 为宜。在暂养期间及放养初期（一般为 $5\sim6$ 月份），蟹种的摄食能力较弱，应以动物性饵料为主；在养殖中期（一般为 $7\sim8$ 月份），水温较高，是蟹种蜕壳生长的主要时期，摄食量较大，以植物性饵料为主，并适量搭配动物性饵料或全价配合饲料；养殖后期（一般为 9 月份以后），是成蟹的育肥阶段，应主要以动物性饵料为主。日投喂量按当时估计蟹种总重量的 $5\%\sim10\%$ 计算，并根据第 2 天的剩余情况酌情增减。每天可投喂 $1\sim2$ 次，主要以傍晚一次为主，占全天投饵量的 2/3。投饵要坚持观察投喂，"定时、定质、定量、定点"投喂的原则，同时还要根据季节、天气、水质等情况灵活掌握。

② 换水。养殖期间蟹池水质好坏很重要，严重影响蟹种的摄食、蜕壳和生长。一般要求保持水质清新，溶氧充足，至少在 5mg/L 以上，而且水质不能过肥，透明度在 50cm 左右。要保持池塘有好的水质，主要措施是定期换水，在养殖前期可每隔 $7\sim10$ 天换水一次；在养殖中、后期，由于蟹种个体变大，正处于盛夏高温季节和性成熟前的摄食高峰期，新陈代谢比较旺盛，摄食量和排泄量增大，耗氧量增高，所以水质容易恶化，不仅影响蟹种的摄食生长，而且严重时将导致蟹种死亡，更要加大换水量，有条件的地区每隔 $2\sim3$ 天最好换水一次。每次换 $(1/3)\sim(1/2)$，先排后加。另外，实践证明，在养殖期间定期施用生石灰有利于改善水质，还可以补充钙质，有利于蟹种的蜕壳，一般每 $15\sim20$ 天泼洒一次，浓度为 $200\sim300$kg/hm²，保持池水的 pH 值为 $7.5\sim8.5$。

③ 防逃。成蟹养殖与蟹种养殖一样，应注意检查田埂、池坝、防逃设施以及进排水口等，特别是在换水的时候以及下雨时更要仔细检查，发现跑蟹现象要及时处理，以免造成更大的损失。

④ 巡池。每天坚持巡池同样也是成蟹养殖日常管理工作中的一项重要内容，尤其是早晚时间、换水以及阴雨天，更要仔细检查。主要观察水质有无变化，蟹种生长发育是否正常，防逃设施、池坝有无漏洞以及蟹种的摄食情况等。

⑤ 保持一定的水草。水草对于改善和稳定水质有积极作用，如水葫芦、水浮莲、水花生等，既能为蟹种提供食物来源，又能为蟹种提供栖息的场所。软壳蟹躲在草丛中可免遭伤害，在夏季成片的水草可起到遮阴降温作用。

（3）起捕　在北方经过 6 个月左右时间的养殖，蟹种已经长成成蟹。一般在阴历八月十五前后，便可以捕捉出售或暂养，等到价格适宜时再出售。起捕的方法有人工捕捉、灯光诱捕、用网拦截等。起捕成蟹一般都在晚上进行。

小　结

　　中国明对虾、凡纳滨对虾与中华绒螯蟹，均属于节肢动物门、有鳃亚门、甲壳纲、软甲亚纲、十足目。我国养殖的甲壳动物种类主要有中国明对虾、斑节对虾、日本囊对虾、凡纳滨对虾、长毛明对虾、墨吉明对虾、短沟对虾、刀额新对虾、近缘新对虾、中华绒螯蟹、三疣梭子蟹、锯缘青蟹等。本项目主要介绍了凡纳滨对虾、中华绒螯蟹的外部形态和内部结构特征，凡纳滨对虾与中华绒螯蟹的生长习性、蜕皮习性、栖息习性、摄食习性、洄游习性以及繁殖习性，重点介绍了凡纳滨对虾、中华绒螯蟹的成体养殖。

　　通过项目的学习，学生可掌握凡纳滨对虾、中华绒螯蟹的生活习性与繁殖习性，掌握以凡纳滨对虾为代表的对虾类的养殖技术和以中华绒螯蟹为代表的蟹类的蟹种和成蟹的养殖技术、越冬技术。

目 标 检 测

一、填空题

1. 中华绒螯蟹主要分布在我国的河口地区，包括（　　　　）、（　　　　）、（　　　　）。

2. 在分类上，中华绒螯蟹隶属于节肢动物门、甲壳纲、十足目、（　　　　）科。

3. 对虾的蜕皮受到眼柄中 X 器官与窦腺所分泌的（　　　　　　　　　　）激素和 Y 器官所分泌的（　　　　　）激素所控制。

4. 对虾类的纳精囊分为封闭式纳精囊和开放式纳精囊两种，前者如（　　　　　　　），后者如（　　　　　　　）。

二、简答题

1. 简述虾蟹类生物蜕皮的生物学意义。

2. 简述虾苗的选购标准。

3. 简述中华绒螯蟹大眼幼体的选购标准。

4. 简述对虾池塘养殖前的准备工作。

5. 简述对虾的生态习性。

6. 简述稻田养殖大规格成蟹的日常管理要求。

三、论述题

1. 论述淡水池塘健康养殖对虾的操作要求。

2. 试述稻田养殖"扣蟹"的主要管理措施。

模块三 主要贝类增养殖技术

【知识目标】

了解常见经济贝类的生物学特性；掌握常见经济贝类的人工养殖技术。

【能力目标】

熟悉常见经济贝类人工养殖的操作和管理。

项目一 主要养殖贝类的识别

一、埋栖型贝类的识别

1. 缢蛏

缢蛏（*Sinonovacula constricta*）俗称"蛏"（福建）、"蜻"（浙江）或"蚬"（北方）。缢蛏（彩图 3-1，彩图见插页）是我国"四大养殖贝类"之一，具有悠久的养殖历史。缢蛏的贝壳呈长圆柱形，壳质脆薄。两壳不能全部开或关。贝壳前后端开口、足和水管由此伸出。前端稍圆，后端呈截形。背腹面近于平行。壳顶位于背部略靠前端。壳表具黄褐色壳皮，生长纹明显。贝壳中央自壳顶至腹缘有一条微凹的斜沟，形似被绳索勒过的痕迹，故名缢蛏。

2. 泥蚶

泥蚶（*Tegillarca granosa*）俗称"血蚶"或"血蛤"等（彩图 3-2，彩图见插页）。泥蚶的养殖在我国有悠久的历史。蚶肉含丰富的蛋白质和维生素 B_{12}。蚶血鲜红，肉味可口，主要供鲜食，也可用作腌渍加工。蚶壳可入药，有"消血块，化痰积"的功效。泥蚶的外部形态为卵圆形，贝壳坚厚，两壳相等。壳顶突出，尖端向内卷曲，位置偏于前方。壳表放射肋发达，18～20 条，肋上具显著的颗粒状结节。双韧带，韧带面宽，呈箭头状。铰合部直，齿多而细密。壳表白色，被褐色壳皮。一般个体较小，从 3～7cm 不等。

3. 蛤仔

蛤仔（*Ruditapes philippinarum*）俗称"蚬仔"、"砂蚬仔"、"花蛤"等（彩图 3-3，彩图见插页）。蛤仔呈三角卵圆形，壳顶前倾，壳顶至贝壳前端的距离约等于贝壳全长的 1/3。小月面略呈梭形或椭圆形，盾面梭形。贝壳前端边缘呈椭圆形，后端边缘略呈截形。壳表面灰黄色或深褐色，有的带褐色斑点。壳面除了同心生长轮外，还有细密的放射肋。放射肋与生长线交错形成布纹状。

因其营养丰富，味道鲜美，颇得人们的喜爱。蛤仔广泛分布于我国南北沿海，资源蕴藏量大。由于生长迅速、移动性差、适应能力强、生产周期短、养殖方法简便，并且投资少、收益大等特点，是一种很有发展前途的滩涂养殖贝类。

4. 文蛤

文蛤（*Meretrix meretrix*）俗称"花蛤"（彩图 3-4，彩图见插页）。其外部形态近于心脏形，前端圆弧形，后端突出，壳长略大于壳高，壳质坚厚，两壳大小相等。壳顶突出，位于背部稍靠前方。韧带粗而短，黑褐色，突出于壳面。小月面呈矛头状，盾面宽大。壳外表面平滑，后缘青色，壳顶区灰白色，贝壳近背部有锯齿状或波纹状的褐色花纹。文蛤体表的颜色与其生活环境有关，生活于含泥量较多的海区中的文蛤，其颜色变深。壳内面白色，前后壳源有时略呈紫色。文蛤的肉味鲜美、营养丰富，软体部含有10％的蛋白质、1.2％的脂肪、2.5％的糖类以及钙、磷、铁和维生素等。除食用外，贝壳还可作药品和化妆品的容器、水泥原料、紫菜丝状体培养基质等。文蛤的贝壳还可以在石油开发上作为油水分离的堵水调剖剂。

5. 三角帆蚌

三角帆蚌（*Hyriopsis cumingii*）俗称"河蚌"、"珍珠蚌"、"三角蚌"（彩图3-5，彩图见插页）。它属淡水双壳类软体动物，属瓣鳃纲、珠蚌科、帆蚌属。广泛分布于湖南、湖北、安徽、江苏、浙江、江西等省。三角帆蚌是我国特有的河蚌资源，又是育珠的好材料。用它育成的珍珠质量好，80～120个蚌可育成无核珍珠500g，还可育成核珍珠、彩色珠、夜明珠等晶莹夺目的名贵珍珠。三角帆蚌是目前生产上用得最广、珍珠价值最高的品种之一。

三角帆蚌壳大而扁平，壳质坚硬，后背缘向上突起形成一个帆状翼。左壳具2个不同大小的拟主齿和2个长的侧齿，右壳也有2个拟主齿和1个大的侧齿。壳色黑褐色，壳内珍珠层白而有光泽。

二、固着型贝类的识别

牡蛎

牡蛎俗称"蚝"（广东）、"蚵"（福建）、"蛎黄"（江苏、浙江）、"蛎子"或"海蛎"（山东以北），为重要养殖贝类。营养价值高，干肉中蛋白质含量45％～57％、脂肪7％～11％、糖类19％～38％，此外还含有丰富的维生素 A_1、维生素 B_1、维生素 B_2、维生素 D、维生素 E 以及微量元素。此外，牡蛎还具有治虚弱、解丹毒、止渴等药用价值。我国沿海有20余种牡蛎，主要养殖种类有近江牡蛎（*Crassostrea rivularis*）、褶牡蛎（*Crassostrea plicatula*）、大连湾牡蛎（*Crassostrea talienwhanensis*）和太平洋牡蛎（*Crassostrea gigas*）（图3-6）。牡蛎的外形很不规则，由左、右两壳组成。右壳又称"上壳"，小而扁平，形似盖状，

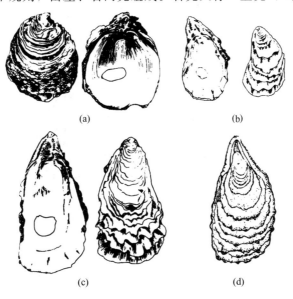

(a)

(b)

(c)

(d)

图 3-6　几种常见牡蛎

（a）近江牡蛎；（b）褶牡蛎；（c）大连湾牡蛎；（d）太平洋牡蛎

贝壳表面生有鳞片；左壳又称"下壳"，大而凹，以此壳固着在礁或其他固有形物上。贝壳坚厚。贝壳的形状因种类和环境的不同而不同，如风浪的冲击、附着物的形状以及其他生物在其贝壳表面附着等因素均能导致牡蛎贝壳外形发生变化。

三、附着型贝类的识别

1. 扇贝

扇贝营养丰富、肉味鲜美，其中蛋白质含量 55.6%、脂肪含量 2.4%、糖类含量 5.1%、灰分含量 9.5%，还含有丰富的维生素和矿物质。目前我国扇贝主要养殖种类有栉孔扇贝 [*Chlamys（Azumapecten）farreri*]、华贵栉孔扇贝 [*Chlamys（Mimachlamys）nobilis*]、海湾扇贝（*Argopecten irradians*）、虾夷扇贝 [*Patinopecten（Mizuhopecten）yesoensis*] 等（图 3-7）。栉孔扇贝的贝壳呈圆扇形，一般紫褐色或淡褐色，间有黄褐色、红色或灰白色。壳高略大于壳长，左壳略突，右壳较平。贝壳表面有放射肋，左壳表面放射肋约 10 条，具棘，右壳放射肋约 20 条。前耳长度约为后耳的两倍。前耳腹面有一凹陷，形成一孔即为"栉孔"，在孔的腹面右壳上端边缘生有小形栉状齿 6~10 枚，具足丝。华贵栉孔扇贝（彩图 3-8，彩图见插页）的壳长与壳高略相等，左壳较突，右壳较平，其同心生长轮脉细密形成相当密而翘起的小鳞片。放射肋巨大，23~24 条。两肋间夹有 3 条细的放射肋，肋间距小于肋宽。具足丝孔。前耳大于后耳。壳面呈黄褐色、淡紫褐色、淡红色或具枣红色云斑纹。海湾扇贝（彩图 3-9，彩图见插页）的左右壳较凸，贝壳中等大小，壳表放射肋约 20 条。肋较宽而突起，肋上无棘。中顶，前耳大，后耳小。生长纹较明显，成体无足丝，壳表黄褐色。虾夷扇贝的贝壳大型，近圆形，壳高可超过 20cm。右壳较凸，黄白色；左壳稍平，较右壳稍小，呈紫褐色。壳表有 15~20 条放射肋，左壳肋较细，肋间较宽；右壳肋宽而低矮，肋间狭。壳顶两侧前后具有同样大小的耳突起，右壳的前耳有浅的足丝孔，壳内面白色。

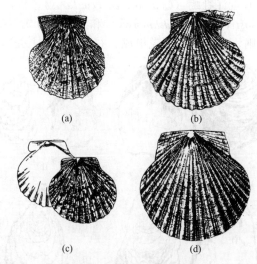

图 3-7　四种主要养殖扇贝
（a）栉孔扇贝；（b）华贵栉孔扇贝；（c）海湾扇贝；（d）虾夷扇贝

2. 贻贝

贻贝俗称"海红"或"壳菜"，干品称为"淡菜"。软体部含有 7% 干蛋白、0.92% 的不饱和脂肪酸（鲜品）和丰富的 B 族维生素及大量钙、磷、铁等矿物质；肉味鲜美，并素有"海中鸡蛋"的美称。目前我国贻贝养殖的主要种类有贻贝（*Mytilus edulis*）、翡翠贻贝

（*Perna viridis*）和厚壳贻贝（*Mytilus coruscus*）等（图 3-10）。贻贝贝壳呈楔形，前端尖细，壳顶靠近壳的最前端。壳长不及壳高的两倍。壳背缘成弧形，腹缘直，后缘圆而高。生长纹细而明显。壳皮发达，壳表黑褐色或紫褐色。翡翠贻贝贝壳较大，长度约为高度的两倍，壳顶喙状，位于贝壳的最前端。壳顶前端具有隆起肋。腹缘直或略弯。壳表翠绿色，前半部常呈绿褐色。厚壳贻贝贝壳大，壳长为壳高的两倍，为壳宽的三倍左右。壳呈楔形，壳质厚。壳顶位于壳的最前端，稍向腹面弯曲，常磨损呈白色。贝壳表面由壳顶向后腹部分极凸，形成隆起面。左右两壳的腹面部分突出形成一个棱状面，壳边缘向内卷曲成一镶边。壳表面黑褐色，壳内面紫褐色或灰白色，具珍珠光泽。

（a）　　　　　　　　　　（b）　　　　　　　　　　（c）

图 3-10　主要养殖贻贝

（a）贻贝；（b）翡翠贻贝；（c）厚壳贻贝

四、匍匐型贝类的识别

1. 鲍

鲍俗称"鲍鱼"，为"海产八珍"之冠，味鲜美，营养丰富，干品中含蛋白质 40%、糖类 33.5%、脂肪 0.9%，并含有维生素及其他微量元素。壳可作药材或装饰品和贝雕的原料。我国养殖的主要种类有皱纹盘鲍（*Haliotis discus hannai*）和杂色鲍（*Haliotis diversicolor*）两种（图 3-11）。皱纹盘鲍和杂色鲍的外部形态有一定区别。皱纹盘鲍具有一个大且坚厚的贝壳，壳顶钝，螺层三层，缝合线浅。壳边缘有一列突起，紧靠突起的外侧有一条与突起平行的凹沟，末端有 4～5 个开口。壳外表呈深褐绿色，生长纹明显，无大的褶壁，贝壳内面银白色。杂色鲍壳顶钝，螺层三层，基部缝合线深，渐至顶部不明显，稍低于体螺层的高度。成体多被腐蚀，露出珍珠光泽。由壳顶向下，从第二螺层中部开始至体螺层末端边缘，有一列突起，共约 20 个，靠体螺层边缘有 7～9 孔。放射肋与生长纹交错使壳面成布纹状。壳内面银白色，有珍珠光泽。

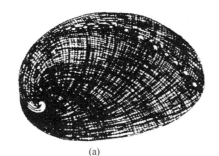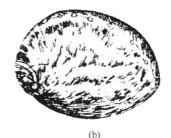

（a）　　　　　　　　　　　　　　（b）

图 3-11　主要养殖鲍

（a）杂色鲍；（b）皱纹盘鲍

2. 泥螺

泥螺（*Bullacata exarata*）属软体动物门、腹足纲、后鳃亚纲、头楯目、阿地螺科。泥螺体呈长方形，拖鞋状，贝壳卵圆形（图 3-12）。身体柔软肥大，不能完全缩入壳内，腹足约占身体全长的 3/4。泥螺身体前端膨大的部分称为"头盘"，身体后端叶片状的部分为"内脏团"。

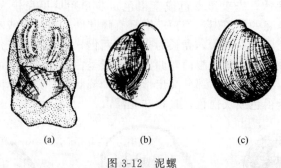

(a)　　　　　　　(b)　　　　　　　(c)

图 3-12　泥螺

(a) 泥螺；(b) 螺壳正面观；(c) 螺壳背面观

　　泥螺广泛分布于西太平洋沿岸半咸水域的潮间带滩涂。我国从辽宁至广东、广西均有分布，尤以浙江、江苏沿岸滩涂最多。垂直分布于中、低潮带，冬季可移至潮下带浅水区。对底质的适应能力很强，可以栖息于砂质至软泥质滩涂，但以软泥质所产品质最佳。

项目二　贝类的人工养殖

一、埋栖型贝类的养殖

1. 缢蛏的埕田养殖

　　（1）场地选择　在内湾或河口附近，选择平坦并略有倾斜、面积广阔、风平浪静，但有一定流速的畅通潮流，退潮后不积水的滩涂。以每天干露 2～3h 的中潮区至低潮区为宜。软泥和泥沙混合的底质均适合缢蛏生活。表层为 3～5cm 软泥，中间 20～30cm 为沙泥混合（沙占 60%），底层为沙的底质最理想。以水温 15～30℃，海水比重 1.005～1.020 为宜。

　　（2）埕田的建筑与整埕　埕田的建筑方法应根据地势和底质情况而定。软泥和泥沙底质的滩涂，一般风浪较小，在埕田的四周筑矮堤，堤高 35cm；风浪较大的地方，堤可适当增高。在堤的内侧开沟排水。为方便生产操作，可把整片埕田分为小畦。畦的宽度 3～7m，畦与畦之间设小沟排水或做人行通道。河口地带砂质埕地，因易受洪水和风浪的冲击而引起泥沙覆盖，可用芒草筑堤，以减少潮流、风浪对堤的冲击。

　　在放苗前要进行整埕，包括翻土、耙土和平埕三项内容。翻、耙、平的次数依底质软硬程度而定，硬底质需增加整埕的次数。翻土是用锄头把埕地底层泥土翻起 20～30cm。翻土的目的是使上、下层泥土混合，改变泥土结构，此外还能清除一些敌害生物，因此翻土的次数越多越好。翻土要在蛏苗放养前 6 天左右进行。耙土是用"四齿耙"将翻出的土倒碎。平埕是用木板压平抹光埕面，由埕面两边往中央压成公路形，确保埕面不积水，并且光滑而稳定，这样埕面软泥才不会被风浪掀起，确保缢蛏生活环境稳定。

　　（3）播苗

　　① 播苗时间的确定。依据水温和蛏苗生长情况确定播苗时间。水温温和，蛏苗长到 1.5cm，要早播，一般在农历 1～3 月播种，争取在清明节前结束。一般小潮不播苗，要在大潮汛期进行播苗。在大潮汛期播苗的优势是蛏埕干露时间长，有足够的时间让蛏苗钻土，潜钻率高、成活率高。

　　② 播种方法。播苗前要用过滤海水将蛏苗上的泥土清洗干净，除去杂质，确保蛏苗不

结块。将不同大小规格的苗分开，采用抛播的方法播种。有风时则顺风播，无风时两人在埕的两侧交叉播种。

播苗量根据埕地土质软硬程度、贝苗大小和潮区高低而定，一般每亩播苗 70～80kg。沙底埕播苗量比软泥埕多 50%，低潮区比高潮区适当增加播苗量。含泥多的蛏埕，每亩播种壳长 1cm 的蛏苗 70kg，泥沙底质播种 100kg。

③ 播苗时注意事项。蛏苗运到目的地时，放在阴凉处 1h 左右，将苗篮振动几下，使其出水管收缩，避免蛏苗在水洗时大量吸水，提高潜钻率。

在潮水涨到埕地 30min 前停止播苗，防止未钻入土的蛏苗被潮水冲走。如果埕面被淡水淡化，埕面海水密度下降较大并影响蛏苗潜钻，播种时每亩要撒盐 7～13kg，增加埕面的盐度，便于蛏苗钻土。

风雨天不宜播种。若需要在雨天播苗，必须把埕地再细耙一遍，再播上蛏苗，然后用荡板把埕土推平。

（4）养成管理　由于缢蛏养成是在海区进行，养成时间比较长（大约要 1 年），而且海区环境比较复杂，养成受环境条件、自然灾害和敌害生物影响比较大，因此，在缢蛏的养成期间要加强管理，保证缢蛏养成的高产。

养成期间经常检查蛏埕、堤坝和水沟，及时维护被风浪冲击受损的埕面和堤坝，定期疏通水沟；播苗 2 天后，要下滩涂检查埕苗的生长情况和成活率。成活率可以通过观察涂面死壳的多少和蛏孔的疏密来判断。死壳多和蛏孔疏说明埕苗成活率低应及时补苗。按时加沙、堆土，一年蛏自立夏到 6 月开始加沙，两年蛏提早半月每亩加沙 1500kg。在流速缓慢、淤泥沉积较快的埕地，每个大潮汛进行一次推土平埕和清理水沟工作（图 3-13）；在夏季要耘苗，因为夏季气温高，蛏埕表面缺少油泥导致涂质变硬，如果导致内湾蛏涂出现眼洞，就要及时耘苗，填平眼洞，避免积水；防止自然灾害，洪水、暴雨、大风和霜雪等都属不可抗灾害，要做好预防和善后工作，最大限度地减轻损失；针对缢蛏养殖的病、敌害，积极地以预防为主，治疗时对症下药。

图 3-13　平埕和清沟

2. 泥蚶蓄水养殖

建在内湾高、中潮区的半蓄水式池塘（图 3-14），涨潮时潮水漫池，退潮后根据需要池内保留一定数量的海水。我国浙江的蚶塘养殖就是这种类型。

池塘一般以建在高潮区下部为宜。潮区过低，受风浪冲刷时间长，堤坝易被冲毁；潮区过高，进水机会少，对泥蚶生长不利。池塘的底质应选择不渗水的泥质海区。池塘的结构包括堤坝、缓冲沟、挡水坝（缓冲堤）、闸门及塘面。

堤坝的高矮应根据海况及使用目的及海区条件而定。大型池塘和风浪较大的海区，堤坝应高、宽而坚固。缓冲沟又称"沉淀沟"，是在坝内环绕塘面的水沟，它可引导潮水平顺地进入滩面，防止潮水冲坏塘面。挡水坝是修在闸门内侧的一条土堤，作用是防止潮水直接冲向塘面。

图 3-14　半蓄水式池塘

3. 文蛤的围网养殖

文蛤有随潮流移动的习性，应在养成场潮位低的一边设置拦网。拦网有两种。一种是采用双层网拦阻，内网主要防止文蛤逃逸，网目较小，约 1.5cm，下缘埋入沙中，拦网高出沙面 0.7m；外层主要防止敌害侵入，其高度在满潮水位以上，网目较大，约 5cm，拦网一般用竹桩固定。另一种只设一层拦网，拦网高度为 65～100cm，网目 2.0～2.5cm，将拦网一部分埋入沙中，另一部分露出滩面，并用竹竿或木桩撑起。

播种密度因苗种大小而定，2～3cm 的蛤苗一般每公顷播 9000～22500kg。采用湿播方法，即在涨潮时播苗。养成期间的管理工作主要是修整网具、防止"跑流"、疏散密度、防治灾害等。

二、固着型贝类的养殖

固着型贝类的代表种类是牡蛎，主要传统的养殖方式有垂下式养殖、滩涂播养、投石养殖、插竹养殖和立石养殖等，比较先进的有单体养殖。传统的养殖方式要选择潮流畅通、饵料丰富、风浪平静、水深在 5m 以上的海区作为牡蛎养殖场地。近江牡蛎应选择在盐度较低的河口附近，大连湾牡蛎应选择在远离河口、盐度较高的海区，太平洋牡蛎和褶牡蛎介于两者之间。

1. 垂下式养殖

由于垂下式养殖法有不干露、牡蛎摄食时间长、生长快和养殖周期短的特点，是目前比较理想的养殖方法。依据养殖设施材料的不同，又可分为浮筏式养殖、延绳式养殖和栅架式养殖三种。

（1）浮筏式养殖　浮筏式养殖要求海区风浪平静、潮间带水深 5m 以上。浮筏用毛竹制作而成，一般面积为 100～200m²。以毛竹纵横交错为架，横杆 40 根，间距 0.5m，上纵杆 4 行，下纵杆 6 行，每行用两根毛竹衔接（图 3-15）。浮筏用 30 个油桶或塑料浮子为浮球。用铁锚固定浮筏，两端各一个。然后将固着蛎苗的贝壳用绳索串连成串，中间以 10cm 左右的竹管隔开，吊养于筏架上养殖；或者将固着有蛎苗的贝壳夹在直径 3.0～3.5cm 的聚乙烯绳拧缝中，每隔 10cm 左右夹一壳，吊挂于浮筏上养殖，一般每绳长 2～3m；也可以将无固着基的蛎苗或固着在贝壳上的蛎苗连同贝壳一起装入扇贝网笼中，在浮架上吊养。

图 3-15　浮筏式养殖

筏式养殖一般放养蛎苗 150 万/hm²，以贝壳作采苗器，每公顷可吊养 15 万壳左右。蛎苗从 5、6 月份开始放养，至年底收获，1hm² 产量可达 75t 以上。

（2）延绳式养殖　延绳式浮筏制作简单、结构牢固、浮力大，适合风浪较大的深海区养殖。浮筏用两根长为 40～100m、直径为 2cm 的尼龙绳作为大绠，每隔 4m 用聚乙烯浮子作为浮球，两根尼龙绳之间用毛竹或聚乙烯绳连接，这样便制成了延绳式浮筏。浮筏用铁锚固定。蛎苗的吊养同浮筏式养殖，每个延绳式浮筏可吊养 8～10m 的贝壳串 900 串左右。

（3）栅架式养殖　栅架式养殖要求底质为泥或泥沙、坡度小、干潮时水深保持在 2～3m、风平浪静的滩涂。操作方法是在滩涂上打一对水泥桩或木桩，间距 2m，在两个桩上放置一个横杆，绑牢。用同样的方法制作若干横杆，横杆之间距离 1.5m。然后把菜苗串吊在横杆上养殖。

2. 滩涂播养

滩涂播养应选择风浪小、潮流畅通的内湾，底质以砂泥滩或泥沙滩为宜。潮区应选择在中潮区下部和低潮区附近。一般在 3 月中旬至 4 月中旬播苗较为适宜，生产上最迟可在 5 月中旬播苗，播苗方法有以下 2 种。

（1）干潮播苗　就是在退潮后播苗。播苗前应将滩面整平；播苗时可用木簸箕或铁簸箕盛苗，平缓拖动，使蛎苗均匀播下，有条件的海区可以筑成畦形基地再播苗；播苗后即开始涨潮，以缩短蛎苗露空时间，避免中午日光曝晒时播苗。

（2）带水播苗　就是涨潮后乘船播苗。播苗前将滩面划成条状，插上竹、木杆等标志，待涨潮后在船上用锹将蛎苗撒下。带水播苗由于不能直接观察到蛎苗的分布情况，往往播苗不均匀。

播苗密度应根据滩质好坏、水的肥瘦而定。优等滩涂每公顷可播苗 180 万粒左右，中等滩涂每公顷可播苗 150 万粒左右，一般较差的滩涂每公顷可播苗 120 万粒左右。

3. 投石养殖

底质较硬的潮间带和潮下带可用投石养殖法养殖牡蛎。生长期较短的褶牡蛎可在采苗场就地分散养成；生长期较长的近江牡蛎、大连湾牡蛎等，要移到养成场养成，否则会因为水流不畅和饵料缺乏导致牡蛎生长不良。养成方式主要有满天星式、梅花式和行列式 3 种。

（1）满天星式　将蛎石均匀地分散在养成场地，每亩投蛎石 3000～5000 块（图 3-16）。此法适用于深水区。

（2）梅花式　以 5～6 块蛎石堆成一堆，呈梅花形，每堆间距 0.3～0.5m，在养成场分散养成（图 3-17）。

图 3-16　满天星式投石养殖

图 3-17　梅花式投石养殖

（3）行列式　蛎石成排排列在养成场里养殖，每排的宽度约 0.3～1.0m，排间距为 0.6～1.5m。

4. 插竹养殖

流速缓慢、风平浪静、盐度高、软泥或泥沙底质的潮间带适合用插竹法养殖。利用插竹采苗的方法，将采到的蛎苗就地稀疏养殖。养殖时，蛎竹的排列方式有两种。

（1）直插　用 150～179 支蛎竹直插成排，排长 3～5m；或者用 100～120 支蛎竹插成排，排中间留有 2～3 个空挡，以保持水流畅通。

（2）斜插　用 23～26 支蛎竹插成一堆，堆底宽 45～60cm、顶宽 33～36cm，堆和堆之间相距 20～25cm。由 5～6 堆组成一排，排与排之间相距 2.5m 左右。每公顷可插 30 万～225 万支蛎竹。

5. 立石养殖

利用立石采苗法在中潮区采苗后，只要苗量合适，便可以任其自然生长，不需任何管理，直到收获。此方法主要用于褶牡蛎的养殖。

上述养殖方式在养殖期间，要进行翻石（移石）、防洪、除害、防风、肥育等管理工作，以提高牡蛎的生长速度和成活率。

6. 单体牡蛎培育

单体牡蛎培育是欧洲牡蛎的主要养殖方式。单体牡蛎即游离的、无固着基的牡蛎。单体牡蛎的形成是在牡蛎幼虫出现眼点即具有变态能力时，对其进行一系列的处理，使之成为单个的、游离的牡蛎。一般多采用物理法和化学法。物理法是利用牡蛎一次性固着的特性，将固着的牡蛎稚贝从固着基上剥离下来，使其成为单独个体。一般采用塑料盘作固着基，当牡蛎苗长至 1～2cm 时，弯曲塑料盘使其脱落，也可采用与幼虫大小相当（0.35mm）的颗粒固着基采苗。化学法是采用肾上腺素和去甲肾上腺素诱导牡蛎幼虫不固着而变态的一种方法。用化学法，单体率可达 60% 左右。单体牡蛎由于其游离性便于网笼养殖，增加了养殖空间和饵料利用率，减少了蟹类、肉食性螺类等较大个体敌害的危害，从而提高了单位养殖水体的产量。而且由于其生长不受空间的限制，可均匀生长，成品壳形规则美观、大小均匀，商品价值较高。

7. 养成期间的管理

养成期间的管理是牡蛎养殖过程中一项很重要的工作。养殖方式不同，管理内容不同。

（1）滩涂投石和插竹养殖的管理

① 疏苗。滩涂投石和插竹养殖的蛎苗密度不宜过大。投石养殖的适宜密度为 0.3 个/cm²。

插竹养殖的适宜密度为每条蛎竹附苗 90 个左右。如果超出适宜密度，要进行疏苗，增加蛎苗的生长空间，促进蛎苗的生长，提高产量。

② 移植。为了蛎苗能够获得充足的饵料，应提早 1～2 个月将蛎苗移往中低潮区进行养殖。

③ 翻石。由于蛎石长时间受潮水冲击后会陷入泥中，这种情况要进行翻石，否则陷入泥中的牡蛎会因缺氧窒息死亡。一般每隔 3 个月要翻石一次。

④ 除害。牡蛎的敌害生物主要有玉螺、红螺、荔枝螺、海蛸类和蟹类。它们或直接摄食牡蛎，或附生在牡蛎壳上，影响牡蛎生长。养殖过程中要注意观察，及时将敌害生物清除。

（2）垂下式养殖的管理　要经常巡视海区，检查是否有敌害生物、筏架是否牢固，特别是台风前后更要仔细检查。如果天气预报有台风，要加固浮筏。台风后，检查设施是否受损，吊绳是否结实和是否缠绕在一起。设施损毁要整修，及时解除缠绕在一起的吊绳，及时清除敌害生物。

8. 收获

近江牡蛎和大连湾牡蛎要养 3～4 年才能收获；在养成条件较好的海区，养 2 年就可收成；褶牡蛎和长牡蛎养 1 年就可收获。收获季节一般在蛎肉最肥满的冬、春两季。

收获牡蛎的方法比较简单。投石养殖和插竹养殖的牡蛎，在退潮后，用蛎铲以"铲大留小"的原则将大的牡蛎铲下，小的继续养成。垂下式养殖的牡蛎，从筏架上解下吊绳运往岸上开壳。

三、附着型贝类的养殖

1. 栉孔扇贝的中间培育

由于 0.5～1cm 的商品苗不能直接分笼养成，必须经过中间育成。中间育成又称贝苗暂养，是指将壳高 0.5～1cm 的商品苗育成壳高 2～3cm 幼贝（亦称"贝种"）的过程。中间育成是缩短养殖周期的关键。

（1）中间培育海区的选择　应选择无大风浪、水清流缓、饵料丰富的海区或利用养成扇贝的海区。

（2）暂养分苗　当贝苗达到 0.5cm 以上时，就可用网筛将 0.5cm 以上的贝苗筛出，装入暂养笼中进行中间育成。

（3）中间育成的方法

① 网笼育成。用圆形网笼养成，网笼直径约 30cm，分为 6 层，每层间距 15cm，网目为 4～8mm，每层放 400～500 个壳高小于 1.5cm 的苗种，壳高大于 1.5cm 的苗种，每层放 250～300 个，一个长 60m 的浮缆可挂 100 个网笼。

② 网袋育成。这种方法是利用人工育苗过渡的网袋或自然海区半人工采苗袋进行育成。网袋长网目大小为 1.5～2mm，长 0.4～0.5m，宽 0.3～0.4m。每袋可装约 400 个苗种，每串可挂 10 袋。

③ 塑料筒育成。塑料筒长 0.8m、直径 0.25m，用网目 4～8mm 的网片包扎筒的两头。每筒放 1000 个壳高小于 1.5cm 的苗种，如果放壳高大于 1.5cm 的苗种则放 400 个苗种。每 3 个筒为一组，一个筏长 60m 的浮缆可挂 50 组，挂于 1.5m 深的水层。为了增加筒内的溶氧含量，可将上述塑料筒钻孔，孔径 1cm、孔距 5cm、行距 10cm，这样便促进了筒内和筒外的水流交换，提高了筒内的溶氧含量。

（4）养成分苗　早分苗是缩短养殖周期非常重要的措施。贝苗经中间培育 1～2 个月后，壳高如果达 2cm 以上，这时要进行筛选分苗的工作，即将壳高大于 2cm 以上的贝苗挑选出来，放入养成笼养成。分苗时应防风吹和日晒，尽量在室内或搭篷操作。筛苗应在有水条件下进行，筛选的动作要轻，避免贝苗受伤死亡。水温不要超过 25℃，应经常更换海水，保持水质新鲜。分苗同时要拣去敌害生物。

（5）育成期间的海上管理　海上中间育成是缩短养殖周期的关键，应合理疏养、及时分苗、助苗快长。暂养水层一般在水深 2～3m。暂养期间要经常检查吊绳、网笼和浮球等是否安全，经常清除网笼、吊绳和浮缅上的淤泥与附着生物。

2. 栉孔扇贝的养殖

贝苗经中间培育 1～2 个月后，壳高达 2cm 以上时，就可入养成笼养成，进入养成阶段。

（1）海区的选择　要从水深、底质、潮流、盐度、水质、水温和透明度等方面考虑，选择适合养殖扇贝的海区。以网笼不触碰海底为原则，选择合适的深度，一般选择水较深的海区、大潮干潮时水深保持 7～8m 以上的海区。海区底质最好为平坦的砂泥底或泥底，稀软泥底也可以。底质较软的海底，可打橛下筏；过硬的砂底，可采用石砣、铁锚等固定筏架。凹凸不平的岩礁海底不适合养殖扇贝，应选择风浪不大且潮流畅通的海区。海区大潮满潮时，流速最好为每秒 0.1～0.5m，设置浮筏的数量要根据流速大小来计划。为保证潮流畅通、饵料丰富，流缓的海区，要多留航道、加大筏间和区间距。养殖扇贝海的盐度要较高。有大量淡水注入的河口附近海区，由于盐度变化太大不适合养殖扇贝。海区透明度应终年保持在 3～4m 以上。透明度太低、海水混浊的海区不适合扇贝养殖。用来养殖扇贝的海区，夏季水温不能超过 30℃、冬季要求无长期冰冻。扇贝对水温的具体要求因种类不同而不同。海湾扇贝和华贵栉孔扇贝是高温种类，温度低于 10℃ 时，其生长便受到抑制。而虾夷扇贝是低温种类，夏季水温一般不应超过 23℃。养殖扇贝的海区应不受工业污染、农业污染和生活污染。此外还要考虑扇贝的饵料，要选择水肥、饵料丰富和灾敌害较少的海区作为养殖场所。

（2）养殖方式

① 笼养。笼养利用的是聚乙烯网衣及粗铁丝圈或塑料盘制成的数层（一般 5～10 层）圆柱网笼。网衣网目大小视扇贝个体大小而异，以不漏掉扇贝为原则。层与层的间距为 20～25cm。每层一般放养栉孔扇贝贝苗 20～30 个、虾夷扇贝每层 10～20 个、海湾扇贝每层 20～30 个。每亩可养 400 笼，悬挂水层深 1～6m。

在生产中为了助苗快长，可在养成笼外罩孔径为 0.5～1cm 的聚丙烯挤塑网。这种方法把暂养笼和养成笼结合起来，有利于提高扇贝的生长速度。

② 串耳吊养。串耳吊养又称耳吊法养殖，主要用于扇贝和珠母贝的养殖。该法是在壳高 3cm 左右扇贝的前耳钻 2mm 左右的洞眼，然后用直径 0.7～0.8mm 尼龙线或 3×5 单丝的聚乙烯线将扇贝串起来，系于直径 2～3cm 的棕绳或直径 0.6～1.0cm 的聚乙烯主干绳上吊养。每小串可挂几个至 10 余个扇贝，每一主干绳可挂 20～30 串，每亩可垂挂 500 绳左右，也可将幼贝串成一列，缠绕在附着绳上。缠绕时幼贝的足丝孔都要朝着附着绳的方向，以利于扇贝附着生活。附着绳长 1.5～2m，每米吊养 80～100 个，再系于主干绳上垂养。筏架上绳距一般为 0.5m 左右，投挂水层 3m。每亩可挂养 10 万扇贝苗。

此外，也有利用旧车胎作为扇贝附着基。将穿耳的扇贝像海带夹苗一样一个个地均匀夹在或缠在旧车胎上，然后吊挂在浮筏下养殖。

串耳吊养一般在春季 4～5 月份进行，水温 7～10℃，不宜太低或过高。

③ 筒养。筒养是依据扇贝的生活习性和栖息自然规律的一种养殖方法。筒养器（壁厚 2～3mm）直径 28～30cm、长 85～90cm。筒两端用 1～2cm 网目的网衣套扎。筒顺流平挂于 1～5m 的水层中，每筒可放养幼贝数百个。

④ 黏着养殖。黏着养殖是用黏着剂环氧树脂将壳高 2～3cm 的稚贝一个个黏着在养殖设施上养殖的方法。

⑤ 网包养。使用网目 2cm、横向 30 目、纵向 35 行的网片，四角对合而成。先缝合三面，吊绳自包心穿入，包顶与包底固定，顶底相距 15cm，包间距 7cm，每吊 10 包，每包装 20 个扇贝，每串贝苗 200 个，挂于筏架上养成，挂养水层 2～3m。

⑥ 绳养。此法主要用于贻贝的养成。采用包苗、缠绳、拼绳夹苗、间苗和流水附苗等方法，将贝类附着在养成绳上进行养成。

以上几种扇贝的养殖方法各有优缺点。笼养的优点是可以防除大型敌害，生长较快；缺点是易磨损。栉孔扇贝也因无固定附着基，个体互相碰撞，影响其取食、生长。此外，笼上常常附着很多藻类和杂物，会影响笼内氧气的供给，可能会导致养殖笼内扇贝缺氧，因此需要经常洗刷，造成养殖成本升高。

串耳吊养的优点是生产成本低、抗风浪性好，扇贝滤食较好、生长速度快，鲜贝能增重 25% 以上，干贝的产量能增加约 30%。但是，这种方法的缺点是扇贝易脱落、操作费工，而且串绳与主干绳容易被藻类和杂物大量附着，不易清理，养殖成本较高。

筒养的优点是扇贝在筒内全部成附着生长状态，成活率高。此外，由于筒内光线较弱，不利于藻类生长繁殖，扇贝不会因为大量藻类附生而影响生长。而且由于附生藻类少，贝壳较新鲜干净，减少了洗刷和清除的次数，降低了养殖成本。阴暗的条件利于扇贝摄食，滤水快、摄食量大、生长快。此法对小贝的生长尤其有利。但是筒养的缺点是需要浮力大，造成成本也较高。

黏着养殖的优点是扇贝生长较快，并可避免因风浪、摩擦造成的损伤，大大提高了扇贝的成活率。该法使扇贝成活率较其他方法提高约 9%，而且壳长的平均增长率（生长速度）和肥满度也大为增加。该法的另一个优点是可比笼养方式提前半年甚至 1 年的时间上市，而且死亡很少，几乎没有不正常个体，但是黏着作业工作量大，需要把小扇贝一个个取下来，再用黏着剂黏在养殖器上，养殖成本高。

（3）养成管理　由于春、夏季水体的光线强，水体中的藻类生长旺盛。为了防止网笼和吊绳被藻类与浮泥附着，春季要将网笼放置于 3m 以下的水层，夏季光线更强时可把网笼降到 5m 以下的水层。但一定要注意网笼不能沉底，以免磨损网笼和遇敌害侵袭。要勤洗刷网笼，防止网眼被藻类和杂物堵塞，造成网笼内缺氧。及时清除贝壳的附着物。

在养成期间，由于扇贝不断长大、增重，要及时增加浮力，要勤观察架子和吊绳是否安全，防止浮架下沉、网笼触底、甚至毁坏。夏季、严冬，特别是大潮汛期间遇上狂风最易发"海"，必要时可采取吊漂防风和坠石防风。

随着扇贝的生长、附着和固着生物的增长，网笼网眼容易被堵塞，造成水流交换不好，因此，应及时做好更换网笼和筒养网目的工作，确保生产安全。

（4）贝藻套养或轮养　为了充分利用浮筏及养殖水体空间，可利用贝藻生活习性和代谢不同的特点，进行贝藻套养或轮养。在藻类养殖区同时养殖贝类的这种养殖方式是我国海水养殖技术方面的一个创新。海藻光合作用产生的氧气增加了养殖水体的溶氧，同时腐烂脱落的海藻碎屑为贝类提供了饵料；而贝类代谢排出的氮、磷等无机营养盐为藻类生长提供了肥料，贝类呼吸产生的二氧化碳为海藻的光合作用提供了碳源。贝藻套养或轮养充分利用了资源，又减少了养殖本身对环境的影响，互相促生长、增产增收、降低成本，是发展养殖生产的好方法。生产上共发展形成了以下几种套养和轮养的模式。

① 贝藻套养。贝藻套养是在同一养殖筏区，同时养殖贝类和海藻。一般平养海藻，吊养贝类。如平养裙带菜，吊养扇贝或珠母贝等。

② 贝藻轮养。贝藻轮养是指养殖一季贝类，再养殖一季海藻。如秋、冬季养殖海带或裙带菜，待海带或裙带菜收获后再养殖扇贝或珠母贝等贝类。

③ 贝、虾池塘混养。在对虾养殖池中混养一定数量的海湾扇贝等，不仅可以净化虾池的水质，而且有利于虾池中浮游生物转化成扇贝蛋白。一般每公顷放养 7.5 万～15 万个海湾扇贝，底质要求硬泥砂质，底播面积约 1/3。10 月份收虾时，扇贝平均壳高能达到 5cm 以上，达到商品规格。

④ 扇贝与海参混养。以网笼养殖栉孔扇贝为主，除了正常的放养密度外，再在每层网笼养 1～2 头刺参。刺参以杂藻和扇贝的粪便为饵料，可以起到清洁网笼的作用。扇贝与海参混养，每亩可产干参 15 余千克，不但减少了人工清洁网笼的成本，还增加了养殖扇贝的效益，是一种值得推广的混养方式。

四、匍匐型贝类的养殖

目前匍匐型贝类的养殖对象主要是皱纹盘鲍和杂色鲍。中国北方主要养殖皱纹盘鲍，而杂色鲍主要在南方养殖。

1. 杂色鲍的工厂化养殖

（1）主要设施

① 养殖池。一般是水泥池，长 6m、宽 5m、深 1.5m，多个并联，独立进、排水（图 3-18）。池子一端设进水管和换水管，另一端设排水孔和流水装置。池底铺多条充气管。

图 3-18　杂色鲍工厂化养殖

② 养殖笼。养殖笼是特制的黑色塑料箱子。养殖笼规格为长 36.5cm、宽 27.5cm、高 12cm，笼子四周打长和宽都为 1cm 的孔。笼内设置五片隔板，以增加鲍鱼的活动空间。笼子的一端设有投饵门。养殖笼在养殖池内的放置方法为成排叠加放置。排的长度为池子的长度，高度一般为 6～12 个笼子，宽度视池子的宽度而定。每两排笼子之间留一宽为 70cm、用于投饵和清污的通道。每排笼子下面铺设一条充气管。

③ 避光设施。在池子四周架设镀锌钢管作为支撑柱，用钢丝作为屋顶，在屋顶上铺上两层黑色遮光帘，四周也用黑色遮光帘遮挡。

④ 供水设施。由于杂色鲍养殖为流水养殖，用水量大。在沙滤水无法满足流水养殖的情况下，如果海区水质较好，可以用粗过滤或沉淀的海水养殖。

（2）养殖密度　初期，每个养殖笼可投放壳长为 1.5～2cm 的鲍苗 35 个。经过 1～2 个月的养殖，挑选其中生长快的鲍苗分养。当壳长达 3.5～4cm 时，每笼的放养密度为 30 个。鲍鱼长至 4.5～5cm 时，每笼的放养密度为 25 个。

（3）投饵和清污　由于杂色鲍养殖为立体笼式养殖，投饵和清污都必须放干池子的水，而鲍鱼干露时间又不能太长，所以生产上投饵和清污工作是一块进行的。放水后，用压力枪冲洗笼子上的附着生物及杂质，避免笼孔被堵塞而影响水的流动，导致缺氧。冲洗后，打开笼门，清除笼内的残饵、死亡的鲍鱼和生病的鲍鱼。清污结束后投饵。杂色鲍的饵料主要是褐藻类、红藻类、绿藻类和人工配合饲料。在南方主要用江蓠养殖杂色鲍，投饵量因季节不同而不同。在夏季，水温高，江蓠容易变质，可每4天投喂一次江蓠，每笼投喂100g左右；在冬季，水温低，江蓠可存活较长时间而且鲍鱼摄食量下降，可减少为每7～10天投喂一次。如果投喂人工配合饲料，夏天每天投喂一次、冬天2天投喂一次，投喂量为鲍鱼体重的2%～4%。投饵清污结束后要立即进水。一般从放水、清污、投饵到进水完毕，整个过程时间不能超出50min。

（4）日常管理　日常管理工作主要是巡查和预防两个方面。每天都要巡视，检查供电、供水和增氧设备是否正常。观察鲍鱼是否摄食和生长状况、有无疾病的发生。一旦发现异常，要及时分析原因并采取相应措施。如果鲍鱼发生细菌性感染，要隔离病鲍，发病高峰期要定期进行药物治疗。养殖场定期用高锰酸钾消毒，预防疾病的发生。

2. 皱纹盘鲍的工厂化养殖

（1）主要设施

① 养殖池。一般是水泥池或玻璃钢池，长8～9m、宽0.8～0.9m、深0.4～0.5m，有效面积7～9m^2。一端设进水管，另一端设溢水管。

② 饲养网箱。长70～80cm、宽80～90cm、高30cm，有效面积一般为0.6～0.7m^2。中间育成箱是14目筛绢网，工厂化养成箱是用1cm网孔的聚乙烯挤塑网做成的。

③ 波纹板。为黑色玻璃钢或塑料板，中间育成期间的波纹板较小、养成期间的波纹板较大，每箱各放两块板。

（2）养殖方法　工厂化养鲍和中间育成均采用网箱平面流水饲养法，每池放置网箱10只。放养壳长1.3～2.5cm幼鲍的密度大约为600只/箱；放养壳长2.5～4cm幼鲍的密度大约为200～250只/箱；放养壳长4～6cm幼鲍的密度大约为150只/箱。

（3）养殖管理

① 日流水量。主要根据水温的高低、鲍的大小和放养密度进行调整。日流水量在升温越冬期为8～12倍，在常温期则为10～16倍。

② 投饵。饲料种类分为鲜海藻和人工合成饲料两种，两种饲料可混合使用。体长2cm以下的幼鲍，全部投喂人工合成饲料；2cm以上幼鲍，12月份至翌年8月份以投喂海带、裙带菜等海藻为主，9～11月份以投喂人工合成饲料为主。

投喂人工合成饲料时，壳长1.5～7.0cm的鲍，日投饵量占鲍体重的2%～5%。在越冬低温期，每2天投喂1次，清理1次残饵；18℃以上时，每天投喂1次，清理1次残饵；投饵时间一般在下午4:00～6:00，次日早晨7:00～8:00清理残饵。

新鲜海藻的日投喂量按实际摄食量的2倍计算。投喂时将海带、裙带菜去根洗净，切成小段。若水温在20℃以下，每4天投1次，上午清理残饵、下午投喂新饵；20℃以上的高温期，每2天投1次，清理残饵要彻底。

3. 皱纹盘鲍的筏式养殖

（1）养殖方式

① 硬质挤塑圆筒养殖。用长60cm、直径25cm的硬质挤塑筒，每筒放养规格为1～1.5cm的幼鲍180～200个；规格为3～5cm的80个，每6个圆筒为一组，吊挂在浮筏上。

② 多层圆柱形网笼养殖。每层网笼放养规格为1.5cm左右的幼鲍22～30个；规格为3～5cm的鲍8～10个，共10层，每台筏子挂80吊左右。也可以用扇贝养成网笼代替多层

圆柱网笼进行筏式养殖。

（2）养殖期间管理　海上养成期间要定时投饵，饲料种类主要有裙带菜、海带、石莼、马尾藻、鼠尾藻等。一般情况下，每 7 天投饵 1 次，并注意及时清除粪便、杂质和残饵。此外，要适时疏散密度、调节水层、经常检查浮筏是否安全。

4. 皱纹盘鲍海底沉箱养殖

沉箱是由钢筋做成的 (1～2)m×(1～2)m×0.8m 的框架，外围网片，内装石块或水泥制件供鲍附着，中央留有 50cm×50cm 的投饵场，方便鲍摄食，也便于人工投饵和清除残饵。箱内投放鲍 1000 只左右。沉箱置于低潮线下岩礁处，一般大潮退潮后可保持水深 50～60cm。每次大潮后投饵 1 次，每次投饵量为鲍体重的 10%～30%。

五、珍珠贝的养殖

1. 淡水珍珠蚌的养殖

我国淡水珍珠蚌的养殖从 20 世纪 70 年代起步，目前产量居世界第一位，三角帆蚌是目前我国主要的淡水育珠蚌。

（1）无核珍珠

① 育珠蚌的选择。选择条件为体长 10cm 以上、完整无伤、表面光泽好。制片蚌 2～3 龄，插片蚌 2～4 龄。

② 手术操作。手术操作的时间一般以春、秋为佳，水温在 15～28℃，以 18～22℃ 最好。

③ 小片制取。剖开制片蚌，用湿海绵轻轻洗去边缘膜上的污物，然后用刀片等取下外表皮，再用海绵轻抹去表面上的黏液。切除掉膜片边缘的环走肌和色素细胞，再将外套膜外表皮切成小片。小片切好后，要保持湿润，防止阳光直射。

④ 插片。用开口器将插片蚌开口加塞，放在手术台上。用拨鳃板将鳃和斧足拨开，用海绵擦去植片部位的污物。插片部位三角帆蚌以中、后部区域为好，褶纹冠蚌则以后端的外部、中部和中间的边缘部为好。插片时，一只手用送片针挑起小片，另一只手用钩针在植片部位的内表皮上开一小孔，将小片送入内、外表皮间的结缔组织中，插片即完成。插入小片的间距约 0.8cm，每边可插 3 排，呈"品"字形排列。一般 7cm 的育珠蚌可插 45 片左右。插片后立即放入清水中暂养。

（2）像形珍珠　将各种像形浮雕插入蚌壳与外套膜之间，由插片蚌外套膜分泌珍珠质，附着在浮雕表面，可形成像形珍珠。

① 育珠蚌的选择。三角帆蚌以 3～5 龄为宜，体长 14～18cm；褶纹冠蚌以 3～5 龄为宜，体长 10～20cm，蚌体健壮。

② 手术时间。一般在 4～9 月份，水温 17～30℃。最适时间为 6～8 月份，水温 22～26℃。手术时应避开繁殖期。

③ 模型材料及制备。模型材料可用铅、铝、硬塑料等材料制作，以质地坚硬、光滑的陶瓷、寿山石、玉石、蚌壳和熔点为 56～58℃ 的石蜡为好。模型雕刻要精细、纹理分明、形象清晰，使育成的像形珠富有立体感。手术操作程序与无核珍珠操作程序相似。

（3）珍珠蚌的育成

① 笼养。可利用类似扇贝或珍珠蚌养殖笼进行筏式养殖。

② 鱼蚌混养。目前育珠生产中绝大部分是实行鱼蚌混养，以充分利用水体。一般有以下两种情况。

a. 以养殖育珠蚌为主。在养殖珍珠蚌的水域中，适当配养鱼类。一般放养草鱼、鳊鱼、鲫鱼等草食性或杂食性鱼类为主，适当配养鳙鱼。每 100m² 吊养育珠蚌 120～220 只，放养鱼种 36～45 尾。

b. 以养鱼为主。在养鱼池中适当吊养育珠蚌。鱼类的放养应以草食性鱼为主，配养其他鱼类。每 100m² 吊养育珠蚌 80 只左右，放养鱼种 105～135 尾。

珍珠蚌育成期间的管理工作主要是调节好水质，保证育珠蚌有足够的饵料，又要有充足的溶解氧，还要控制病害的发生。

2. 海水珍珠贝的养殖

我国海水珍珠贝的养殖主要分布在广西、海南、广东及福建海区，主要有马氏珠母贝、大珠母贝、合浦珠母贝等。

（1）施术季节　每年的 2 月下旬至 4 月下旬以及 10～12 月份为合浦珠母贝施术的较好季节，水温在 16～25℃之间。

（2）施术前的准备

① 施术贝的准备。将壳高 7cm 以上的珠母贝腹面朝上，紧贴排列在开口笼内，然后吊养在筏架下，2～3h 后便可进行栓口。如水温在 28℃以下时，可在前一天傍晚排贝，吊养在较深的水层，次日早上栓口。栓口就是将贝笼提起，放入盛有海水的水槽或木盆中，从贝笼中抽出数个珠母贝，其余的贝便相继开壳，随即插入木楔栓口，或用开口器插入壳口慢慢用力打开贝壳然后栓口。

② 小片贝的准备。小片贝又称"细胞贝"，是在插核过程中提供外套膜小片的珠母贝。一般选用 2～3 龄，壳高 6cm 以上。小片贝所需数量为插核用贝的 12%～15%。外套膜小片的大小和形状对所形成的珍珠质量影响也很大。通常使用小片的形状为正方形，小片边长为珠核直径的（1/3）～（2/5）。

③ 外套膜小片的切取。先用解剖刀从腹面将其闭壳肌割断，然后以平板针拨开两边鳃瓣，用刀切自唇瓣下方到鳃末端的外套膜，置于玻璃或塑料板上，进行抹片。

④ 抹片。目的是去掉上皮细胞表面的黏液，采用湿纱布吸附，再用湿棉球轻轻抹一下，然后将外套膜边缘部切除，剩余部分切成正方形小片，最后用红药水和紫药水着色处理，也起到消毒作用。

（3）珠核与插核部位

① 珠核。珠核多用淡水产的背瘤丽蚌、多疣丽蚌和猪耳丽蚌的贝壳作原料，先将贝壳锯成条状，再切割成正方形，放入打角机打角，然后磨圆，最后用酸处理打光便成。

我国通常将直径为 3.1～5.0mm 的核称"小核"，直径为 5.1～7.0mm 的称"中核"，直径为 7.1～9.0mm 的称"大核"，直径 9.0mm 以上的称"特大核"。

② 插核部位。可以插核的核位有 7 个，但目前生产上一般采用 3 个核位。一个位于腹嵴稍近末端处，即在肠道弯曲处的前方和缩足肌腹面的位置，通常称"左袋"，这个位置空间较大，可植入较大的珠核。另一个在缩足肌基部背面，泄殖孔与围心腔之间，通常称"右袋"。还有一个在贝体左侧，位于泄殖孔与唇瓣腹缘基部之间，通常称"下足"。

③ 插核数量。根据手术贝的大小和珠核的规格而定。一般说特大核只能插 1 个，大、中核可插 2～3 个，小核可插 5～8 个。技术高超的插核者，最多的可在一个珠母贝中插 13 个核。

（4）插核方法　将手术贝的右壳向上，固定于手术台上，用平板针拨开鳃，然后用钩钩住足的中部向后拉。在足部和生殖腺之间用开口刀薄薄切开一个开口，再用通道针插入刀口处，沿着插核部位的方向造成管道。然后将通道针退回原切口，从手术台上取一外套膜小片，用送片针将小片送到管道末端，最后插核。也有先插核，后送小片。无论先放或后放，外套膜外侧面一定要向着珍珠核。插完第一个核位后，再插第二个核位，然后插第三个核位。

（5）珍珠的育成

① 施术后的休养。珠母贝在施术后的一段时间里体质虚弱，需要移到环境稳定、风浪小、水流缓慢、饵料生物丰富的海区休养。

② 珍珠的育成。一般经过 20～25 天的休养后，施术贝已恢复健康，体内珍珠囊已形成，可从休养笼中取出置于普通养贝笼中，移到育珠场垂下养殖。

珍珠育成时间随珠核大小不同而异，通常小核珠为 0.5～1 年，中核珠为 1.5～2 年，大核珠需 2～3 年。

育珠期间的管理工作与珠母贝养成管理基本一样，主要包括洗刷网笼（换笼）、避寒越冬、预防敌害、防止人为破坏和调节养殖水层等。

小　结

按照贝类的生活方式，可以把贝类分为埋栖型、固着型、附着型以及匍匐型等，各种类型的贝类生活习性、摄食习性、繁殖习性不尽相同。不同贝类养殖场址的选择应从贝类的生物学、生态学以及地理位置、水质条件、社会环境等多方面进行综合考虑。

通过对本部分内容的学习，学生可掌握附着型贝类（如扇贝、贻贝等）采用的浅海浮筏式养殖技术，养殖过程中采取的笼养、串耳吊养、筒养、绳养等养成方式，为充分利用浮筏及水体空间采用的贝藻套养或轮养方法；掌握匍匐型贝类（如鲍）采用的工厂化养殖技术，采取网箱流水平面饲养法，以及海底沉箱养殖、筏式养殖等；掌握固着型贝类（如牡蛎）采用的筏式养成、滩涂播养、投石养殖、插竹养殖、立石养殖等多种养殖技术；掌握埋栖型贝类（如缢蛏、泥螺、蛤仔等）采用的埕田养殖、池塘蓄水养殖、围网养殖等养殖技术。

目 标 检 测

一、填空题

1. 贝类的生活类型有（　　　）、（　　　）、（　　　）、（　　　）、（　　　）、（　　　）、（　　　）等几种。

2. 常见的埋栖型贝类主要有（　　　）、（　　　）、（　　　）、（　　　）、（　　　）。

二、简答题

1. 简述栉孔扇贝的中间培育方法。

2. 简述缢蛏播苗的注意事项。

3. 简述固着型贝类的浮筏式养殖方法。

4. 简述皱纹盘鲍的工厂化养殖方法。

5. 简述马氏珠母贝的插核方法。

三、论述题

试述贝类的每种养殖方式及相应的代表种类，并叙述其养殖期间的主要管理方法。

模块四　其他名特优水产动物的增养殖技术

【知识目标】
　　掌握海蜇、刺参、黄鳝、黄颡鱼、美国青蛙和鳖的生活习性和繁殖习性。
【能力目标】
　　掌握海蜇、刺参、黄鳝、黄颡鱼、美国青蛙和鳖等名特优养殖品种的人工养殖技术。

项目一　海蜇的养殖

一、养殖现状与前景

　　海蜇属的种类有海蜇、黄斑海蜇、棒状海蜇和疣突海蜇，在我国沿海仅发现前3种。棒状海蜇个体小（40～100mm），伞部的中胶层薄，数量少，故只有海蜇和黄斑海蜇具有捕捞生产价值。

　　海蜇为暖水性的大型水母，适应的水温和盐度范围比较广，所以它的分布范围也比较广。在我国沿海，北起鸭绿江口，南至北部湾一带，均有分布。此外，在日本西部、朝鲜半岛南部和俄罗斯远东海区也有分布。但以我国沿海分布最广、品质好、产量高，占食用水母产量的80%。

　　海蜇营养丰富，高蛋白、低脂肪，富含无机盐，食用味美可口。在医学上具有舒张血管、降低血压、消炎散气、润肠清积等功效。

二、海蜇的识别

1. 分类地位

　　海蜇（*Rhopilema esculenta* Kishinouye）隶属腔肠动物门、钵水母纲、根口水母目、根口水母科、海蜇属。

2. 形状及构造

　　海蜇的体形呈蘑菇状，分为伞体部和口腕部（图4-1）。伞体部，俗称"海蜇皮"；口腕部，俗称"海蜇头"。伞体部和口腕部之间，由胃柱和胃膜连为一体。伞部高，超半球形，纵切面分为3层，即外伞层、中胶层和内伞层，中胶层较厚。伞缘具8个感觉器和110～170个缘瓣。伞体中央向下为圆柱形口柄（胃柱），其基部有8对肩板，端部

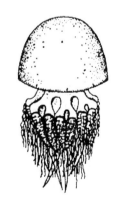

图4-1　海蜇的外形

为8条三翼形口腕。肩板和口腕上有许多小吸口和附属器，吸口的边缘有鼓槌状的小触指，触指上有刺丝胞，能放出刺丝，具捕食与防御功能。吸口是胃腔（消循腔）与外界的通道，兼有摄食、排泄、生殖、循环等功能。胃丝上有刺细胞和腺细胞，能分泌消化酶，行消化功能。

3. 体色

　　海蜇的体色多样。浙江、福建、江苏一带的海蜇为红褐色，黄海和渤海海区的海蜇有红

色、白色、淡蓝色和黄色等。

4. 我国的食用水母

我国沿海的食用水母，除了根口水母科、海蜇属的海蜇和黄斑海蜇外，还有口冠水母科的沙海蜇、叶腕水母科的叶腕海蜇和拟叶腕海蜇等。

5. 海蜇对环境的特殊要求

海蜇对水温、盐度、光照、溶解氧、氨态氮以及 pH 值等环境因子的要求见表 4-1。

表 4-1　海蜇对环境的要求

环境条件	具体要求
水温	水母型适温范围为 15～28℃，最适范围为 18～24℃，存活的上限和下限 34℃和 8℃；水螅型适温范围为 0～15℃，最适范围为 5～10℃
盐度	水母型适宜盐度范围为 8～39，最适范围为 16～24；水螅型适宜盐度范围为 10～40，最适范围为 16～24
光照	水母型喜栖光照度为 2400 lx 以下的弱光环境；水螅型更适黑暗条件
溶解氧	大于 4mg/L
氨态氮	小于 0.6mg/L
pH 值	7.8～8.5

三、海蜇的人工繁育

1. 繁殖习性

根据丁耕芜（1981）报道，海蜇的生活史为世代交替型。水母型通过有性繁殖产生无性世代的水螅型，而水螅型又通过横裂生殖产生有性世代的水母型。水母型营浮游生活，水螅型营固着生活。通常所说的海蜇是指水母型。

海蜇雌雄异体，秋季性成熟。伞径 500mm 的个体怀卵量 4000 万～10000 万粒。精子头部圆锥形（长约 $3\mu m$），尾部细长（长约 $40\mu m$）。成熟卵为圆球形、乳白色，为沉性卵，直径 $80\sim100\mu m$，分批成熟排放，产卵时间为黎明。卵子是在海水中完成成熟分裂的，具梨形膜。卵子在海水中受精，形成受精卵。

受精卵的卵径为 $95\sim120\mu m$。在 20～25℃时，受精后约 30min 开始卵裂，6～8h 发育至浮浪幼虫，呈现长圆形，$(100\sim150)\mu m\times(60\sim90)\mu m$，体表布满纤毛，活泼浮游；4 天内多数个体变态为早期螅状体，具 4 条触手，体长 0.2～0.3mm；约 10 天达中期螅状体，具 8 条触手，体长 0.5～0.8mm；约 20 天螅状体发育完全，具 16 条触手，体长 1～3mm。螅状体营固着生活。从秋季至翌年夏初共 7～8 个月时间，螅状体能以足囊生殖方式复制出多个新的螅状体。当自然水温上升到 15℃以上时，螅状体以横裂生殖的方式产生有性世代的碟状体。初生碟状体直径 2～4mm，浮游生活；经 7～10 天伞径可达 10mm，成为稚蜇；经 15～20 天伞径可达 20mm，成为幼蜇。再经过 2 个多月生长，伞径可达 300～600mm，体重 10～30kg，达到性成熟。秋末冬初，完成生殖的个体全部死亡。

2. 育苗设施

（1）培育池　水泥池或水槽均可作为培育池使用，对水池的大小、形状和深浅等无严格要求。亲蜇培育池以池壁光滑为好（如镶嵌瓷砖），形状以圆形、椭圆形或方形池四角抹圆为佳，这样可减轻亲蜇柔软的伞部与池壁的摩擦。

（2）附着器　通常使用聚乙烯波纹板，裁成 40cm×30cm，按片间距 3～4cm 立体组装成附着器，一般 15～20 片组成一吊。使用新波纹板时，应注意将油渍洗涤干净。

3. 亲蜇的来源、运输及暂养

（1）亲蜇的来源　亲蜇的来源有 2 种途径：一是从自然海区中捕捞，二是从养殖场中选择。

（2）亲蜇的选择　要求亲蜇个体大、伞径 40cm 以上；性腺发育好，宽度在 10mm 以上；损伤小。

（3）亲蜇的运输　海蜇分泌物多、耗氧量大，运输过程中严防因缺氧的窒息死亡。正常情况下，亲蜇环肌收缩 40～50 次/min。收缩频率减少、收缩力变弱是缺氧的表征，此时应立即注入新鲜海水，这在船上运输时容易办到。用汽车运输时，由于途中难于换水，容器应大一些，运输时间愈短愈好，尽量控制在 4h 之内。

（4）亲蜇的暂养

① 亲蜇的雌雄鉴别。从外形或性腺颜色难于准确鉴别海蜇的雌雄。可用镊子从生殖下穴处插入，取出一小块性腺放大 20～100 倍观察。卵巢呈现大小不等的球形颗粒，精巢内的精子囊呈不规则肾形。鉴别后做标记。

② 亲蜇暂养。一般将雌雄个体分池暂养，暂养密度为 0.5 只/m³。每天换水一次，暂养密度大时，则应增加换水次数。在亲蜇暂养期间，可投喂卤虫无节幼体或其他小型浮游动物，投喂频次 2～3 次/天。

4. 产卵与孵化

产卵前一天将水池刷净，注入新鲜海水，作为孵化池。凌晨 5:00～6:00 将亲蜇从培育池移入孵化池，雌、雄比以 (2～3):1 为佳。亲蜇密度 1～2 只/m³，利用于雌、雄个体之间相互诱导性产物排放。海蜇产卵和排精的时间在黎明。

移入亲蜇 1h 后，从池底取样在显微解剖镜下观察是否出现卵裂。之后每隔 20～30min 抽样观察 1 次，直到发现大量分裂卵或未受精卵解体为止。

20～25℃时，未受精的卵经 3～5h 后解体。受精卵经 0.5h 开始卵裂，1h 达 4～8 细胞期，2～3h 达 16～32 细胞期，3～4h 达 32～64 细胞期，6～8h 孵化成浮浪幼虫。

卵裂自 16 细胞期形成囊胚腔，此腔随着发育而增大，胚胎将自池底逐渐上浮，在水中呈半沉浮状态。所以应该在卵裂进行约 3h 时，将亲蜇移出，次日再重复利用。移出亲蜇时，要带水操作，尽量避免亲蜇受伤，以便继续产卵。孵化当日下午，胚胎全部孵化为浮浪幼虫，使用体积法定量。

5. 浮浪幼虫的培育

在浮浪幼虫阶段，一般不换水、不投饵、需要微充气。在水温为 22～26℃时，自由游泳时间为 10～20h。

6. 投放附苗器

当水温为 22～26℃时，受精卵经过约 20h 的发育，已经达到浮浪幼虫的后期，游泳速度迟缓，这是变态为螅状体的征兆。此时，可投放附着基。由于浮浪幼虫多以前端向斜上方游动，附苗塑料片应与水面平行，密度为 4 吊/m²，附着基应悬挂池中，距池底 30cm。

7. 螅状体的培育

（1）越冬前的培育

① 变态。浮浪幼虫变态为螅状体，前端附着形成足盘和柄部，后端形成口和触手；如变态时未遇到附着基，则在浮游状态下变态，柄部向上倒悬浮于水面。柄端具黏性细胞，接触附着基易于附着。

绝大多数螅状体附着于塑料片下侧，即螅状体柄部向上、口端向下，呈倒垂状。附着后，在 4 天内生长出 4 条触手，称为早期螅状体；在适宜的条件下，经过 7～10 天左右，在

4 条触手之间，又生长出 4 条触手，称为中期螅状体；再经过 10 天左右的生长发育，在 8 条触手之间，又生长出 8 条触手，成为具有 16 条触手的完全螅状体。

② 螅状体的培育

a. 4 条触手的早期螅状体阶段。个体很小，若开口饵料不适口或投饵不及时均可引起大量死亡。本种浮浪幼虫是此阶段的最佳饵料，其次为贝类的单轮幼虫。一般每天上午投饵 1 次，投饵量为附苗量的 5～7 倍。此阶段一般不换水。水温应保持在 20～26℃。

b. 8 条触手的中期螅状体阶段。开始可投喂卤虫无节幼体，每天上、下午各 1 次，投饵量为附苗量的 4～5 倍。投喂后 2～3h 换水，每天换水 1 次，每次换水 20～30cm。自本阶段开始，育苗池适当用黑布遮盖，防止附着器上杂藻丛生，以提高螅状体的附着率。

c. 16 条触手的典型螅状体阶段。定量之后倒池。此阶段以卤虫无节幼体为饵料，投喂频次依水温而定。一般 11～15℃ 时每周投喂 2 次，投饵量为螅状体数量的 10～20 倍；6～10℃ 时每周投喂 1 次；5℃ 以下可不投喂或 4 周投喂 1 次。螅状体饱食后呈橘黄色，饥饿时呈苍白色，故投喂频次和投饵量可根据螅状体颜色深浅酌情增减。螅状体个体小、少动、耗氧量低、代谢产物较少，水温低时代谢更慢，没有必要频频换水。一般每次投喂后换水 (1/3)～(1/2) 即可，方法是用虹吸法从池底吸出有沉淀物的海水，再加入等量新鲜海水。

人工培育螅状体的时间是秋季（9～10 月份），培育碟状体的时间是翌年夏季（5～6 月份），相隔约 7～8 个月，并有一个越冬阶段。在此期间，螅状体将进行足囊生殖复制新螅状体。

③ 足囊生殖。螅幼体的体侧长出一条匍匐茎，以其末端附着，形成新的足盘；柄部末端逐渐脱离附着点，并收缩；螅状体移到新的位置，匍匐茎变成柄部。在原附着点留下一团外被角质膜的活细胞组织，称足囊。这种移位和形成足囊的过程可连续进行，一般可形成十多个足囊。足囊形成后，可自顶部萌发出新的螅状体。新螅状体在长成后，同样可形成新的足囊和萌发出下一代螅状体。

足囊生殖与温度、盐度、光照度和营养条件密切相关。10℃ 以下不形成足囊，在 15～30℃ 范围内，随温度上升，足囊生殖能力增强；盐度 8 以下不形成足囊，在盐度 10～32 时，均能进行足囊生殖，以 20～22 为最佳；黑暗和弱光下有利于足囊形成和萌发；良好的营养（饵料）供给，可促进足囊形成，且形成的足囊萌发率高（鲁男，1997）。

（2）越冬培育

① 室外越冬。在冬季，室内如果不加热升温海水就会结冰的地区，可进行螅状体室外越冬。把室外土池清池、消毒后，加入新鲜海水，水深至少 2m。当自然水温下降到 10℃ 时，在螅状体饱食后用竹竿搭成框架，将附苗器吊养于土池中，下部距池底 50cm、上部离水面 50cm。附苗器离水时间应控制在 15min 之内。此后，不用投饵直至翌年解冻后，在水温上升为 8℃ 之前，将附苗器再从室外移回室内。

② 室内越冬。冬季室内育苗池不结冰的地区，螅状体可以在原育苗室内越冬。

a. 投饵。当自然水温下降到 10℃ 以下时，让螅状体饱食数天后准备越冬。当水温降至 6～8℃ 时，5 天投饵一次；当水温降至 5℃ 以下时，10 天左右投饵一次；当水温降至 3℃ 时不必投饵。

b. 换水。在越冬前，要彻底换水 1 次。当水温降至 8～10℃ 时，每 5 天换水 20cm；当水温降至 8℃ 以下时，不必换水直到翌年春天。

8. 碟状体的培育

（1）碟状体的集中培育　螅状体放散碟状体有非同步性的特点。在同一个附着器上附着的螅状体，每天放散出的碟状体的数量是不相同的。一天之内，如果在一个育苗池中所放散的碟状体达不到要求的密度时，可以用手抄网将其他育苗池中的碟状体捞出来，集中到一个育苗池中培育。也可以是同池的螅状体，经过 3～5 天放散后，当池中碟状体的数量达到所要求的密度时，则可将育苗池中的附着器移到另一个育苗池内继续放散碟状体。

（2）培育密度　不同伞径海蜇碟状体的培育密度见表 4-2。

表 4-2　不同伞径海蜇碟状体的培育密度

伞径/mm	密度/(只/m³)
2～4	4 万～5 万
5	1 万～2 万
8	1 万以下
10	0.5 万以下

（3）日常管理　海蜇碟状体的日常管理要求见表 4-3。

表 4-3　海蜇碟状体的日常管理要求

项目	具体要求
水温	16℃以上,如有寒流出现,要注意保温
投饵	每只碟状体投 200～1000 只卤虫幼体,投饵量的调节要根据日常观察碟状体的饱食情况而定
换水	1 次/天,换水量为(1/3)～(1/2);5 天倒池一次
充气	当碟状体伞径在 10mm 以下时,全天充气,同时要搅拌

9. 苗种的培育管理

海蜇苗种的培育管理要求见表 4-4。

表 4-4　海蜇苗种的培育要求

项目	具体要求
充气	海蜇伞径 10mm 以上时,停止充气,只在投饵时充气 1h
水温	17～32℃;预防冷空气来临,防止育苗室突然降温
投饵	每只小海蜇放 1000～2000 只卤虫幼体
换水	1 次/天,换水量为(1/3)～(1/2);4 天倒池一次
倒池	最好用手抄网轻轻操作

10. 出苗及运输

（1）出苗　海蜇出苗可采用从排水管出苗，然后用网箱进行收集的方法，也可以采用手抄网捞苗的方法。从成活率来看，这两种方法基本相同。但从恢复活力所需要的时间来看，用手抄网捞苗的方法要比用排水管出苗、网箱收集的方法优越。

（2）运输

① 螅状体的运输。在养殖户需苗量大、距离提供苗种的育苗场远时，可采取从育苗场购买螅状体运回养殖场自行育苗的办法。采用干运法和水运法。

a. 干运法。将附着螅状体的附苗器从水中慢慢提出，立即装入已准备好的塑料袋内，要求袋的底部聚集 1cm 高的海水，扎紧袋口，经检查不漏气后，平放入泡沫箱内，用胶带密封泡沫箱的盖子，即可起运。

b. 水运法。从育苗池内提出附着螅状体的附苗器，压缩后用包装绳扎紧，放入衬有塑料袋的大桶或泡沫箱内，桶内或箱内已装有一定量的海水。附苗器装好之后，加海水漫过附苗器，扎好袋口，封好桶或箱口，以免海水溅出，即可起运。

海蜇螅状体水运时，运输的时间更长。在 10℃左右的水温条件下，运输 60h。螅状体状态良好，成活率可达90％以上。

② 海蜇苗的运输。一般使用塑料袋充氧的方法。袋内装水量约占袋总空间的（1/4）～（1/3），伞径15～20mm的幼水母运输密度为600～800只/L。若运输时间过长（超过5h），应考虑适当降温并降低密度，以保证运输成活率。

四、海蜇的养成

1. 池塘养殖

池塘养殖海蜇是目前养殖海蜇的主要模式。2003年，从辽宁到广西北部湾沿海一带，大规模进行海蜇养殖。海蜇养殖成功率高、经济效益好。海蜇生长异常迅速，体重3mg的碟状幼体，经3个月生长可达10kg以上，增重300多万倍。其生长速度与海域中的饵料生物丰度密切相关（鲁男，1995）。

（1）池塘条件　养殖池塘的面积大小以2hm²以上为宜，池深在1.5m以上为好。目前已有的虾塘、盐场中的水池、较大的进水渠道等均可用于养殖海蜇。

在养殖池附近，最好有淡水水源，并能引到养殖池中。如选在河口区，则盐度较低、饵料生物相对丰富，有利于海蜇的生长。同时淡水水源方便，可用来调整养殖池水的盐度，但要避开有污染的水域。养殖池塘进、排水最好依靠自然纳潮，自然纳潮能够达到换水量大、换水日多的目的，有利于海蜇生长环境的优化和饵料生物的丰富。如果依赖二次提水，养殖的效益将会受到影响，增加生产成本，同时还会受潮汐的影响，换水量和日次受到限制。

养殖池塘的池底以硬质底为好。池底及池壁上有尖硬物体要及时消除，如石头、铁丝等硬物，防止海蜇擦伤。池塘四周如有浅水区，要在离池壁一定距离设立防护网。防护网的下沿排水时，还应该有30cm的水深。防护网的网目以0.5cm为好。网片应用无结的网，也可以用网目与纱窗布相似的网布。用塑料布围池也可以，但应该将塑料布贴在池壁上。进水闸门处的防护网，在养殖初期应更换一次。当海蜇生长达到4cm时，将进水闸门处原有网目为0.5cm或以下网目的防护网，更换为网目为1.0～1.5cm的网片。进水口处防护网网目增大为1.0～1.5cm，有利于饵料生物进入养殖防护网内。

（2）放养前的准备　放干池水，清除石头、杂物、杂草、耙平池底，修建闸门及进、排水口。进、排水口要加设拦网，以防敌害生物的入侵和海蜇的外逃。

新池要进行清理平整，老池要进行清淤。清除淤泥和敌害生物后要进行消毒。

通常在投苗前15天左右，先进水70～80cm，施发酵鸡粪100～150kg/hm²。施肥量要根据海水肥度的具体情况而酌情确定。水肥时，可少施肥；水瘦时，可多施肥。同时，要施一定量的氮肥，施尿素25～35kg/hm²。应平衡施肥，有机肥所占的比例不得低于50％。

（3）苗种放养

① 苗种选择。苗种应该选择体态比较好、无残损畸形、游姿舒展、个体活跃、大小均匀的群体。购买苗种时，选择本地区育苗室生产的苗种，可以避免由于不同海域生态条件的差异而导致的海蜇苗种入池后需要较长时间去适应的情况。如果在异地购苗时，发现与养殖池的生态条件差异较大，要对购入的苗种进行驯化，使其逐渐适应本地区的生态条件，然后才能入池养殖。购买本地区的苗种可缩短运输时间、提高成活率。

② 苗种规格和放苗密度。苗种的规格应该根据运输条件、苗种价格和成活率等综合因素来考虑，一般以选择体长2～3cm的苗种为好。放苗密度要视苗种规格、池塘的换水能力和池塘的大小而定。一般情况下，若池塘实施一次性放苗，种苗规格在2～3cm时，放苗密度应小于3000只/hm²。对于水体较大的池塘（如40hm²以上时），最好分2～3批次放苗，放苗量也可适当增加。各地可根据当地的饵料丰欠及土池的进、排水等具体条件，因地制宜地调整放苗的密度。

③ 苗种投放。苗种投放时，应注意池塘的水温和天气状况。放苗时水温应以不低于18℃为好。放苗时应选择天气状况较好的时间，最好在早晨或傍晚。放苗时最好先将苗种倒进一个较大的容器中，加一些池塘的水，让苗种适应20min左右，然后再放入养殖池塘中。放苗时最好用工具把苗种运到养殖池塘中间，均匀、缓慢地放入池中，操作不可急躁，以防伤苗，若条件不允许可在池塘上风处放苗。

④ 苗种暂养。若购买的苗种较小，有条件的最好进行暂养。暂养的目的：一是提高成活率，二是加快幼蜇的生长速度。暂养的方法较多，例如在室内水泥池中进行暂养，达到规格后再移至养殖池塘；在养殖池塘中围网暂养，当苗种达到一定的规格后将围网撤掉，使苗种分散地进入池塘大水面中；利用室外小土池进行暂养，当苗种达到规格后，再移至养殖池塘中。

（4）日常管理　在海蜇养殖中，容易发生变化的因素是水温和盐度，饵料的丰欠是海蜇生长快慢的重要因素。

① 进、排水。在养殖池塘投放小苗之前，养殖池塘纳水量达60%左右即可。因为水质新鲜，无论是否进行肥水发塘，相对的饵料都比较丰富，足以满足小苗食用。放苗5～7天后，每天可进水10cm；放苗15～30天后，每天可进水20cm；放苗30天后，每天可进、排水深25～30cm。在海蜇的养殖过程中，除了海区水质突然发生变化（如出现赤潮或发生事故造成污染）外，一般到养殖后期的进、排水量要大于前期。

进、排水的具体时间，要根据生产的不同季节而定。春天进、排水时，要保持池塘的水温不下降反而上升；夏天进、排水时，要使池塘的水温不上升反而下降，这是进、排水时应掌握的原则。进、排水不仅可用来调节水温，而且还可以用来调节盐度和补充浮游生物的饵料量。

暴雨过后，要排掉上层的水，引进海水，使池水盐度降幅小一些。如果池塘内饵料的密度比海区小，则应加大进、排水量，否则，则相反。进、排水量要根据养殖池塘的具体条件灵活掌握。

② 投喂饵料。目前在养殖海蜇中，一般是不投饵的。主要是通过控制养殖密度和进、排水量的方法来调节养殖中所需要的饵料。了解养殖池塘中饵料含量的情况，常常通过观察池水的透明度和水色来判断养殖池塘中水质的肥瘦，一般要求透明度以20～40cm为好，水色以茶色为好。如果水质瘦，可以按比例添加各种无机盐、速效肥料以达到肥水的目的。

③ 堵塞池塘渗漏。在池塘养殖海蜇过程中，塘堤出现渗漏是经常发生的事。因此，在日常巡塘时，要特别注意。发现漏水的地方，要及时堵塞，以免海蜇随水流而流出池外，或被迫贴在漏水处而致死，或因为海蜇随水流流入夹缝中被挤死。

④ 防止海蜇搁浅。在巡塘时，要注意海蜇被搁浅而不能退回到深水中，或者因拦网没有拉紧而使海蜇聚在一起，要及时采取措施使海蜇回到深水中或者离开网袋。

2. 拦网和围网养殖

在总结池塘养殖海蜇技术中发现，大塘比小塘养殖的成活率高、生长的速度快，而且产品的质量也比较好。因此，在缺乏大塘的海区，或者养殖面积不足的海区，可采取港湾拦网养殖或者在近岸海区进行围网养殖。

（1）港湾拦网养殖　选择没有或者少有船只进出的港湾，在港湾的出口处，用网片拦截，将内湾和外港分开。被拦截港湾的面积应在35hm²以上，可用于养殖海蜇。港湾的浅水区，最低潮时水深在0.5m处也应进行拦网，否则海蜇会因搁浅而致死。

选择港湾的底质，应以泥质为好。石质的海底不适宜于海蜇养殖，因为港湾的周围岸边多为石质，岸边要进行拦网，以避免海蜇与岸边石质碰撞受伤而死亡。为了防止海蜇在岸边浅水区退潮时搁浅，在容易出现搁浅处也应拦网，使之在低潮时也能保持30cm以上的水深。拦网扦竿之间的距离以5m左右为好，如果间距太远拦网的上网不容易拉直，容易出现网袋。进、出口的拦网高度要高出最高潮水面1m，要注意拦网的下纲与海底之间的拦档要封好，以防海蜇从下纲处逃逸。

海湾拦网养殖比土池养殖有许多优势：进、排水通畅，水的交换量大；养殖区域内水质新鲜；饵料生物丰富。不足之处是风浪比土池内大，海蜇容易受伤。

拦网的网目大小，要根据投苗的规格大小而定。网目大小应在海蜇直径的1/2以下，一般为2cm左右为好。网目大容易损伤海蜇的腕部，同时鱼类等敌害生物也容易进入。

放苗时水温应在16℃以上，盐度为13～34，伞径3cm以上的稚蜇。若购回的苗种较小，要在拦网区内再围出一个小区域进行中间培育。

(2) 近海围网养殖

① 场址选择。场址应选择在平时潮流较为缓慢的近岸海域，而且在养殖季节里受风浪影响要小。围网区的海底要求平坦，底质为泥质或泥沙质，岩石或砾石底质不适于海蜇养殖。围网区内水深以7m左右为宜，大潮最低潮时最浅处水位也应在0.5m以上。围网的面积应以65hm²以上的为好，这样海蜇在网内活动的余地大，与围网碰撞的机会少。

② 围网设置。围网设置包括扦竿、围网、横向钢绳、斜拉纲和进出口等。在围网下网之后，其上纲的高度，应高出最高潮位1m左右，以防止在大风浪时，海浪超过围网的高度，小海蜇被海浪带出围网。

③ 中间培育大规格苗种。海区面积较大的围网养殖海蜇，需要大规格苗种。放养在围网的海蜇苗种伞径应为4cm左右。一般育苗场不具备那么多的培育水体来培育大规格的海蜇苗种，所以养殖户可在围网区内的浅水处用小网目的网片围出几百平方米的水面，以培育大规格的海蜇苗种。从伞径为1.5～2.0cm的小规格海蜇苗培育至伞径为3～4cm大规格海蜇苗的时间大约为7天。培育密度以250万～300万只/hm²为好。

④ 苗种放养。采购海蜇苗种要选择在无大风和大浪、小潮水期间进行，因为此阶段的潮流缓慢。把小苗运到中间培育的小拦网内，按当时潮水的流向选择在上流处，解开袋口，轻轻地贴近水面放出小苗。

当小规格的海蜇苗经过培育，从伞径1.5～2.0cm达到伞径为3～4cm的大规格海蜇苗时，再放到大围网中进行养成。放养时，在船上可将小围网的下纲提起，将下纲和上纲用绳子系在一起，海蜇就会自行地从小围网中游出来而进入大围网中。

围网养殖海蜇的放养密度，应与各地池塘养殖海蜇的放养密度相似，以每公顷4500只为基准，根据围网养殖的水环境条件、饵料生物的丰度等情况酌情进行调整。

⑤ 日常管理。要加强值班巡逻，防止围网破损造成损失。特别是发生台风、大潮时更要谨慎。要及时发现问题，及时解决；要注意在大风、大浪、大潮等海流的冲击下，若海蜇堆积在一起，挤压在网片上，应及时发现、及时处理，否则易引起海蜇的窒息而导致死亡；要防止行船或过往船只误入围网区内，破坏围网设施及养殖生产；要注意暴雨、洪水引起海水盐度的急剧变化，防止污水排入，引起养殖区海水的污染，注意赤潮的发生等情况；要加强渔政管理，防止逃、偷等事故的发生。

五、海蜇的增殖

1. 放流海区的条件

浮游生物丰度和低盐度水域是选择海蜇放流海区的主要条件，应选择曾经是海蜇丰产，而今资源已显著减少的沿岸河口或内湾进行海蜇放流实践。

2. 放流的时间

放流时间视海区水温而定，一般应是海区水温上升至15～18℃的时候。放流时间过早，因水温偏低、生长缓慢，初期死亡率高；放流时间太晚，生长期短、个体偏小，影响回捕产品质量。放流的合适时间，南方沿海（如浙江）为4～5月份，北方沿海（如辽宁）为5月下旬至6月初。

3. 放流苗种的规格

确定海蜇水母体的放流规格，主要应考虑两个因素。其一是用于放流的水母体，必须是度过自然死亡高峰阶段的幼体，使容易死亡的生长阶段在人工控制下度过，最大限度地增加放流幼体的有效数量，提高放流后的成活率。其二是用于放流的幼体并不是以大为好，而应在成活率比较稳定后立即放流。因为从人工环境过渡到自然环境，相对幼小阶段更易于适应，同时也可节省培养大规格个体所花费的人力和物力，以降低种苗成本。目前公认用伞径5～10mm的种苗放流比较合适。

4. 放流方式

（1）放流螅状体　如果放流海区为内湾且具备岩礁沙砾底质、水质清澈、水流平缓等条件，将螅状体与附着器一起置于海区越冬，或螅状体越冬后移于自然海区吊养。使其随着水温上升横裂生殖释放出碟状幼体于放流水域，以增殖海蜇资源。

（2）放流稚、幼海蜇苗　海蜇苗的出池和运输是两个重要技术环节。一般采取聚乙烯袋装充氧后高密度集中运输，经5h成活率达90%以上。

项目二　刺参的养殖

一、养殖现状与前景

据报道，全世界海参大约有1000多种，可供食用的大型海参种类约40种。我国已经发现的海参大约有140种，其中可食用的海参大约20种，10种具有较高的经济价值、而产于黄海、渤海的刺参从品质及数量上均属最佳。近几年来，市场价格不断上涨，经济价值较高。

刺参属温带种，主要分布于北太平洋浅海，包括日本、朝鲜、俄罗斯远东沿海和中国北部沿海。我国的刺参主要产于辽宁省大连，河北省北戴河、秦皇岛，山东省的长岛、烟台、威海及青岛沿海区域。

二、刺参的识别

1. 分类地位

刺参（*Stichopus japonicus*）在分类学上隶属于棘皮动物门、游走亚门、海参纲、楯手目、刺参科、仿刺参属。

2. 形态及结构

刺参体形呈圆筒形，两端稍细，体分背、腹两面。背部略隆起，具有4～6排不规则的圆锥状的肉刺，腹面较平坦（彩图4-2，彩图见插页）。整个腹面有密集的小突起，称其为"管足"，管足的末端有吸盘，管足大致可排成3个不规则的纵带。口位于前端腹面围口膜中央，周围有20个分枝状的触手，具有触手囊。刺参靠触手的"扫"、"扒"、"黏"将食物送入口中。肛门位于体后端偏背面。生殖孔位于体前端背部，距头部约2cm处，呈一凹陷孔。在生殖季节明显可见，除生殖季节外，此孔难以看清。

3. 刺参对环境的要求

刺参对水温、盐度、底质等环境因子的要求见表4-5。

表 4-5　刺参对环境的要求

环境条件	具体要求
水温	最适生长水温为 8～15℃,可适应的水温范围较广,可以耐受的水温－2～30℃。但长时间处于低温(0℃以下)和高温(28℃以上)时,对刺参会造成危害,易发生排脏和溃烂
盐度	适宜盐度为 28～33。不同生长时期对低盐度的耐受程度也有所差别,多数试验表明,浮游幼体为 20～30;0.4mm 稚参为 20～25;5mm 稚参为 10～15;成体为 15～20。在 20℃以下时,水温越高对低盐度的抵抗力就越强
底质	含泥量在 10% 以下,以沙砾为主,泥沙混合,沙粒较大,细沙和粉沙含量少;有机质含量较高,硫化物含量少,有礁石、大型海藻及大叶藻也是刺参生长必不可缺的条件

4. 刺参特殊生物学特性

(1) 排脏与再生　刺参在受到强烈刺激时可将其内脏(包括胃、肠、呼吸树、背血管丛、生殖腺等)排出体外,称为排脏现象。引起排脏的因素主要有水温的突升或突降、海水污浊等物理和化学刺激。另外,刺参离开海水时间过长时,其体壁会自动溶化,称为自溶。棘皮动物一般都具有较强的再生能力,刺参的再生能力也很强。

(2) 夏眠　水温达 20～25℃时,刺参停止摄食,排空消化道,陆续潜伏到礁石底下或岩石缝中等隐蔽场所开始夏眠。实验观察证明:刺参夏眠的主要致因是水温,而且,夏眠的开始水温因刺参的年龄不同有一定的差异,其趋势为刺参年龄越大夏眠开始的水温越低。秋季当水温降至 19～20℃后,刺参复苏,陆续从隐蔽的场所爬出来,开始活动与摄食,夏眠结束。

三、刺参的人工繁殖

人工繁殖的技术目标:在培育过程中,要求各阶段的浮游幼虫,体质健壮、游泳活泼、摄食正常;要求稚参及幼参伸展自然、摄食旺盛、排便不黏而散、生长速度较快,从小耳幼虫到 5mm 的稚参成活率达 10% 以上、从稚参到 2～5cm 的幼参成活率达 40% 以上。

1. 繁殖习性

刺参的性成熟年龄为 2 龄,而且往往与个体体重有很大关系。个体过小即使是 2 龄,性腺仍然不发育、不成熟;在控温人工养殖的条件下,即使不足 2 龄,体重 250g 以上的个体,性腺发育仍然很好。

刺参生物学最小型为体重 110g、体壁重 60g,刺参的成熟期卵巢每克含卵量约 20 万粒(隋锡材,1990)。

刺参的产卵期与各地的水温有密切的关系。大连地区产卵盛期为 7 月上旬至 8 月中旬,此间水温为 17～22℃。山东南部沿海,产卵期为 5 月底至 6 月底;山东北部沿海一般为 6 月中旬至 7 月中旬。同一地区的不同海区,由于水温回升快慢不同,产卵期也会有一些差别。

2. 育苗设施

(1) 育苗室和饵料室　新建育苗室首先应充分考虑水质、环境及交通运输等诸多方面的因素。其中水质是关键,也是基础。要求水质清新、无污染、无大量淡水流入。最好在小潮也能抽水。育苗室的建筑方向,最好不要正南正北,要偏东南或偏西南方向,要求通风条件好,保温性能好。

幼体培育和饵料生产池的比例一般以 2:1 或 3:1 为宜。

(2) 沉淀池　一般沉淀时间要求在 24h 以上,沉淀池最好加盖,除能挡风尘遮雨水之外,还可造成黑暗环境,促使浮游生物沉淀到池底。沉淀池的污物要及时清除,以免沉淀物腐败分解产生硫化氢、氨等有毒物质,败坏水质。一般要求,1 周左右清扫池 1 次,特殊情况如大风浪过后，应立即清扫。沉淀池总容量，可为日用水量的 2～3 倍，为使用方便，要将沉淀池隔成几个单元，以便轮流清理、沉淀。

（3）砂滤设备　沉淀池的水必须经过砂滤后方可进入育苗室和饵料室。目前使用的砂滤设备有无压砂滤池、压力砂滤器和重力式无阀砂滤器。

3. 亲参的采捕、运输及蓄养

（1）亲参的采捕　目前亲参的来源有 2 种途径：一是参圈中养殖的；二是自然海区生长的。亲参的采捕时间取决于刺参的育苗方式。刺参的育苗方式分为升温育苗和常温育苗，若是升温育苗，则需要提前采捕亲参进行人工升温培育，使其在自然繁殖季节前产卵。采捕亲参的时间取决于预计产卵的时间，一般需提前 2～3 个月采捕亲参。若是常温育苗，采捕亲参的时间取决于其性腺成熟的时间。第一批是虾池中人工养殖的亲参，当虾池（圈）中的水温达 20℃ 左右时，即可采捕；第二批是自然海区的亲参，当海水水温达 16～17℃ 时采捕。常温育苗所需的亲参，采捕时间不宜过早，最好是在采捕后 2～3 天内产卵为宜。采捕亲参应避免亲参排脏和皮肤受损伤，操作时应避免挤压、日晒、接触油污，并及时运回。

养殖的亲参，个体重应在 250g 以上；海区生长的亲参，个体重应在 300g 以上；人工促熟的亲参，个体也应该在 300g 以上。皮肤无损伤，未排脏的个体。性腺指数应达到 15％ 以上的个体，体壁指数（体壁重/体重）在 50％ 以上。

（2）亲参的运输　目前多采用聚乙烯塑料袋，袋中装海水 1/3，每袋装入亲参 10～15 头，然后充入氧气，扎口后放入泡沫保温箱中。如果气温超过 18℃，泡沫箱内需放入冰块降温。这种方法运输时间在 10～12h 之内，未见亲参有排脏现象。

（3）亲参的蓄养　亲参采捕后，一般需要几天的蓄养才能排精产卵。亲参入池前，把排脏的个体及皮肤破损的个体拣出。亲参的蓄养密度控制在 8～10 头/m² 为宜。如果密度过大，将导致性腺发育缓慢，甚至影响精卵的质量。一般在亲参蓄养时水温已在 20℃ 左右，可以不投饵，每日早、晚各换水一次，换水量为池水容积的 (1/3)～(1/2)，换水时应及时清除池底污物、粪便和排脏的个体。应随时观察亲参的活动情况，如有产卵迹象，应及时做好产卵的准备。

（4）亲参的人工升温促熟培育　亲参一般提前 2～3 个月采捕入池。入池 3 天后待其适应室内的水环境，每日升温 0.5～1.0℃。当水温升到 15℃ 左右，应采用恒温培育，直至采卵前 7～10 天。研究表明，当积温达到 800℃ 左右时，亲参的性腺能够成熟并自然排放。

促熟培育期间，培育密度为 8～10 头/m²。饵料可以用天然饵料也可以用人工配合饲料，日投饵量为刺参体重的 5％～10％，根据残饵的多少，调整投饵量。为使亲参昼夜摄食正常，白天应用黑布遮光，可避免亲参白天挤压在池的角落里不食不动。

4. 产卵、受精与孵化

（1）产卵　刺参为多次产卵，大多数在晚间排放精（卵）子，一般在 20:00～24:00，有时甚至凌晨 3:00～4:00 也出现排放精（卵）子现象。产卵、排精前，雌、雄亲参活动频繁，不断地将头部抬起，左右摇摆。几乎都是雄参先排精，排精持续 0.5h 后，雌参才开始产卵。排精时，生殖疣突出，精子由生殖孔排出，呈一缕乳白色的烟雾徐徐散开。产卵时，生殖疣突出，卵子从生殖孔产出后，呈一条橘红色绒绒状波浪似喷出，然后慢慢散开沉于池底。一般雌参产卵可持续 0.5h 以上，产卵量一般 100 万～200 万粒，多者多达 400 万～500 万粒，个别大的个体，产卵量可超过千万粒。

① 自然产卵。亲参采捕的时间适宜或人工促熟后性腺发育成熟后，可以采用自然产卵法。

② 人工刺激产卵。亲参性腺发育充分成熟是人工刺激产卵的先决条件。在亲参培养过程中，发现有雄性排精或部分亲参昂头摇尾时，即可采取人工刺激使其产卵。人工刺激产卵的方法一般有升温刺激法（升温的幅度一般在 1～2℃）、阴干刺激法（将亲参置于空的采卵池，阴干 30～60min，然后加满海水）、流水刺激法（将亲参置于空的采卵池，打开进水阀门、出水口，形成水流冲击亲参 20～30min，或用高压水冲击 10～15min）。

亲参刺激后 30～60min 即开始沿池壁向上移动，头部抬起并摇晃，约 2h 后雄参先排精，而后约 0.5h 雌参开始产卵。如果雌参产卵后，雄参仍大量排放精液，应把雄参拿出，放入另外池子蓄养，以防水体中精液过多。但是，在雌参尚未产卵时，特别是水体中精液不多时，不要急于将雄参拿出，因为精液对雌参产卵有诱导作用。但如果亲参发育不够成熟，有时刺激无效，仍需再继续暂养 2～3 天再行刺激。

（2）受精

① 自然受精。亲参产卵时通常是雌、雄在同一池内排放，而且是雄性先排精，卵子产出后，水体内已有足够的精子，卵子可以自然受精。同时，应微量充气或轻轻搅动水体，以使精子和卵子充分接触。

② 人工授精。如果雌参和雄参分别在不同的水体中排精产卵，则需进行人工授精。精子和卵子产出后在一个比较长的时间内，都可以正常受精，但是在人工育苗生产中，如果没有特殊情况还是应该及时进行人工授精。人工授精时加入的精液量不必大，一般以一个卵子周围有 3～5 个精子为宜。

（3）孵化

① 洗卵。产卵池内的精液往往造成池水非常混浊，过多的精液导致孵化时的水质败坏，所以应及时洗卵。操作方法是用 250 目的网箱将池水排出（1/2）～（3/4），然后再加满水；或者是一边排水一边加水，使池水水位大体保持稳定。

② 分池。亲参产卵后，应对受精卵计数。方法是先将池水上、下充分搅动，使卵分布均匀，然后多点取样，将样品混合后计数。重复 3～4 次，取其平均值。根据计数结果，如果受精卵密度超过孵化密度，就要分池。孵化密度一般以 4～6 个/mL 为宜。

分池方法有两种：一是虹吸法，用虹吸管将池水吸入周边的池子。各池中受精卵的数量以分入的水体计算；二是浓缩法，用虹吸管将池水吸入网箱（250 目）中，受精卵在网箱中浓缩后，移入其他池子进行孵化，移入受精卵的数量以原池中相应水体容量计算。

③ 孵化。常温育苗，受精卵以自然水温孵化；升温育苗，孵化水温在 17～20℃，同时使苗室气温高于水温。刺参的卵子是沉性卵。为了使受精卵在水体中均匀分布，充分利用水体空间，孵化过程中要充气与人工搅动。充气量要适宜，以发挥其搅动水体的作用。人工搅动，一般每 0.5h 搅动一次。

5. 浮游幼虫的培育

刺参浮游幼虫阶段是指从小耳状幼体开始直至变态到稚参阶段。这一阶段持续时间较长，幼虫变态次数多，是育苗的关键时期。

（1）选优　在静水条件下，一般健壮幼虫分布于水体的上表层，畸形及不健壮的幼虫则多沉于水体的底层。利用拖网或虹吸等方法可以清除孵化池内畸形幼虫、不健壮幼虫、死亡胚体及其他污物，而健壮幼虫得到继续培养，这个过程称之为选优。

（2）幼虫的培育密度　刺参人工育苗实践表明，初期耳状幼虫的密度应控制在 0.5～1 个/mL 以内，幼虫的培育密度应随其个体增大而逐渐减小。

（3）日常管理　幼虫培育的环境条件见表 4-6。一般每天换水 2 次，早晚各 1 次，每次换水量为池水的（1/3）～（1/2）。也可以采取流水培育的方法，即从培育池的一端注入海水同时从另一端排水，使整个培育池的水一直处于流动状态，只在投饵后停止流水 1h 左右。

表 4-6　幼虫培育的环境条件

温度	溶解氧	光照	盐度	pH 值	氨氮
18～22℃	>3.5mg/L	500～1500 lx	26.2～32.7	7.8～8.6	<0.5mg/L

换水时应避免幼虫的流失，应选用合适的筛绢做成网箱进行换水。网箱一般做成方形或圆形，网箱大小要适中，太大操作不方便，过小对幼虫易造成伤害。换水过程中，必须不断轻轻搅动网箱内的水，以减少网箱周围幼虫的密度。换水前、后的温差应控制在±0.5℃之间。

饵料是幼虫生长发育的物质基础，选择适宜的饵料品种、掌握合理的投喂量，对于幼虫的生长速度、成活率及变态率至关重要。初期耳状幼虫，当消化道已经形成并开始摄食时，应及时投喂适宜的饵料。

刺参幼虫培育期间的饵料种类主要有单胞藻类以及光合细菌、海洋红酵母、面包鲜酵母和大叶藻粉碎滤液等代用饵料。

在实际育苗生产中，单胞藻类一般以盐藻和角毛藻为主，配合一些其他种类，如三角褐指藻、小新月菱形藻、叉鞭金藻等。

投饵一般在换水后进行，投饵后立即轻轻搅池以使饵料在池内分布均匀。小耳幼虫每日投喂 2～3 次，日投饵量为每毫升 2 万细胞；中耳幼虫每日投饵 3～4 次，日投饵量每毫升2.5 万～3 万细胞；大耳幼虫每日投饵 4 次，日投饵量每毫升 4 万细胞。具体的投饵量应根据当天镜检幼虫胃含物的具体情况适当增减。

幼虫培育过程中应微量充气，每 3～5m² 设一个气石，充气量不能太大。

6. 刺参幼虫的变态及附着

(1) 变态　幼虫发育到大耳幼虫后期，水体腔出现五触手原基，体两侧出现 5 对球状体，开始变态。幼虫臂极度卷曲，身体急剧缩至原体长的 1/2 左右，逐渐变态为樽形幼虫。樽形幼虫 1～2 天后，先是 5 个指状触手从前庭伸出，之后在其相反方向的体后段的腹面生出第 1 个管足，至此幼体发育为稚参。

大耳幼虫的后期，同时具备四个完善的形态特征是顺利变态为樽行幼虫的条件。这四个特征是：体长 900μm 以上、五对球状体明显、胃部膨胀、触手原基呈小指状。体长不足900μm 的大耳状幼虫只要具备其他三个特征，也可以正常变态为樽形幼虫。

(2) 附着　樽形幼虫初期时浮游生活，到了后期，大部分将转入附着生活，应及时投放附着基。

生产上常用的附着基大致有透明聚乙烯薄膜、透明聚乙烯波纹板及聚乙烯网片等 3 种。附着基在投放前必须进行彻底的消毒处理。如果是新附着基，表面常带有油渍等污物，一般先用 0.5%～1% 的氢氧化钠溶液浸泡 1～2 天，再反复清洗干净后使用。

一般情况下，当出现 30%～50% 的樽形幼虫时，应投放附着基。稚参对附着基有一定的选择性，试验表明，附着基上有底栖硅藻等稚参饵料时，稚参附着数量明显增加。

控制适宜的稚参附着密度是提高稚参成活率的重要技术措施。大量试验表明，适宜的附着密度应控制在 1 头/cm² 以内。

7. 稚参的培育

稚参的培育是指从刚附着的稚参培育到体长 3～5mm 的稚参的过程。

刺参是杂食性的动物。泥沙中的单胞藻类（主要为底栖硅藻）、原生动物、浮游植物、小型桡足类、螺类及双壳贝类的幼体和幼贝、大型海藻、大叶藻碎片、虾蟹类蜕皮壳碎片及各种动植物尸体碎屑、细菌类等都是刺参的饵料。刺参所摄食的食物与其所生活的底质中所含的成分密切相关。

刺参的摄食是用其触手不断地伸缩与交替活动，即用触手的先端不断地"扫"、"扒"、

"黏"住饵料并送入口中。通常它们"扫"、"扒"底质表层的食物，即使是体长 2～3cm 的幼小刺参，也能扒取表层 3～4mm 深的饵料。刺参移动缓慢、活动范围小、摄食的范围很有限。

（1）换水　稚参完全附着后，可不经过网箱换水。一般每天换水 2 次，每次换水 (1/3)～(1/2)，也可采取常流水的方法进行培育。此种方法虽然费用较高，但培育效果好。

（2）投饵　如果附着基上预先繁殖底栖硅藻的可不用投喂，但要注意稚参的附着密度不要太大，以保证稚参有足够的饵料。如果没有预先在附着基上培养底栖硅藻，而是附着后投喂活性海泥、鼠尾藻粉碎液及其他配合饵料等，只要饵料充足，同样可达到较好的变态、附着效果。

稚参附着后，初期投喂含底栖硅藻的活性海泥，用 300 目筛绢网过滤后，日投喂量为 0.5～1.5L/m³，每日 2 次。体长 2mm 后，采用鼠尾藻磨碎液投喂，前期用 200 目过滤，中、后期用 40～80 目的筛绢过滤，每日投喂 2 次，日投喂量为 30～100g/m³。具体投喂量应根据稚参的摄食情况、水温高低、水质情况而适当增减。

（3）分苗　当稚参生长到一定阶段，原有的附着基已经不能满足稚参生长的需要，需要及时调整附苗密度。在实际生产过程中，要将附着基上的稚参全部刷下来，经收集计数后按要求均匀地撒入放有聚乙烯网片附着基的池子，使其在聚乙烯网片上重新附着。

8. 刺参苗种的中间育成

刺参苗种的中间育成又称"保苗"。体长 3～5mm 的稚参，还不能作为养殖用苗种，还需要在育苗室内继续培育，一般培育到规格为 200～2000 头/kg 左右，具体规格要根据客户的要求而定。因此保苗时间长短不一，有时甚至需要越冬。

（1）室内中间培育　培育池内悬挂 40 目聚乙烯网片作为附着基，网片规格一般为 (20～30)cm×(40～60)cm。使用时把网片串成吊，每吊 10～15 片，每片网片的间距为 10cm 左右，每吊的低端系有坠子，上端系有浮子。苗种的培育密度一般控制在 3000～10000 头/m² 左右。

以鼠尾藻或马尾藻磨碎液和配合饲料混合投喂。鼠尾藻或马尾藻磨碎液每日 50～100g/m³，配合饲料每日 10～20g/m³，每天投喂 2 次。稚、幼参生长阶段在投喂上述饵料的同时可以投喂部分活性海泥，具体投喂量应根据稚参摄食情况和残饵多少，适当调整。

在稚参培育过程中，要时刻保持培育池内水质清新，主要措施是换水加倒池。一般每日换水 1 次，每次换水 (1/3)～(1/2)，7～10 天倒池一次。由于稚参的个体越来越大，摄食量越来越多，代谢物增加，局部水质容易变差。因此，充气量需要适当加大，气石的数量最好达到 0.5 个/m²。

（2）海上中间培育　不投饵条件下的海上中间培育，其场所应设在有机物和浮泥较多的泥底内湾，所用设施主要为改进的中间培育笼。该笼一般为金属框架，外包网目为 1.4mm 的网衣，笼内铺设黑色的波纹板。

在海上中间培育期间要依水温及风浪情况调节水层，冬季时要把培育笼固定在水面 3～4m 以下或沉于海底，以免刺参因冻伤而造成死亡；春季到来之后要加强日常管理，及时清洗网笼，避免网眼堵塞，同时及时清除杂物。

放养密度、饵料投喂、投放水层和附着基的种类等均为决定中间培育效果的关键因素。实验证明，海上中间育成，刺参的成活率和放养密度成负相关，即投放密度越低、成活率越高、增重越快。

四、刺参的养成

养成技术目标：商品参鲜重达 150～200g/头以上；放养秋苗（体长 2～4cm 幼参），成活率达 20％左右；放养春苗（体长为 6cm 左右），成活率一般在 60％以上；商品参要求个体粗壮，体长与直径比例小，肉刺尖而高，基部圆厚，肉刺行数 4～6 行，行与行比较整齐，颜色以灰褐色者多，皮厚出成率高。

1. 池塘养殖

（1）养殖池的条件及建造　应选择附近海区无污染、远离河口等淡水水源，盐度常年保持在 28 以上（短期可降至 24～26）、风浪小的封闭内湾或中潮区以下的海区。以沙泥或岩礁池底为好，保水性能好。要求池塘进、排水方便，常年水位不低于 1.5m。池塘面积可因地制宜。

池塘应建于潮间带中、低潮区，面积一般以 1.5hm² 为宜。坝高以天文小潮期间高潮时能向池内进水为基准，池深 2～4m，坝顶有可挂网的插杆。进、排水闸应设在池塘的最低处。闸门处设筛网（60～80 目），阻挡刺参逃逸或被海水冲走，同时还可阻挡蟹类、鱼类等有害生物的进入。

（2）放苗前的准备工作

① 池塘的清整。旧池塘在参苗放养前要将池水放净、清淤，必要时回添新沙，并曝晒数日。

② 参礁的设置。根据刺参的生活习性，池塘要投放一定数量的附着基，也就是参礁。如果原先是岩礁底，也应投放一定数量的参礁，参礁可以选择石头、石板、瓦片、瓷管、空心砖、废旧扇贝养殖笼等。参礁的数量一般要根据养殖的刺参数量、水深、换水条件而定，一般为 20～100m³。参礁的堆放形状多样，堆形、垄形、网形均可。附着基要相互搭叠、多缝隙，以给刺参较多的附着和隐蔽的场所。

③ 池塘的消毒。放苗前 1～1.5 个月，对池塘进行消毒。池内适量进水，使整个池塘及参礁全部被淹没。常用漂白粉 75～200kg/hm² 或生石灰 1500～3000kg/hm²，兑浆后全池泼洒，并浸泡 1 周。对于有虾蛄、蟹类、海葵等敌害生物的池塘，可泼洒敌百虫 10.0mg/L 杀灭。

④ 培养基础饵料。投苗前 15 天左右，待清塘药物毒性消失后，将池水放干，注入 30～50cm 海水，进行施肥。可施有机肥，也可施无机肥。一般碾碎的干鸡粪每公顷 400～700kg，堆放于池塘四周水中，或者施用尿素、磷酸二氢铵、硝酸铵、碳酸氢铵等 50～75kg/hm²。如果水温低，底栖硅藻繁殖较慢，要加大施肥量和施肥次数，3～4 天后加水至 0.8～1m，再次施无机肥一次，一般 50～75kg/hm²。

有条件的地方，可向池内移植栽培鼠尾藻、马尾藻、石莼等大型藻类，即可作为刺参的饵料，并为刺参增加了栖息的场所。池水在放苗前逐渐加满。

（3）苗种放养

① 放苗时间。放苗分春、秋两季，不同地区水温不同，放苗时间也不相同，一般水温 7～10℃时投放参苗比较好。此时，刺参具有较强的活动能力和摄食能力，对环境的适应能力也很强，为越冬打下基础。并且这样的温度下敌害生物较少或活动较慢，对刺参的危害不大，有利于提高刺参的成活率。

② 苗种规格。苗种一般来自于人工苗和天然苗。所放的苗种不能过小，如苗种过小，其抗病害和对环境的适应能力较弱，成活率较低。一般苗种的规格应在 2～10cm 比较好。

③ 放养密度。苗种的密度由苗种大小、参礁的数量、换水的频度、饵料供应等因素决定。一般 2～5cm 小规格的参苗在 40 头/m² 以下；5～10cm 中等规格的参苗在 30～40 头/m² 以下；10～15cm 较大规格的参苗在 10～30 头/m² 以下为宜；20cm 以上的参苗，密度不该超过 10～20 头/m²。

④ 苗种投放方法。投放方法一般有网袋投放法和直接投放法两种。前者适用于小规格

的参苗，后者适用于中等以上规格的参苗。网袋尺寸为 $30cm \times 25cm$，每袋所装数量视参苗的大小而定，3cm 左右的参苗可装 500 头左右。袋内放一些小石头，将袋沉放于参礁比较集中的地方，让参苗自行爬出，直接附在附着基上。网袋上可绑绳和浮子，3～5 天后，将网袋取出，观察参苗逃逸和成活的情况。直接投放法是用手或水舀在离水面 10cm 左右将参苗直接投放在参礁集中的地方。

（4）养殖管理

① 水质管理。保持水质清新是加快刺参生长、提高养殖成活率的重要措施。养殖前期水可只进不出，2～3 天进水 10～15cm。当水位达到最高处时，每天换水 10％～40％。每2～3 天可在进水后肥水一次。进入夏眠后，应保持最高水位，每日换水量应遵循水质好、水温低、盐度稳定的原则。秋季以后加大换水量，每日换水量在 10％～60％。冬季可只进水不排水，保持最高水位即可，水色以浅黄色或浅褐色为好。

② 饵料投喂。除了池塘里的底栖硅藻及有机碎屑可作为刺参饵料外，还应适量投喂人工饵料。刺参在自然条件下 10～16℃时，即春、秋季节（3～6 月份、10～11 月份）生长最快，此时要加大饵料投喂量。春季一周投喂 1 次，秋季一周投喂 2 次。投饵量应为刺参体重的 5％～15％。6～10 月份刺参进入夏眠，加之此时水质相对比较肥，可停止投喂。12 月至翌年 2 月份，水温降低，刺参活力减弱，可不投喂。投饵一般应选择傍晚进行。

③ 其他管理。每日监测池塘内外水温、盐度各一次，每周监测 pH 值一次，有条件的单位可 1～2 周测定一次水中的氨氮及其他水质指标，并做记录。池内大型藻类、海草、残饵等腐烂后，能造成池底局部缺氧，加之刺参行动缓慢，夏季又有休眠习性，不能迅速逃离不良环境，往往会引起死亡，因此，要及时捞出池内杂物，保持池水清洁。不定期（7～15天）测量刺参的体长、体重，检查其生长情况；并剖开几头刺参，检查其食物含量，调整投饵量。越冬期间应及时清除冰面上的积雪和杂物，以保持池水一定的光照，同时要在冰面上适当的地方打几处冰眼，便于观察池塘水质状况。要经常派潜水员检查刺参的生长情况，观察刺参是否患病。如发现病参，可将其放入容器内，用 20～30mg/L 的青霉素、链霉素等药浴后，放在池塘内的网箱里养至痊愈后再投入池内。在夏季高温期，最好每 20 天施生石灰450～600kg/hm^2。使用时将生石灰碾碎溶解后全池泼洒，能杀灭细菌和一些敌害生物，改良水质，减少疾病的发生。

（5）收获 经过 1～2 年的养殖，刺参鲜重达 150～200g/头以上即可收获。收获的方法比较简单，可将池内水位降低，组织人员进到池内采捕。先从水浅处开始，依次向水深处采捕。采捕结束后，立即向池中进水，保证余下刺参的成活。

2. 围网养殖

近几年，山东青岛开发了围网养殖刺参的新技术，实践证明，这种养殖方式与其他养殖方式相比，具有回捕率高、投资少、管理方便、经济效益显著等优点。围网养殖就是用网片围拢一定范围的海域，投入参苗进行养殖。

（1）养殖水域的选择 选择避风条件较好、无污染和没有淡水注入的内湾。水流稳缓，水质清新。海域水深要求 3～6m，底质是岩礁或泥沙质，最好是刺参自然生长的海区。

（2）围网结构 围网分内、外两层，材料是聚乙烯网片。外围网是主网片，承受水流阻力和冲击力；内围网设在外围网内壁下部，高 2m 左右，长度与外围网相同，其作用是防止刺参外逃。用机织无结节网片，网目为 0.6～0.8cm。

网片纵向使用，外围网在水中呈直立状，上缘到水表面，下缘在海底用沙袋压住。

① 网缩结扎。围网有三根水平方向的纲索，起固定网形和加固网片的作用，长度等于网片缩结后的长度，用网线分段扎在网片上。浮子纲用一根 120 股绳穿入网片上沿的网目中，外加一根 180 股绳，并扎在网片上。中纲在网高的中部，用一根 210 股绳沿水平方向穿

入网目，扎在网片上。下纲用一根 120 股绳穿入围网下沿的网目中，扎在网片上。

② 浮力配置。浮子宜小，等距离拴在浮纲上，保持网上沿平展不下垂，避免刺参外逃和敌害生物进入。

③ 围网的底部固定。围网的底部用装沙的长条编织袋压牢，必须保证不脱离海底。在岩礁质的海底处，为防止礁石磨破网衣，预先用装沙的编织袋把海底铺平，再将网下沿压住。

（3）养殖区的海底改造　刺参主要生活在海底，靠楯手扒食海底的有机物、腐殖质、沉积物和藻类，并需要栖息和掩蔽场所。底质的优劣关系到刺参的成活率以及生长速度。因此，刺参围网养殖区必须进行人工改造。

对于岩礁底质，应将原有的活动石块调整均匀，活动石块少的，应适当投石补充或采用定向爆破增加活动石块。对于泥沙底质，要在池内人工投石，如果石块来源方便，可在海底均匀铺设一层，厚度不低于 20cm。如石源不便，则可在海底铺成条状或堆状，也可投入瓦片等附着基。

人工造底的作用是拦截海底的沉积物，繁殖底栖硅藻类，为刺参提供良好的栖息场所。网内的生活环境好，刺参的逃逸机会就少，人工造底、造礁是刺参围网养殖的关键。

（4）苗种放养　根据刺参围网养殖的特点，要求投放体长 8cm 以上的参苗，有利于提高成活率和防逃效果。投苗时间一般在 4 月份。可将苗放在网袋内，在袋中装入小石块，打开袋口，将袋沉入海底，让参苗自行爬出网袋。

（5）养殖管理　刺参围网养殖日常管理主要是看护、检查和维修围网。要做到经常检查围网，使之保持良好的状态，发现断纲、移位、离底、浮纲局部下垂、网片破裂等现象，要及时修整。经常清除围网上的附着物，在整个养殖期内，一般更换 1~2 次围网网片。对于借海岸设围网的养殖区，大风浪后要巡视岸边，将冲上岸的刺参送回养殖区。在检查中发现养殖区内有敌害生物，要及时设法清除，特别是要用捕蟹笼及时捕捉蟹类。

项目三　黄鳝的养殖

黄鳝（*Monopterus albus*）俗称鳝鱼、罗鳝、田鳗、无鳞公主等（彩图 4-3，彩图见插页）。在我国，除青藏高原外，广泛分布于各地的淡水水域，多见于长江流域和珠江流域。在朝鲜的南部、日本、泰国、马来西亚、印度尼西亚、菲律宾等地区也有分布。

黄鳝适应环境能力强、耐低氧、便于运输、养殖方法简便、经济效益高。人工养殖黄鳝具有较大的发展潜力。

一、黄鳝的识别

1. 形态特征

黄鳝体形呈线形、蛇形或鳗形，前端管状，尾部侧扁，尾端尖细。黄鳝体表无鳞，没有胸鳍和腹鳍，背鳍和臀鳍退化成皮褶状且与尾鳍皮褶相连接。身体背部色深，呈黄褐色、青褐色或绿褐色，并有不规则的暗色条纹或小斑点；腹部色浅，呈浅黄色或橙黄色，有单色小斑点。生活于不同水域的黄鳝体表色泽差别较大。黄鳝口较大，鳃明显退化，鳃孔较小，左右鳃孔在头的腹面连接为"V"字形的鳃裂。黄鳝体长一般为 30~50cm，最大体长达80cm，体重 1.5kg 以上。

2. 生活习性

黄鳝为底栖鱼类，在各种淡水水域中几乎都能生存，尤喜在稻田、沟渠、池塘等静止水体的埂边钻洞穴居，喜栖于腐殖质多的水底淤泥中。黄鳝正常生长的适宜 pH 值为 6.0~

7.5，最适为 6.5～7.5。黄鳝耐低氧能力强，当水中溶氧在 3mg/L 以上活动正常，低于 2mg/L 时有异常的表现，致死点为 0.17mg/L。黄鳝是变温动物，体温随外界温度的变化而变化，生长的适宜温度为 15～30℃，最适宜的温度为 22～28℃，当水温降到 10℃ 以下时，开始穴居冬眠。冬眠期间不吃不动，靠体内积累的营养维持生命。黄鳝体滑善逃，特别是缺乏食物、水质恶化或雷雨天时最易逃逸，在养殖生产过程中要谨防逃跑。

3. 摄食习性

黄鳝食性为以动物性饵料为主的杂食性。在野生条件下，幼鳝主要摄食水蚯蚓、枝角类、桡足类等大型浮游生物，也摄食水生昆虫的幼虫，有时兼食有机碎屑、丝状藻类和浮游藻类。成鳝摄食小型动物和昆虫，如小型鱼类、虾类、蝌蚪、幼蛙、小型的螺和蚌，在夜间有时到岸上捕食蚯蚓、蚱蜢、金龟子、蟋蟀、飞蛾等，蚯蚓是黄鳝的最好饵料。在人工饲养期间，可投喂河蚌肉、螺蚬、肉蚕、猪肉、畜禽下脚料、鱼肉浆等。黄鳝对食物新鲜程度的辨别能力非常强，即使是它最喜欢吃的蚯蚓若腐败变臭，一般也不吃。黄鳝摄食方式为噬食，食物不经咀嚼就咽下，食物大时，咬住食物后用旋转身体的方式来咬断食物，捕食后即缩回洞内。黄鳝吃食贪婪，若食物鲜活适口，一次吃食量能占体重的 10% 以上。黄鳝耐饥饿能力强，刚孵出的幼鳝，放在水缸里用自来水饲养，不喂食，2 个月也不会饿死；成鳝在湿润的土壤里，一年不吃东西也不会因饥饿而死亡。但在饥饿时，黄鳝有相互残杀的习性。

4. 繁殖习性

黄鳝为性逆转动物，即一生中出现两个性别，前半生为雌性、后半生为雄性，其中间转变阶段叫雌雄间体，这种由雌性转为雄性的现象叫作性逆转现象。据统计发现，不同体长的个体雌、雄性别比例不同（表 4-7）。

表 4-7　黄鳝不同规格的性别比例

体长/cm	性别比例/%		体长/cm	性别比例/%	
	雌性	雄性		雌性	雄性
25 以下	100	0	36～38	50	50
25～30	90～95	5～10	39～42	10	90
31～35	60	40	43～53	0	100

黄鳝 2 龄开始性成熟，每年繁殖 1 次，且产卵期较长。在长江流域通常水温稳定在 20～22℃ 以上，即每年 5～9 月份是黄鳝的繁殖季节。6～7 月份是繁殖盛期，具体繁殖时间随气温的高低而提前或推迟。繁殖季节到来之前，亲鳝先打洞，称为繁殖洞。繁殖洞一般在埂边，洞口通常开于埂的隐蔽处，洞口下缘 2/3 浸于水中。繁殖洞分前洞和后洞，卵产于前洞，后洞较细长。产卵前雌、雄亲鳝吐泡沫筑巢，然后将卵产于巢上。雄亲鳝有护卵的习性。全长 20cm 的雌鳝怀卵量为 200～400 粒；全长 40cm 的雌鳝怀卵量为 400～800 粒。在自然水域中，黄鳝的雌、雄比例接近 1∶1。黄鳝受精卵孵化时间的长短与水温密切相关，当水温在 30℃ 左右时，从卵子受精至仔鳝孵出需 5～7 天；25℃ 左右时，需 9～10 天。刚孵出的仔鳝全长 12～20mm，仔鳝孵出 10 天左右，卵黄囊消失前、后，亲鳝停止护幼，生殖活动结束。

二、黄鳝的池塘养殖

1. 养殖池的准备

黄鳝养殖池一般选在地势稍高、向阳背风、冬暖夏凉的地方，要求水源充足、水质清洁无污染、进排水方便、交通便利，常年有微流水更好。鳝池形状可因地制宜，有方形、圆形、椭圆形等，目前采用得较多的是长方形鳝池。鳝池的大小可根据养殖规模而定，小池

$2\sim3m^2$，大池 $20\sim100m^2$ 以上。家庭养殖一般以 $4\sim5m^2$ 为宜，池深 $0.7\sim1.0m$。池子的结构为水泥池或土池均可。

无论是水泥池还是土池，都要设有进、排水口，并呈对角排列。进水口要高于水面，排水口设在池底，管口安装有塑料网或铁丝网。

2. 鳝苗的选择

（1）鳝苗种类的选择　黄鳝的人工养殖，首先要有优良的苗种。从目前各地养殖的鳝苗来源看，黄鳝至少有 $3\sim5$ 个地方类群。从体色差异而言，可供养殖的鳝苗一般有 3 类，它们的特性见表 4-8。通过比较可以看出：深黄大斑鳝养殖效果最好，是我国目前黄鳝人工养殖的首选苗种；其次是浅黄细斑鳝；青灰色鳝养殖效果不如深黄大斑鳝和浅黄细斑鳝理想。

表 4-8　鳝苗种类及特性

种类	体形、体色	斑纹	生长速度	适应能力	增重倍数
深黄大斑鳝	身体细长而圆、深黄色	褐黑色大斑纹	快	强	$5\sim6$
浅黄细斑鳝	较为标准、浅黄色	褐黑色、较为细密	较快	较强	$2\sim3$
青灰色鳝	较标准、青灰色或灰色	褐黑色、细密	较慢	较弱	$1\sim2$

（2）苗种的选择方法　首先用肉眼观察。剔除身体有外伤，腹部有明显红斑，头部、尾部发白，肛门红肿充血，手抓无力挣扎，口腔有血的鳝苗；其次将鳝苗倒入装有水的容器内，加水至容器体积的 $4/5$，体质差的鳝苗会不断上浮或将头伸出水面，头不下沉，鳃部膨大发红。剔除这些劣质鳝苗。

选购的鳝苗规格必须一致，一般以 $20\sim50g$/尾为宜；选购的鳝苗要求体质健壮、无病无伤、生命力较强，而且最好是来源于同一产地，并一次性购足。放养时同一来源的鳝苗应放入同一池塘进行人工养殖，以提高放养成活率。

3. 鳝苗放养

（1）放养时间　放养鳝苗最好是在每年的 3 月底、4 月初，水温在 $15℃$ 左右时进行。此时黄鳝尚未进入摄食期，活动力弱，容易操作。同时，早放苗可使黄鳝有较长的适应期，延长摄食时间和生长期，增加养殖产量。

（2）放养密度　放养鳝苗的规格一般为 $20\sim50g$/尾，一般每平方米放养 $50\sim70$ 条，饲养条件好的可放到 $80\sim100$ 条。放养时要尽量选择体长相近的鳝苗同池饲养，以免因摄食能力不同而导致生长差异，以致为争食而相互残杀。

4. 饲养管理

（1）科学投饵　人工养殖黄鳝时，因放养密度大，天然动物性饵料数量不能满足其生长需要，需要人工进行投饵，但首要要进行驯化。鳝苗入池后的第 3 天，可选用鳝鱼喜食的蚯蚓、淡水虾、蚌肉或鱼等鲜活饵料，定时、定点诱食驯化鳝苗。正常情况下，投喂鲜饵 1 周后，黄鳝对鲜饵的日摄取量达到体重的 5%，这时可使用全价配合饲料与鲜料混合投喂，进行转食驯化。为提高鳝鱼的驯化效果，要遵循"循序渐进、持之以恒"的原则，一旦选好鲜饵和全价配合饲料后，不要随意变更饲料的种类。因为黄鳝靠嗅觉摄食，一旦习惯一种味道后，如有改变，会出现减少食量或绝食等现象。

黄鳝驯食成功后，进入正常饲养管理阶段。每天可投喂 2 次，根据黄鳝喜夜间外出觅食的特点，以下午投喂为主。下午投食量占全天投食量的 80%，早上投喂量占 20%。日投饵量一般前期为黄鳝总重量的 $3\%\sim5\%$，中期为 $6\%\sim7\%$，后期降为 $3\%\sim4\%$，以第 2 天清晨基本没有剩余为原则。投饵要做到"定时、定量、定质和定位"，并根据养殖季节、天气、水质、鳝鱼摄食等情况适时增减投饵量。当水温低于 $15℃$ 或高于 $30℃$ 时应停止投喂。

（2）日常管理　养殖期间要保证养殖池适宜的水深和水质清新。水深以 $15\sim18cm$ 较合适，高温季节应加深水位。一般每 3～4 天换水或注水 1 次，夏季暑热最好每天换 1 次水，换水时注意温差并及时清除残饵。

黄鳝饲养一段时间后，生长不均、大小悬殊，容易产生"大吃小"现象。一般每隔半个月左右，将池塘内鳝鱼挑选 1 次，按个体大小分池饲养。

养殖期间要经常检查进、排水口上的塑料网或铁丝网是否完好，发现漏洞，及时修补，防止鳝鱼逃跑。下雨时要及时排水，保持鳝池中适宜的水位，既能防逃，又有利于黄鳝呼吸。

养殖期间还要采取相应的预防措施，以防止畜禽、老鼠、蛇等敌害的侵袭。

（3）越冬管理　黄鳝越冬有干池越冬和深水越冬 2 种方式。干池越冬是在水温降到 10℃时，把池水放干，上面覆盖麻袋、草包等，要求鳝池有很厚的底泥。深水越冬是在水温降到 6℃左右时，升高水位到 0.6～1m 深，使黄鳝在深水底泥中越冬。

5. 黄鳝的捕捞和运输

（1）黄鳝的捕捞　人工养殖黄鳝的起捕时间一般在 10 月下旬到 11 月上旬，水温为 10～15℃时进行。此时，黄鳝已基本停止摄食和生长，活动少，捕捉时不易受伤，也便于运输。一般在晚上捕捉，先用手抄网抄捕，最后把水放干再用手捕，必要时可将底泥一块清除。捕到的黄鳝要立即用清水冲洗干净，再暂养在水缸或水族箱中，每日换水 1～2 次，待黄鳝将肠道内食物排泄干净后即可起运。

（2）黄鳝的运输　黄鳝常用的运输方法有以下 3 种。

① 干运法。黄鳝具有辅助呼吸器官，能直接呼吸空气中的氧气，因此可以用鱼篓、篓筐等容器进行干运。干运时，先检查容器的光洁度，然后在容器内放一层水草或其他细软物，再装黄鳝。为了防止黄鳝外逃和便于呼吸，可用塑料纱窗布把容器口封盖。运输途中，每间隔 2～3h 淋水或上、下翻动黄鳝 1 次，以保持黄鳝体表湿润，降低内部温度，防止相互缠绕，引起发烧病。在炎热的夏季，可在容器上方放少许冰块，让缓慢融化的冰水滴入容器内，降低黄鳝体温，提高成活率。

② 水运法。将黄鳝装入木桶、水缸、帆布桶中，按 1∶1 的比例注入新水，盖上带有孔的盖或用网封闭。为了防止黄鳝缠绕成团，每个容器内可装入 1～1.5kg 的泥鳅，让其上下窜动，增加水中溶氧。运输途中要定时换水，换水时温差不要超过 2℃。

③ 尼龙袋充氧法。每个尼龙袋所装黄鳝数量，根据运输距离和袋的大小来确定。一般每袋中装 10～15kg 的黄鳝，并加水淹过鳝体，充氧后密封装箱运输。在运输途中，袋内可加入少量泥鳅和适量青霉素。此法一般适用于空运或长距离的运输。

项目四　黄颡鱼的养殖

黄颡鱼（*Pelteobagrus fulvidraco*）俗称黄沙、黄腊丁、嘎牙子、黄鳍鱼、黄刺骨（彩图 1-20，彩图见插页）。属于鲇形目、鲿科、黄颡鱼属，是一种小型淡水经济鱼类。主要分布于我国长江水系和珠江水系，我国北方地区也有养殖。

一、黄颡鱼的识别

1. 形态特征

黄颡鱼个体一般在 150～300g 左右。体长，腹面平。体后段稍侧扁，尾柄粗短，头大扁平，吻圆钝，口裂大、亚下位，呈弧形。上颌稍长于下颌，上、下颌均具绒毛状细齿，有触须 4 对。鳃孔较大，鳃膜不与颊部相连。头部两侧的眼小。身体裸露无鳞，有短脂鳍，背鳍不分支，鳍条为硬刺，后缘有锯齿；胸鳍略呈扇形，有发达的硬刺，且前、后缘均有锯齿，硬刺末端近腹鳍，尾鳍叉型。侧线平直。背部黑褐色至青黄色不等，体侧黄色，并有 3 块断续的黑色条纹，腹部淡黄色，各鳍灰黑色，尾鳍上有黑色条斑。不同个体体色随栖息环境而有所差异。

2. 生活习性

黄颡鱼多喜欢在静水或江河缓流的浅滩营底栖生活。白天栖息于水底层，夜间则游到水上层觅食。该鱼属温水性鱼类，生存温度 0～38℃，最佳生长温度 25～28℃，适应的 pH 值范围 6.0～9.0，最适 pH 值 7.0～8.4。耐低氧能力一般，水中溶氧在 3mg/L 以上时生长正常，低于 2mg/L 时出现浮头，低于 1mg/L 时会窒息死亡。

3. 食性与生长

黄颡鱼是以肉食性为主的杂食性鱼类。觅食活动一般在夜间进行，食物包括小鱼、虾、各种陆生和水生昆虫、小型软体动物和其他水生无脊椎动物。其食性随环境和季节变化而有所差异，在春、夏季节常吞食其他鱼的鱼卵、底栖动物等；寒冷季节，在其食物中小鱼较多，而底栖动物渐渐减少。规格不同的黄颡鱼食性也有所不同，体长 2～4cm 的个体，主要摄食桡足类和枝角类；体长 5～8cm 的个体，主要摄食浮游动物以及水生昆虫；体长 8～10cm 的个体，摄食软体动物和小型鱼类等；体长 10cm 以上的个体，除摄食天然饵料生物外，一般必须投喂人工配制的软性配合饲料。投喂的配合饲料蛋白质的含量必须达到 35%～40%。

在自然水域中，黄颡鱼生长速度较慢，一般 1 龄鱼可长到体长 56mm，体重 5.7g；2 龄鱼可长到体长 98.3mm，体重 20.6g；3 龄鱼可长到 135.5mm，体重 36.1g；4 龄鱼可长到 160.1mm，体重 58.2g；5 龄鱼可长到 177.8mm，体重 81.5g。黄颡鱼雄鱼个体一般比雌鱼大，1～2 龄鱼生长较快，以后生长缓慢，5 龄鱼仅为 250mm。

4. 繁殖习性

黄颡鱼 2～3 龄达性成熟。性成熟的雄鱼肛门后面有一个长约 0.5～0.8cm 的生殖突，而雌鱼则无。在南方 4～5 月份产卵，在北方 6 月份才开始产卵，是产卵较晚的鱼类之一。产卵水温在 20～30℃，产卵于夜间进行，一般当天气由晴转为阴雨，即可产卵。在生殖时期，黄颡鱼具有筑巢产卵保护后代的习性。产卵时，亲鱼选择具有水草的砂泥质的浅滩，水深 8～10cm，利用胸鳍刺在泥底上断断续续地摇动建造鱼巢。鱼巢有几个在一起的，也有几十个成群的，相隔不远形成巢群。每个鱼巢直径约为 15cm、深为 10cm，产卵受精于鱼巢内。雄鱼在洞口保护鱼卵孵化，当其他鱼接近洞口时，雄鱼猛扑向入侵者，驱逐入侵之鱼；并经常用巨大的胸鳍拨动，使洞中水流通畅，利用水流辅助卵的孵化。雄鱼守护到仔鱼能自行游动为止（一般 7～8 天），此期间雄鱼几乎不摄食。雌鱼产完卵后离巢觅食。黄颡鱼怀卵量一般为 1500～5500 粒/尾，卵径约为 2.5mm，沉性卵。受精卵为黄色、黏性，沉于巢底或黏附在巢壁的水草须根等物体上发育。

二、黄颡鱼的池塘养殖

1. 养殖池塘的准备

养殖池塘应选择水源充足、水质清新良好无污染、水质偏碱性、pH 值 7～8.5、溶氧为 4～5mg/L、池堤坚实不漏水、池底平坦少淤泥、无砖瓦石砾、无丛生水草、水域天然饵料（如浮游动物、水蚯蚓、小鱼虾、水生及陆生昆虫等）含量丰富的地方。池塘面积 0.2～1.0hm²、池塘水深 1.5～2m 为宜。鱼池形状一般呈长方形，东西向，进、出水口要设有防逃网。

在鱼种放养前，应进行池塘清整和消毒。一般在成鱼起捕后，应对养殖黄颡鱼的池塘进行清整，即排干池水，清理池底过多污泥和修整池堤，进行池塘暴晒消毒，清除塘边杂草。在鱼种下池前 10～15 天，每公顷用生石灰 1000～1500kg 或漂白粉 60～100kg 进行消毒。消毒后第 2 天加水到 0.8～1.0m 深，第 3～4 天每公顷施入发酵腐熟的畜禽粪 5000～6000kg，以繁殖天然饵料生物。经确认池水毒性完全消失后放入鱼种。

2. 鱼种的放养

黄颡鱼人工养殖期间，放养的鱼种一般是人工繁育的鱼种，或者是从天然水域捕捞的野生鱼种。在每年的 3～4 月份选择无病无伤、色泽鲜艳、体质健壮、规格整齐一致的个体进行放养。主养黄颡鱼的池塘，一般每公顷放养规格为 10～20g 的鱼种 30000～60000 尾；放养规格 18g/尾的鱼种，最适为 45000 尾/hm²。在鱼种下池 5～7 天后，为充分利用池塘的饵料和水体空间，可以套养一些与黄颡鱼在生态和食性上没有冲突的鱼类，如每公顷搭配规格为 100g 左右团头鲂 1500～2000 尾，或每公顷搭配规格为 50g 的鳙鱼 750～1200 尾、鲢鱼 3000 尾。若进行黄颡鱼套养，应根据池塘主养鱼类和混养其他鱼类及饵料情况而定。一般每公顷套养体长 5cm 左右的黄颡鱼鱼种 3000～9000 尾。

鱼种放养前用 3%～4% 食盐水浸洗消毒，以杀灭鱼体表的细菌和寄生虫。放养时，应注意调节装运容器水温与池塘水温一致，二者的温差不能超过 3℃。在放养、捕捞、计数、运输鱼种的过程中，操作要轻，使用的工具要光滑，避免碰伤鱼体。

3. 饲养管理

(1) 科学投喂　黄颡鱼是以动物性饵料为主的杂食性鱼类，在人工养殖时可投喂小鱼、小虾、螺蚌肉、畜禽加工下脚料、鱼粉等动物性饲料，也可少量投喂豆饼、花生饼、玉米、麦皮、豆渣等植物性饲料。若天然饵料不足，经过养殖驯化可投喂人工配合饲料。人工配合饲料可用 30%～40% 的鲜小杂鱼、虾等动物性饲料绞碎成浆后，再与 60%～70% 用豆饼 5份、小麦 3 份、玉米 2 份调和的植物性粉状饲料拌和，最后添加 1% 维生素和无机盐配制而成。一般制成团状或条状，有利于鱼类摄食和不造成浪费。

鱼种入池第 2 天，开始进行 1 周的驯化。如投放的鱼种已经过驯化，入池第 2 天则可正常投喂。采用人工与机械投饵两种形式，在投饵时要遵循"四定"原则。根据黄颡鱼集群摄食的习性，在池塘中设置固定的食台，一般每公顷鱼塘设食台 15～30 个。每天上午 7:00～8:00、下午 5:00～6:00 各投喂 1 次，投饵量为鱼体重的 3%～8%。因为黄颡鱼有晚间摄食的生活习性，下午投喂量占全天投喂量的 2/3。饲料要新鲜适口，不投喂腐败变质的饲料，可适当投喂水蚤、丝蚯蚓、蝇蛆等鲜活饵料。在鱼类生长旺盛时期，也可投喂一些新嫩的水草和陆草，以供搭配的草食性鱼类摄食。

(2) 日常管理　在养殖过程中每天巡塘 3～4 次，认真观察鱼的活动、摄食与生长情况，发现问题及时处理。保持水质"肥、活、嫩、爽"，透明度在 30～40cm 左右。经常加注新水，4～6 月份每隔 10～15 天注水 1 次，每次注入 15～30cm；7～9 月份每 5～10 天注水 1次，每次注入 10～15cm。适当开设增氧机，以保持水质清新，溶氧充足。

黄颡鱼生长期间适宜的 pH 值范围在 6.8～8.5。为了防止由于长期投饵，池水 pH 值呈弱酸性，在生长季节（4～9 月份）一般每半个月左右使用生石灰 1 次，每公顷每次用量为 200～350kg，以改良水质呈弱碱性，防止鱼体发病。在套养黄颡鱼的池塘，用药物防治鱼病时，要严格控制用量，由于黄颡鱼是无鳞鱼，药物较容易直接从皮肤浸入体内，若用量过大会影响黄颡鱼的正常生长或引起中毒而死亡。

4. 黄颡鱼的捕捞和运输

(1) 黄颡鱼的捕捞　一般在当年 12 月至翌年 1 月，养殖的黄颡鱼达到商品规格，可进行干塘起捕上市。起捕时可直接将池塘水排干后徒手捕捞，也可以采用机械方法进行起捕。

捕捞黄颡鱼的常用机械有黄颡鱼诱捕机，其捕捞原理是在水体中发出人工电脉冲信号，配合灯光，通过水的导体作用将人工电脉冲信号传递到鱼的神经系统，使黄颡鱼在具有特定频率的神经核的牵引控制下实现冲出水面而被捕捞。

（2）黄颡鱼的运输　黄颡鱼成鱼运输多采用活鱼车运输，也可以用鱼篓或帆布桶等不易破损的容器充氧运输，或以干法运输。装鱼的密度为 1L 水装 1kg 黄颡鱼，可运输 3～4h。不管采用什么运输工具，要求水质清新、无污染，操作过程要轻柔、快捷，尽量减少鱼体损伤。

项目五　美国青蛙的养殖

美国青蛙学名沼泽绿牛蛙，俗称河蛙、水蛙、美国牛蛙（彩图 4-4，彩图见插页）。在分类上隶属于两栖纲、无尾目、蛙科、蛙属。原产于北美洲的美国和加拿大。我国广东省于1987 年从国外引进，随后很快被推广到全国各地，并取得了很好的养殖效果。

一、美国青蛙的识别

1. 外部形态

美国青蛙成体体长 10～14cm，体重约 0.45kg。体扁平，皮肤光滑少疣，背部常为黄褐色，具有深浅不一的圆形或椭圆形斑纹，不同于牛蛙的虎斑状横纹。鼓膜明显但不发达；头小且扁、绿色，形似青蛙。口宽大，角质齿，口的前上方有一对小形鼻孔，其上有瓣膜。眼小而突出，具眼睑和瓣膜；前肢较短小、具四指，后肢发达粗大，五趾间有发达的全蹼。体背由两眼后端至背中部有一黄褐色的纵肤沟。成年雄蛙体型较小，咽喉部有一黄斑，前肢第一指内侧有灰色突起的婚姻垫，鼓膜后面左右各有一鸣囊；成年雌蛙体型较大，肛门处有一长约 0.2cm 的灰白色突出物。

2. 生活习性

美国青蛙为水、陆两栖动物，在自然条件下喜欢生活在植物繁茂、温暖潮湿、安静的水域，如江河、湖泊、沼泽地、池塘、水沟等。性情温和，平时不常鸣叫，只发生"嗷嗷"声，喜游泳，不善跳跃，故养殖美国青蛙只需在池周围设 1.0～1.2m 高纱网即可防逃。美国青蛙耐寒能力强，适温范围广，在 0～35℃ 均能生长，生长适宜温度为 18～32℃，最适生长温度为 22～30℃。10℃ 以上摄食正常；当气温降至 5℃ 以下时，便停食不动直至完全冬眠；当气温达到 32℃ 时，也不食不动。美国青蛙平时伏在水生植物旁边静卧休息，或在水边、陆地和草丛中静伏捕捉食物，一旦遇到惊扰便迅速潜入水中逃逸。美国青蛙喜群居，常常数十只集群活动。美国青蛙还具有归巢性，当环境条件适宜、食物充足时一般不再迁居，但在繁殖季节因繁殖后代需要常集群迁居到条件优良的水域，然后便返回原栖息地。美国青蛙生存的水域水质要求 pH 值为 6～8，溶氧量不能低于 3mg/L，含盐量不能高于 0.2%。

3. 食性与生长

刚出膜的美国青蛙蝌蚪以卵黄为营养，孵化 10 日龄至变态前，蝌蚪为杂食性，即摄食水中浮游生物、有机碎屑、人工投喂的动植物性饵料；幼蛙及成蛙的食性则以肉食性为主，并喜食蝇蛆、小鱼虾、蚯蚓等鲜活饵料。美国青蛙对活动的物体特别敏感，即便是谷粒、草叶等也会吞进口中，而对活着不动或死的饵料即使放在面前，也会"视而不见"。但若是经过人工驯食的美国青蛙也可摄食死饵，如干鱼虾、猪肺、配合饲料等。人工投喂时喜欢在浅水处或饵料台上捕食，在饵料不足情况下，会出现大蛙吃小蛙的现象。

此外，美国青蛙的摄食量受气候条件的影响，如气温适宜、摄食活动强，其摄食量多，摄食不分昼夜；气温过高，则摄食量少，白天多隐居草丛阴凉地方，到傍晚天气稍凉时才开始摄食。当气温很低时，活动量和摄食量减少，直到停止摄食进入冬眠。

4. 繁殖习性

美国青蛙为雌雄异体，经一年的饲养，个体体重可达 300g 以上即性成熟。繁殖季节一般为每年的 5～9 月份，具体产卵期因各地区条件不同而异，在长江以南地区，一般是 5 月中旬至 9 月初；在长江以北地区，一般在 6 月份到 9 月中、下旬。当外界环境温度为 20～28℃时，傍晚或半夜便发情抱对，其抱对时间为几小时或几天不等。发情抱对的雄蛙具暗红色的婚姻垫，咽下部皮肤变为金黄色，摄食甚少，不断鸣叫并有追逐行为；雌蛙腹部膨大，停食不动，不断向雄蛙靠近，并发出"咔咔"声。交配完后雄蛙离开雌蛙并在周围护卵直到孵出蝌蚪，雌蛙则潜入水中进行休息，恢复体力。美国青蛙产卵多在早晨 5:00～6:00，特别是雨后天晴，天刚放亮时是其产卵高峰期。美国青蛙产卵时环境要求安静，雌、雄比例最好为 1:1。其产卵量与个体大小相关，个体大产卵多。一只雌蛙一般一次可产卵 2000～5000 粒，多的可达 20000 粒左右。卵呈黏性，附着在水草或水浮莲的根须上进行胚胎发育。2～3 天后受精卵便可孵出蝌蚪。

5. 蝌蚪的发育和变态

刚孵化出的蝌蚪长 5mm 左右，附着在水草的根须或池壁上，不能摄取食物，以卵黄囊作为营养。3～4 天后开始主动摄食饵料，饵料主要是水中的浮游植物和有机碎屑；第 6 天出现尾，尾的边缘有发达的游泳膜，头的两侧具 3 对羽状外鳃；到第 12 天外鳃消失，在外鳃的前方产生 3 对作为呼吸器官的鳃裂。随着蝌蚪的生长，鳃裂前面产生皮褶，皮褶逐渐向后延长，最后遮盖住鳃裂。此时蝌蚪由外鳃呼吸转为内鳃呼吸，可以浮到水面呼吸空气。大约 30 天左右，蝌蚪逐渐长出后肢；60 天左右逐渐长出前肢。此时，蝌蚪尾部开始吸收而缩小，这段时期蝌蚪不吃食，靠吸收尾部来提供营养，持续时间 1 周左右。同时其口裂加深，鼓膜出现，舌也发育完善，内鳃则逐渐退化而以肺来代替其完成呼吸。蝌蚪在变态时期不能长时间潜入水中，而要时常露出水面或登上陆地呼吸空气。经过 70～90 天变态为幼蛙。

二、美国青蛙的人工养殖

1. 养殖场地的选择

美国青蛙为水、陆两栖动物，饲养美国青蛙的场地要求水源充足，一般水源为山泉水、地下水、江河、湖泊、无毒无污染的工业废水等均可饲养；水质清新、无污染、排灌方便；光照条件好、避风向阳；交通方便而环境安静和天然饵料丰富的地方建养殖场较好。

2. 养殖池的建造

根据美国青蛙繁殖习性和不同生长发育阶段的要求及养殖方式不同，养殖池分为产卵池、孵化池、蝌蚪池、幼蛙池和成蛙池，各种养殖池的建造要求见表 4-9。

表 4-9 美国青蛙养殖池的建设要求

蛙池类型	面积/m²	池深/m	水深/m	水、陆面积比例
产卵池	10～50	0.2～0.5	0.1～0.3	1:2
孵化池	2～4	0.6～0.8	0.3～0.4	
蝌蚪池	5～20	0.8～1.0	0.3～0.6	2:1
幼蛙池	50	1.0～1.2	0.5～0.8	(1～2):1
成蛙池	50～100	1.5～2.5	0.5～1.2	1:1

美国青蛙的产卵池、孵化池尽量选在环境安静、有水草、较阴凉的地方建土池或水泥池。孵化池以水泥结构为宜，水中适当放些水草，以便蛙卵附着；池底要有高有低，水位要

有深有浅，以便其产卵受精和采收蛙卵；进、排水口设置于池两边相对处，用过滤纱布挡好以防敌害进入或漏掉蝌蚪，孵化池上盖纱网和搭遮阴棚。

蝌蚪池以水泥池较好，但应在池底铺上 6cm 厚的泥沙土；蝌蚪池可建 2～4 个，便于分批容纳约 20～30 天的蝌蚪，池壁要有斜坡，便于蝌蚪吸附其上休息和蝌蚪变态幼蛙后登陆。如果没有斜坡，刚变态的幼蛙无法登陆呼吸，会造成其大批死亡。距离池底 10cm 处应设饵料台，上方搭遮阴棚。

幼蛙与成蛙池建设结构采用土池、砖池、稻田均可，关键在于要有防逃。根据幼蛙数量分设数个池塘，以便大、小蛙分养，避免个体大的吃个体小的。蛙池一般建成长方形，以长 5～20m、宽 2～3m 为宜。排灌方便，进、出水口最好设在池的对角，进水口应高于水面，出水口与池底齐平，并用纱网严密遮挡。陆地上应搭遮阴棚，并种些花草等植物以便幼蛙休息和防敌害。池周围应设 1.0～1.2m 高的围墙，以防幼蛙逃跑。

3. 蝌蚪的饲养管理

（1）蝌蚪的放养　刚孵化出的美国青蛙蝌蚪，在孵化池内饲养 10～20 天、体长达 3cm 后，转入蝌蚪池中饲养。因出膜后的小蝌蚪十分娇嫩，其口、鳃尚未健全，仍靠卵黄的营养维持生命，让其继续留在孵化池中有利于提高其成活率。在转池之前，蝌蚪池要严格清整和消毒，清除对蝌蚪有害的蚂蟥、泥鳅、黄鳝、鼠类及有害病原菌。常用的消毒方法是每 10m² 用生石灰 2kg 加水溶化后全池泼洒；第 2 天每 10m² 施腐熟的人粪尿 2.5kg，培育大量的天然饵料，满足蝌蚪下塘时的摄食需要。经过 3～5 天后，用少量鱼虾试水，确定毒性消失后，方可将蝌蚪下池。

蝌蚪的放养密度一般为 300～1500 尾/m²。若一次性放足直至养成商品蛙，要稀放，一般密度为 40～50 尾/m²。生产中具体的放养密度应根据水源条件、饵料供给情况、蝌蚪规格及生产目的而定，不同日龄蝌蚪的放养密度见表 4-10。

表 4-10　不同日龄蝌蚪的放养密度

日龄/d	放养密度/(尾/m²)
10	1000～1500
20	500～1000
30	300～500
50	100～300

（2）蝌蚪的饲喂　不同阶段的蝌蚪食性不同，饲喂管理方法也不同。刚出膜的蝌蚪不摄食，靠卵黄供给全身营养；蝌蚪出膜 3 天后，消化系统发育完善，开始转为外源性营养阶段，从外界摄取食物，此时可人工投喂煮熟的鸡蛋黄，每万尾蝌蚪喂 1 个鸡蛋黄，3～5 天投喂 1 次。将熟鸡蛋调成浆水全池泼洒，或投入水底食盆内，让蝌蚪自由取食；当蝌蚪长到 10 日龄时，逐渐增加豆浆、猪血或鳝鱼血的投喂，每天 1～2 次；当蝌蚪半月龄时，其摄食、生长进入旺期，人工投喂植物性饵料，如豆浆、豆饼、麸皮、次面粉等，并搭配 20% 的动物性饵料，如鱼粉、蚕蛹粉、虾粉和猪血等；当蝌蚪长到 30 日龄后，其后肢开始长出，此时应以投喂蛋白质含量高的动物性饵料为主。动物性饵料占 60%，并辅以植物性饵料。每次投喂量占体重的 10%，每天投喂 2～3 次；当蝌蚪前肢长出后，靠吸收尾部营养生活，不需投喂食物。

（3）日常管理

① 控制水质。蝌蚪饲养阶段应加强水质管理，水质的好坏直接影响蝌蚪的生长发育。要经常保持池水"清、新、活、爽"。溶氧量不能低于 3.5mg/L，pH 值为 6～7.5，透明度 30cm 以上，及时捞除池内的残余饵料。如果发现水质恶化，则要及时换水，但温差不宜超

过 2℃。也可用石灰水改良水质，或用活性沸石、高锰酸钾、过硫酸铵等增加水中溶氧量，达到控制水质的目的。

② 调节水温。蝌蚪的生长温度为 10～32℃，最适生长温度为 22～28℃。蝌蚪耐低温不耐高温，在 5～10℃时活动正常，超过 35℃时，不食不动，甚至造成死亡。因此，在炎热的夏季，应在养殖池上方要搭棚遮阴，或不断采取注入井水、加深池水、种植水草等降温措施，使池水温度控制在一个较为适宜的范围内。

③ 控制变态。美国青蛙蝌蚪从长出后肢芽到前肢伸出并吸收完尾部，这段时期称为变态期。不同的水温、营养条件、水质及饲养密度等因素会影响蝌蚪的变态。一般上半年孵出的蝌蚪变态期短，而在 8 月份以后孵出的蝌蚪，由于水温下降、天然饵料减少、摄食量低，变态期延长，且变态后的幼蛙个体小、体内贮存的脂肪少且生长期短，这种幼蛙在越冬时，抵抗力低易于死亡。蝌蚪的耐寒能力比幼蛙强，蝌蚪推迟到第 2 年变态的幼蛙个体大、体质好、成活率高、生长速度快。因此，在生产上对下半年孵出的蝌蚪应尽量推迟变态，控制蝌蚪推迟变态的措施有控制投饵、减少投喂量，并在蝌蚪饵料中适当增加植物性饵料的比例，相应减少动物性饵料的用量，同时采取措施降低水温、增加蝌蚪放养密度、注入抑制生长的激素。

4. 幼蛙及成蛙的饲养管理

幼蛙是指蝌蚪变态后继续发育、生长到体重 100g 以内的蛙；成蛙是指达到性腺发育成熟的青壮蛙，其个体体重一般为 250～300g。因为幼蛙与成蛙的形态结构相似，生活习性和食性也基本相同，所以其养殖方法大致相同。

（1）放养密度　幼蛙放养之前，要对养殖池进行消毒、脱碱处理，然后根据个体大小分级饲养，防止大吃小的现象发生。幼蛙的放养密度可根据规格大小和饲养条件确定，刚变态的幼蛙的放养密度一般为 300～400 只/m²；体重达到 15g 时，100～150 只/m²；体重 30g 时，50～100 只/m²；体重达到 60g 以上时，30～50 只/m²。

（2）人工饲养　刚变态的幼蛙个体体重约为 5～7g，个体小，各器官尚未发育完全，捕食能力低，适应能力差，因此投喂的饵料要营养全面、蛋白质含量高，一般多以活性饵料，如小蝇蛆、黄粉虫、白蚂蚁等为主。但经过人工驯化后，也可以投喂人工配合饵料。驯化方法是：开始在食台上以活饵为主，然后慢慢地增加死饵或配合饵料的投喂量，减少活饵的投喂量，做到以活带死或用震动机等工具带动静饵，使配合饵料"活化"会动，有利于美国青蛙捕食。经过 15～30 天的驯化，直到完全以配合饵料或死饵为主，停止驯化，进行正常的投喂。

动物性饵料的日投喂量为蛙重的 10%～15%，配合饵料的日投喂量为蛙重的 5%～7%。每天早、晚各投喂 1 次，如有未吃完的隔夜饵料，应及时清除干净，防止残饵腐烂，污染水质。若投喂小杂鱼、个体较大的蚯蚓等饵料，应先洗净并用清水浸泡 15min，使其排空粪便，洗去体表黏液，然后切成 0.5～1.0cm 的小块进行投喂。若饵料太大，幼蛙吞吃不下，会引起幼蛙厌食、拒食，影响驯食效果和生长发育。为增加活饵的来源，可在食台上方安装一盏 8W 的黑光灯，灯旁边设一块玻璃挡虫板，让蝇、蛾、蚊、虫等撞板后掉入食台供幼蛙捕食。

（3）日常管理

① 严格分级饲养。放养时不能将不同规格的幼蛙放养在同一池内，防止大蛙吃小蛙现象的发生。在饲养过程中，同池幼蛙在相同的环境条件下，其生长速度不同，为避免大小相残，每月调整分级 1 次。在分级时要少量多批进行，以免幼蛙互相挤压造成损伤引发疾病。幼蛙分级饲养，既有利于幼蛙的生长，又便于正常的饲养管理。

② 科学投饵。根据美国青蛙的摄食习性，合理选择饵料种类，进行科学喂养，以提高

饵料利用率、降低饲养成本。在投饵时要坚持"四定"原则，即"定质、定量、定时、定位"。要保证投放的饵料新鲜，不投喂腐败、发霉变质的饵料，防止蛙发生食物中毒。同时，投喂饵料要多样化，以便美国青蛙能够获得多种营养物质，使其健康生长。根据美国青蛙的摄食情况、季节天气、水温水质等因素，严格按量投喂。成蛙食量大，在其生长迅速时期气温又适宜，则每天上午 8:00 和下午 5:00 各喂 1 次，一般以下午为主，占总量的 70%；在春、秋季节凉爽时，每 2～3 天投喂 1 次。投饵要投在固定的食台上，使美国青蛙养成定点摄食习惯，既便于清理残饵又可集中驯化死饵。

③ 控制水质和水温。幼蛙生长的最适水温为 20～28℃，温度不能过高或过低。长时期在高温下生活，幼蛙会逐渐停食，易发生病害，甚至死亡。所以在夏季高温季节，应及时加注新水或搭遮阴棚或在蛙池的周围栽种花草或蔬菜等植物，防暑降温；水温 5℃ 以下时，蛙便进入冬眠状态。可利用温泉水、工厂余热水或进行加温，保持恒温，促进美国青蛙的生长或安全越冬。

幼蛙、成蛙的食量大，在养殖生产中由于大量的投饵，而且饲养密度大，残料和粪便沉积多，极易败坏水质。所以每天要及时清除残饵，定期进行药物消毒。每隔 2～5 天换水 1 次，每次换水 5～10cm，或每半个月用 5～10mg/L 的生石灰溶液全池泼洒，杀灭水中的病毒、病菌和寄生虫。

5. 注意防逃与防敌害

成蛙逃跑能力强，每天要检查防逃设施，特别注意雨天或雨后晚上，防止成蛙打洞爬墙逃走。美国青蛙常见的敌害有大型鱼类、蛇类、杂蛙类、鼠类、鸟类等，可采取多种方法进行捕杀或设网、围墙保护，具体方法可因地制宜。

6. 美国青蛙的越冬管理

美国青蛙具有冬眠习性，当外界气温低于 5℃ 时，便开始入穴或钻入泥土中冬眠。在我国长江以南地区，气温低于 5℃ 的时期较短，长江以北地区则较长。因此，要使美国青蛙能安全越冬，越冬池水深应保持在 70～100cm 以上，池底要有一定的淤泥，池上覆盖芦苇、稻草等覆盖物，既可保温又可防止某些敌害的进入。注意经常保持水质清新。在北方水面结冰时要经常打开冰层，保证池水能有充足的溶氧，并观察水质变化情况。在气温降低之前的 1 个月左右，要加强喂养，多投喂些动物性蛋白饵料，使其体内积蓄足够的能量，以便安全度过寒冬。

7. 美国青蛙捕捞与运输

(1) 蝌蚪的捕捞　捕捞蝌蚪时，操作要小心。捕捞的工具一般有鱼苗网和塑料纱网制成的小抄网。大面积捕捞蝌蚪时，可用鱼苗网一次拉净。

(2) 蝌蚪的运输　运输蝌蚪时常用的工具有木桶、铁桶（箱）、塑料壶、塑料袋等。使用桶装运时，水不宜过满，装水量一般为桶容积的 2/3，最好在水中放些水草，以防水溢出；使用塑料壶时，先装清水至壶容积的 1/3 处，将蝌蚪装入后，再将水加至 2/3 处；如用塑料袋装运，先装清水，后放蝌蚪，再充氧，装水量不能超过塑料袋的 1/2，充氧结束后将袋口扎紧，然后装进纸箱或木箱中运输。此包装适用于短距离运输。不管是采用哪种运输工具和运输方法，在蝌蚪运输之前，选择大小为 20～50 天的中型个体，并停止投饵，吊养 1～2 天，使其排尽粪便再装运。装运密度要根据蝌蚪个体的大小而定。运输时水温最好控制在 15～25℃，蝌蚪养殖池与容器中水温温差不能超过 2～3℃。

(3) 幼蛙和成蛙的捕捞　对于水面较大、水较深的养殖池，可采用大网围捕，操作方法与捕鱼相似；对于小面积养殖池，可先排干水，徒手或用小抄网捕捉。也可在晚上用手电筒直射美国青蛙眼睛，徒手或用小抄网捕捉；或在夜间打开诱虫灯，对摄食昆虫的美国青蛙进行围捕。用美国青蛙喜欢吃的蚯蚓、泥鳅、小杂鱼等作诱饵放置于水底的小抄网上，待蛙捕食时，将网迅速提起捕捉。

（4）幼蛙和成蛙运输　因幼蛙和成蛙是水、陆两栖动物，只要保持适当的湿度，便可安全运输。因此，用木、铁或塑料制成的桶、帆布袋、木箱、铁箱以及内衬塑料薄膜的纸箱等均可装运，容器只要光滑、保湿、透气、防逃则可。选择在 $10\sim28℃$ 的凉爽天气运输，夏季高温季节，尽量选择阴天或晴天的晚上进行。在运输前 $2\sim3$ 天，停止投饲，然后对美国青蛙及运输工具进行消毒处理，装运的密度要适宜。按包装容器面积计算，体重 10g 左右幼蛙，装 $1000\sim1200$ 只/m^2；体重 $20\sim30g$ 的幼蛙，$500\sim800$ 只/m^2；250g 体重的成蛙，$100\sim200$ 只/m^2；体重 400g 的种蛙 $50\sim100$ 只/m^2。在运输途中经常淋水保湿、透气，提高运输的成活率。

项目六　鳖的养殖

鳖属爬行纲、龟鳖目、鳖科、鳖属，俗称甲鱼、圆鱼、团鱼、水鱼或脚鱼。我国除西藏、青海、宁夏、甘肃等省区未发现野生鳖外，其他各省均有广泛分布。我国养殖的鳖有两个种：中华鳖（彩图 4-5，彩图见插页）和山瑞鳖。其中以中华鳖分布最广，尤以长江中、下游地区资源更为丰富；山瑞鳖主要分布于华南，以广东省最多。

一、鳖的识别

1. 形态特征

鳖体扁平呈近圆形或椭圆形，有背腹甲，背腹甲间由软骨和韧带相连接。背甲黄褐色至暗绿色，中央稍纵向隆起，有纵横排列的小疣粒，周缘是柔软发达的结缔组织称裙边。腹甲黄白色并有淡绿色斑。头呈三角形，前端扁、后端圆，吻较尖突，口较宽，上下颌无齿，有角质齿板。鼻孔在吻突前端，1 对，便于伸出水面呼吸和觅食。眼小，位于头两侧，视觉较发达。颈细长，伸缩自如。四肢粗短扁平，后肢较前肢发达，五指（趾）间有蹼，内侧三指（趾）具有钩状利爪。尾部较短，扁锥型，同龄个体雌鳖短、雄鳖长。头颈、四肢、尾在受惊时均可缩入甲壳内。

2. 生活习性

鳖是两栖爬行动物，用肺呼吸，喜生活在底质为沙性泥土，水质清净的江河、湖泊、沟港、池塘及水库中；平时生活于安静的环境中，喜夜晚上岸活动、觅食；多喜欢在阳光充足的环境中生活，但在刮风或下雨的天气几乎不上岸，在无风的晴天几乎每天都上岸晒背，晒背是鳖很重要的自我保护功能，通过日晒，杀死体外寄生虫。

鳖属冷血变温动物，其摄食强度和活动能力随外界温度的变化而变化。当水温上升到 15℃ 以上时，鳖开始觅食；$25\sim30℃$ 时，鳖的摄食活动最旺盛，生长最快；当气温超过 33℃ 时或在 20℃ 以下时，鳖的摄食和活动能力大大下降；15℃ 时停止摄食；$10\sim12℃$ 潜入河底泥沙中进行冬眠。

3. 食性和生长

鳖属偏动物性的杂食性动物。稚鳖、幼鳖主食水生昆虫、昆虫幼虫、小鱼虾、蝌蚪、蚯蚓等。成鳖摄食螺蚌类、泥鳅、小鱼虾、蛙、蚯蚓、动物内脏等，在食物缺乏时，也摄取一些瓜果、蔬菜叶等植物性饵料。鳖性凶贪食，在食物不足的情况下，会以强凌弱、以大欺小；但鳖耐饥饿性较强，3 个月不喂食也不会饿死。

鳖在自然条件下生长缓慢，在人工养殖条件下，鳖的生长速度与饵料、温度、环境、管理等因素有关。经过 14～16 个月的养殖，体重可达 500g 左右的商品规格。

4. 繁殖习性

鳖 4～5 龄达性成熟，每年 4 月上旬至 5 月下旬，当水温达 20℃以上时，雌、雄种鳖开始发情、交配。交配活动一般发生在傍晚，在池边浅水处进行，5min 左右交配结束。交配后两周开始产卵，可多次产卵，产卵时间为每年的 5～8 月份，华中、华南地区一般在 4～9 月份，6～7 月份为产卵高峰期。每年产卵 3～5 批，每一批间隔时间为 10～30 天。产卵通常在夜间进行，尤其在雨后的傍晚，集中于沙面潮湿的地方进行产卵。鳖的繁殖力较强，但往往受自然环境中蛇、鼠、猛禽伤害，以及病菌侵袭和气候变化等因素影响，鳖卵的孵化率很低，幼鳖的成活率也很低，往往不超过 50%。若进行人工繁殖、科学管理，孵化率和成活率较高，可达 80% 左右。

二、鳖的人工养殖

1. 养鳖场的建造

(1) 养鳖场场址的选择　养鳖场应选择在水源丰富、水质良好无污染、排灌方便、洪涝不溢、环境安静、阳光充足、饵料来源广的地方。

(2) 鳖池的建造规格　养鳖池内壁应光滑平整，池底面应向出水口倾斜，便于排水。养鳖池的上部要搭建高出池顶 1.0～1.5m 的遮阴棚，以便遮雨和防日晒。在池的两端建宽约 30cm 的休息台，养鳖池的防逃墙要垂直高出其生活场地 30cm 以上。在养鳖池的进、排水口要装好网状防逃筒。

有条件的地方最好建造不同规格的养鳖池，以便于分别养殖稚鳖、幼鳖和成鳖，各种鳖池的建造规格见表 4-11。

表 4-11　各种鳖池建造规格

鳖池类型	面积/m²	池深/m	水深/m	沙厚/cm	墙高/m	休息台/cm
稚鳖池	2～10	0.5～0.8	0.3～0.4	0.05～0.1	0.3～0.4	30
幼鳖池	20～100	0.6～0.8	0.4～0.6	0.08～0.1	0.5～0.8	30
成鳖池	300～500	1.5～2.0	0.8～1.5	0.15～0.3	0.5～0.8	30

2. 鳖的饲养管理

(1) 鳖的饵料投喂　常用的动物性食物有鱼虾、蚌螺、蚯蚓、水蚤、蝌蚪、蝇蛆、蚕蛹、畜禽加工下脚料等，植物性食物包括瓜、果、蔬菜、谷物类等。稚鳖的食物要求"细、嫩、软、精"，营养丰富、易消化吸收。通常有水蚤、蚯蚓、蝌蚪、蝇蛆、鲜鱼肉、螺肉、蛙肉及熟蛋，不能投喂含脂肪较多的蚕蛹、禽畜大肠等食物，否则会引起消化不良；幼鳖活动量大、食欲强，可投喂动物内脏、蚕蛹、鱼虾、蚌螺、蚯蚓、蝇蛆等动物性食物，也可加喂瓜类等植物性食物；成鳖和亲鳖除了投喂以上动物性食物外，还应该投喂一些豆类、瓜皮、浮萍、南瓜、红薯等植物性食物，也可以在池中放养一些螺蛳供鳖取食，但不宜过多。大部分食物需要加工后才能投喂，大块的食物要切成小块投喂；鱼、虾、蛙等活的饵料要杀死后投喂；有壳的要把壳轧碎，然后投入池中；瓜果豆类食物，投喂时要切成片或煮熟；不新鲜的动物内脏及鱼粉应煮熟、晒干后投喂；豆粉、玉米粉、麦麸等可以直接撒入池内水面上。鳖的饵料一般应投放在饵料台上，也可以将食物投放于池边与水交接处的水下，防止食物被太阳照射和蚊蝇叮咬而发生变质。

(2) 稚鳖的饲养管理　刚出壳的稚鳖，应放在水盆内暂养 1～2 天，待卵黄吸收干净、脐带脱落后再放入稚鳖池饲养。稚鳖可于室外土池、水泥池或室内水泥池养殖，也可于网箱或水族箱中养殖。

① 稚鳖的放养密度。刚出壳的鳖，体重 2～6g，一般每平方米放养 50～100 只。一个月后，当个体达到 10g 左右时，每平方米放养 20～30 只。如饲养条件较差，应适当降低放养密度。

② 投饵管理。当稚鳖转移到稚鳖池养殖后，应投喂优质新鲜、营养全面、适口性好的人工配合饲料，要少量多餐。在稚鳖刚摄食时以投喂水蚤、蚯蚓、蝇蛆及捣碎的鱼、螺蛳、虾、蚌肉和动物下脚料等食物为主，一个月后，逐步增加一些植物性食物。投饵应做到"四定"，使稚鳖养成定时、定点摄食的习惯。早春和秋后温度低，摄食量少，可每天上午 8:00～9:00 投喂 1 次；温度 22℃ 以上时每天投喂 2 次，上、下午各 1 次。日投喂量可视鳖体大小、季节、气温高低或摄食情况而定，一般为鳖体总重量的 5%～15%。如果投喂人工配合饲料，日投喂量为鳖体总重量的 2%～3%。

③ 日常管理。稚鳖对水质、水温的变化很敏感。由于稚鳖池小而水浅，饲养密度又大，水质容易变坏，所以要求每周换水 1 次，保持水色为黄绿色或褐色，透明度在 40cm 左右。每次加水量为水体总量的 1/3 左右，温差小于 3℃。为了调节稚鳖池水质，每月每平方米水面施 15～25g 生石灰或每隔 10 天用 8～10mL/L 的光合细菌全池泼洒。

稚鳖池水位一般为 30cm 左右，养殖期间要做好防暑降温和防寒保温工作。如池内水温 32℃ 以上时，除适当加深池内水位外，可在池中种植一些水浮莲、水葫芦等水生植物，也可在池周围种树搭棚遮阴。当气温降至 14～15℃ 时，须将稚鳖移入室内越冬池越冬。越冬密度以 150～250 只/m² 为宜。在越冬期间，室温以 2～10℃ 为宜。若温度太高，稚鳖不冬眠，体内营养消耗多，会导致其死亡。在饲养管理中，如发现病鳖或伤鳖，应及时分开，同时立即更换池水进行消毒处理，以防互相感染。

（3）幼鳖、成鳖的饲养管理　越冬后的稚鳖即进入幼鳖期，幼鳖再经过一年的饲养进入成鳖期。幼鳖适应环境的能力比稚鳖强，其生活习性与成鳖基本相似。幼鳖与成鳖的养殖方法基本相同。

① 放养密度。幼鳖和成鳖必须按个体大小严格分池饲养，其放养密度见表 4-12。

表 4-12　幼鳖的放养密度

年龄	规格	放养量/(只/m²)
2 龄幼鳖	10g/只以下	10～15
	10～50g/只	6～10
3 龄幼鳖	50～200g/只	3～5
4～5 龄幼鳖	400g/只以上	1～3

② 投饵管理。鳖的投饵要坚持"四定"原则。根据水温和摄食能力确定每天投喂的次数，早春、晚秋水温 16～25℃，一般每天上午 10:00 投喂 1 次；夏季水温 26～32℃，每天上午 9:00～10:00、下午 5:00～6:00 各投喂 1 次。每天投喂量占鳖体总重的 5%～10%；盛夏生长旺季，每天投喂量占鳖体总重的 10%～15%。如果投喂的是干饲料，每天投喂量占鳖体总重的 3%～5%。具体投饵量一般以每次投喂后 2h 吃完为度。饵料应以动物性饵料为主，适当搭配植物性饵料。不同季节鳖的营养需要不同，所投饵料的主要营养成分也不一样。春、秋季节以投喂蛋白质、脂肪含量多的饵料为好，有利于补充因为越冬消耗的体能和生长需要；夏季水温高，鳖的生长速度快，以投喂含蛋白质多的饵料为主，满足鳖生长所需的营养需求；冬季以投脂肪高的饵料为主，有利于鳖安全越冬。投喂饵料要新鲜适口，不要投喂腐败变质的饵料。

③ 日常管理。在鳖的养殖过程中，要注意调节水质、控制水深，池水一般呈淡绿色、褐绿色，透明度以 25～40cm 为宜。为防止水质恶化，可每 10 天换水 1 次，或每月每亩施生石灰 30kg。春、秋季节，池中水位保持 50～80cm，夏冬季节为 100～120cm。另外，夏

季要做好鳖池的遮阴防暑，冬季要加厚池底沙土层和适当加深水位。有条件的可将幼鳖移入室内养殖池越冬。

养殖期间，鳖的敌害主要有蛇、蛙、蟹、蚂蟥、老鼠、蚂蚁、鸟类、黄鼠狼以及猫等动物，注意加固池堤，堵塞漏洞，池口上面加盖金属网严防敌害生物进入。撒放毒鼠药，安装捕鼠笼，清除池边杂草、污水，保持环境卫生。

3. 鳖的捕捞和运输

鳖经过4～5年的饲养，其体重达到500g左右，即可捕捞出售。捕捞商品鳖的方法很多，可根据需要分别采取不同的捕捞方法。少量捕捞时，可用徒手捕捞、竹篮诱捕、药物醉捕和木耙捕捉等方法；需要大量捕捞时，可用围网捕捞和干池捕捞等方法。为避免伤害鳖体，鳖的捕捞多采用徒手捕捞、竹篮醉捞、药物醉捕、灯光照捕等方法，以提高鳖的商品价值。

鳖起捕后，挑选无伤残、活泼、健壮、规格在500g以上的个体运输上市。在运输时一般宜在春、秋季节进行。若夏季运输，最好选择阴雨天或气温较低的天气，并采取适当的降温通风措施，途中经常淋水使水草和鳖体保持湿润，另外，运输工具应消毒处理，箱底部铺沙20cm。装箱时保持合理的密度，如规格为80cm×50cm×40cm的箱，可以运20kg左右的商品鳖。运输前应停食2天，以减少运输途中鳖排出的粪便。运输工具中的水要浸没鳖体，以防止鳖被蚊叮咬。冬眠刚苏醒后的鳖体质较差，不宜长途运输。运输时间为2～3天的短途运输，只需将鳖放在有盖的竹篓内，一层水草一层鳖地放置即可。

三、鳖养殖期间的常见病害及防治

鳖的常见病害可分为传染性鳖病、侵袭性鳖病及其他因素引起的鳖病。在人工养殖过程中，要科学管理，提高鳖的机体免疫力，使其免受不良刺激，减少引发疾病的应激因素，通过科学的防病措施提高鳖的抗病能力。

1. 红脖子病

（1）病原　由产气单胞杆菌引起。

（2）主要症状及流行情况　病鳖的咽喉部和颈部肿大发炎，充血呈红色，红肿的脖子不能伸缩，全身肿胀，腹部有红斑，严重时口鼻出血、肠道糜烂或眼睛失明。病鳖时而浮出水面、时而沉入水底，行动迟缓，食欲不振，不久消瘦死亡。

该病感染力极强，对各阶段的鳖都能感染，死亡率可达20%～30%，是养鳖生产中危害最大、最常见的疾病。该病的发生有一定的季节性，长江流域主要流行于每年的3～6月份，华北地区流行于每年的7～8月份，流行水温18℃以上。

（3）防治方法

① 用庆大霉素、金霉素、卡那霉素等抗菌药物治疗，按每千克体重用20万U做腹腔或后腿皮下注射，每只用量1～2mL。也可在饵料中拌入金霉素或磺胺类药物，每千克体重用药20～50mg，连用6天，第2～6天减半使用。

② 用0.8～1.0mg/L漂白粉或0.3～0.4mg/L二氧化氯或0.7mg/L的强氯精全池泼洒。

2. 红底板病

红底板病又称腹甲红肿病、红斑病。

（1）病原　是一种无膜球状病毒引起，该病因较复杂，一般由于养殖水质恶化、饲养条件差和管理不当而诱发此病。

（2）主要症状及流行情况　病鳖的腹部发炎红肿，严重时溃烂露出腹甲骨板。病鳖脖子粗大，咽喉部红肿，口鼻发炎充血，肠道充血，停食，反应迟钝，患病2～3天后出现死亡。

该病流行于每年 4～9 月份，主要见于 5～7 月份，流行温度为 20～30℃。主要危害成鳖、亲鳖，幼鳖偶有感染。发病率为 30％～40％，死亡率高达 10％～25％。

（3）防治方法

① 用 0.3～0.5mg/L 的二氧化氯全池泼洒，连用 2～3 次，每次间隔时间 3～5 天。

② 每千克体重病鳖的皮下或肌内注射硫酸链霉素 20 万 IU；或用 5mL 卡那霉素拌饵料投喂，连喂 5～7 天。

3. 腐皮病

腐皮病又称皮肤溃烂病、溃疡病、烂爪病等。

（1）病原　鳖在池内争斗咬伤后，伤口被气单胞菌、假单胞菌等细菌感染。细菌的毒素使伤口周围皮肤组织坏死而引发此病。

（2）主要症状及流行情况　该病主要症状为四肢及颈部、尾部和背甲及裙边发生溃烂，进而皮肤组织坏死而变白、变黄，不久即溃烂为腐皮病。发生此病后，病鳖行动迟缓、少食或停食，不久即死亡。

该病在我国各地都有发生，以长江流域多见，流行季节是每年的 5～9 月份，主要流行于 7～8 月份，水温 20℃ 以上发生此病。温度越高，发病率越高。主要危害个体为 200～1000g 的鳖，又以 500g 左右的鳖最严重。发生该病时死亡率可达 20％～30％，严重时可达 40％的死亡率。

（3）防治方法

① 及时换水，改善水质。对病鳖进行隔离治疗，用 2～3mg/L 漂白粉或 1mg/L 强氯精或 0.3～0.5mg/L 的二氧化氯进行全池泼洒，2～3 天泼洒 1 次，连用 3～4 次。

② 每千克体重的病鳖用金霉素 20 万 IU 进行注射。

4. 白斑病

白斑病又叫白霉病、毛霉病、白点病等。

（1）病原　该病是由嗜水气单胞菌、温和气单胞菌等多种细菌与真菌感染而发生的。

（2）主要症状及流行情况　病鳖的背腹甲、裙边、四肢、头部、颈部、尾部等处的皮肤上出现小白点，随病情发展，皮肤表层坏死或变白，并逐渐剥离。病鳖表现为食欲降低、骚动不安，不久死亡。

该病常年均有发生，主要流行于每年的 9～11 月份，该病主要危害体重为 5～100g 的稚鳖和幼鳖，一旦感染，死亡率为 5％～100％。

（3）防治方法

① 用 30mg/L 生石灰或 1～2mg/L 强氯精或 2～4mg/L 红霉素全池泼洒。

② 经常使池水保持一定肥度，用适量的磺胺药物软膏搽涂患处，效果较好。

5. 水霉病

水霉病又称肤霉病、白毛病等。

（1）病原　该病的病原为水霉科的水霉、绵霉、丝囊霉或霜霉属的一种腐霉。

（2）主要症状及流行情况　在病鳖的体表背腹甲、四肢、颈部出现白斑块，开始稀而小，逐渐增多和扩大。绒毛覆盖全身时，病鳖像披上一层厚厚的棉絮。病鳖狂躁不安、上游下窜，消耗体力，最终消瘦死亡。

该病主要流行于夏天，温度为 30℃ 时多见。该病发病率较高，主要危害稚鳖、幼鳖，成鳖偶有感染，感染后一般不会造成死亡。

（3）防治方法　用 2～3mg/L 的亚甲基蓝全池泼洒，连用 2 次，每两天 1 次。

6. 寄生虫病

（1）病原　主要由蛭类、原生动物、吸虫及棘头虫等 15 种寄生虫寄生引起。

（2）防治方法　在鳖的养殖生产中，一般采用 8mg/L 的硫酸铜溶液或 20mg/L 的高锰酸钾溶液浸洗 30min；或用 1mg/L 的硫酸铜溶液或 5mg/L 的高锰酸钾溶液全池泼洒，能收到较好的疗效。

小　结

　　海蜇、刺参、黄鳝、黄颡鱼、美国青蛙和鳖是常见的海淡水名特优养殖品种。养殖海蜇、刺参、黄鳝、黄颡鱼、美国青蛙和鳖经济效益好，养殖前景非常广阔。本部分主要介绍了上述六种名特优养殖品种的外部形态、内部结构、生活习性、生长习性以及繁殖习性；介绍了上述六种名特优养殖品种的养殖技术以及养殖期间的病害防治技术。

　　通过对本部分内容的学习，学生能够掌握上述六种名特优养殖品种的生活习性、生长习性以及繁殖习性，掌握上述六种名特优养殖品种成体的养殖技术、疾病防治技术。

目 标 检 测

一、填空题

1. 刺参的口位于身体前端腹面围口膜中央，周围有（　　　　）个分枝状的触手，具有触手囊。刺参靠触手的"扫、扒、黏"将食物送入口中。

2. 刺参成熟期卵巢每克含卵量约（　　　　）万粒。

3. 刺参的性成熟年龄为（　　　）龄。

4. 海蜇属的种类有海蜇、黄斑海蜇、棒状海蜇和疣突海蜇，在我国沿海发现（　　）种。

5. 刺参幼虫发育到大耳幼虫后期，水体腔出现五触手原基，体两侧出现（　　）对球状体。

6. 鳖的"三喜三怕"是指（　　　　　　　）、（　　　　　　　）、（　　　　　　　　）。

7. 鳖人工繁殖时，亲鳖的选择雌、雄比例一般为（　　　　　　　　）。

8. 美国青蛙饲养驯食的方法一般有（　　　　　　　　）、（　　　　　　　　）、（　　　　　　　　）、（　　　　　　　　）。

9. 科学投饵"四定原则"是指（　　　　）、（　　　　　）、（　　　　）、（　　　　　）。

10. 黄鳝食性为（　　　　　　　），最喜欢吃的是（　　　　　　　）。

11. 黄鳝在繁殖期间，双亲都有（　　　　　）、（　　　　　　　）的习性。

二、简答题

1. 海蜇对生活环境的具体要求有哪些？

2. 海蜇碟状体的培育技术要点有哪些？

3. 海蜇苗种的运输技术要点有哪些？

4. 海蜇的池塘养殖技术要点有哪些？

5. 亲参的人工升温促熟方法是什么？

6. 稚参的人工培育关键技术是什么？

7. 鳖的雌雄鉴别方法是什么？

8. 美国青蛙的雌雄鉴别方法是什么？

9. 鳖晒甲有哪些作用？

10. 简述黄颡鱼的饵料投喂技术。

三、论述题

1. 试述在蝌蚪培育过程中有时要提前或延迟蝌蚪变态的原因以及延迟蝌蚪变态的方法。

2. 试述黄鳝有时将头部露出水面的原因及其所代表的意义。

3. 论述可提高稚鳖成活率的饲养管理方法。

4. 请分别论述美国青蛙的蝌蚪和成蛙养殖阶段的饲养管理措施。

5. 请谈谈降低美国青蛙养殖中饲料成本的方法。

第二部分

主要水产养殖动物营养与饲料

模块五 水产养殖动物对营养物质的需要量

【知识目标】

了解水产动物对各大营养素的需要量。

【能力目标】

掌握水产动物的营养特性和对各种营养素的需要量。

水产动物生活在各种水域环境中，为了生存，必须不断从外界环境中摄取食物，以满足动物体对各种营养物质成分的需要。

饲料是动物维持生命、生长和繁殖的物质基础。所谓营养，就是生物摄取、消化、吸收和利用饲料进行合成代谢的过程。饲料是营养素的载体，含有动物所需要的营养素。所谓营养素是指能被动物消化吸收、提供能量、构成机体及调节生理功能的物质。本项目的学习目的是根据水产动物的营养特性及对各种营养素的需求情况，为配制促进水产动物健康而迅速生长、发育和繁殖的配合饲料提供理论依据，从而提高水产品的养殖产量和经济效益。

在日投饲量一定的情况下，动物对营养物质的需要量则主要取决于饲料中营养物质的含量是否适宜。饲料中各种营养物质的适宜量也是最经济的含量，因此，水产动物养殖业习惯上用饲料营养物质的适宜含量表示动物对营养物质的需要量。

一、蛋白质的需要量

在养殖鱼、虾过程中，如果饲料中的蛋白质不足，会导致生长缓慢、停止，甚至体重减轻及其他生理反应；如果饲料中的蛋白质过量，多余部分的蛋白质会被转变成能量，造成蛋白质资源的浪费和过多的氮排放而污染环境。另外，鱼、虾饲料的蛋白质成本占整个饲料成本的大部分，因此在养殖生产上，为了使水产动物生长良好，需要充分满足水产动物生长中对蛋白质的需要，确定水产动物对蛋白质的最适需要量（表 5-1）。具体是指能够满足鱼、虾类氨基酸需求并获得最佳生长的最少蛋白质含量。它通常是以饲料干基比例表示。

表 5-1 我国水产动物饲料中蛋白质适宜含量

水产动物种类	水产动物规格/g	实验水温/℃	蛋白源	饲料中适宜含量/%	资料来源
草鱼	2.4	26～30.5	鱼肉粉	37.20	林鼎等,1980
	5.5	26～30.5	酪蛋白	27.81	林鼎等,1980
	8.0	26～30.5	鱼肉粉	26.50	林鼎等,1980
	1.9	25～30.5	酪蛋白	48.26	廖朝兴等,1987
	3.5～4.0	18～23	酪蛋白	29.64	廖朝兴等,1987
	10	25	酪蛋白	28.2	廖朝兴等,1987
团头鲂	3.8～4.3	20	酪蛋白	27.04～30.39	石文雷等,1983
	21.30～30	24.6～33.3	酪蛋白	21.0～30.8	邹志清等,1987
	31.08～38.48	20～25	酪蛋白	25.58～41.40	石文雷等,1983
鲮鱼	5.12～5.75	29.60～32.0	酪蛋白	38.88～44.40	毛永庆等,1985
鲤鱼	4.2	19.5～24.0	酪蛋白	35	刘汉华等,1991

续表

水产动物种类	水产动物规格/g	实验水温/℃	蛋白源	饲料中适宜含量/%	资料来源
罗非鱼	3.4	23~28	酪蛋白,植物蛋白	31	黄忠志等,1985
	5.9~15.6	21~27.8	酪蛋白,鱼粉	30	王基炜等,1985
	8.0	27.5~29.5	酪蛋白,鱼粉	38.68	徐捷,1988
	28.7	21.5~27.8	鱼粉,豆粕	40.2	刘焕亮,1988
青鱼	1.0~1.6	17~27	酪蛋白	41	杨国华等,1981
	3.5	22~29	酪蛋白	35~40	戴祥庆等,1988
	37.12~48.23	24~34	酪蛋白	29.54~40.85	王道尊等,1984
革胡子鲇	4.2~4.8	26.7±2.5	酪蛋白	37.5	苑福熙等,1986
	3.5~16.9	27.2~31	鱼粉,豆粕	29~35	吴乃薇等,1988
南方鲇	43.73±6.22	27.5	白鱼粉	47~51	张文兵等,2000
大口鲇	15±0.7	26.7±1.2	酪蛋白,鱼粉	40.23~48.32	张泽芸等,1994
江黄颡鱼	2.65±0.07	27.0±2.0	酪蛋白,鱼粉	36.24~39.73	王武等,2003
牙鲆	3~6cm	21.6~24.4	鱼粉,花生饼	52.78	张显娟等,1998
鲈鱼	32	22~25	酪蛋白	42	仲维仁等,1998
大口黑鲈鱼			酪蛋白	43	钱国英等,2001
杂交条纹鲈鱼	15.45	18~26	鱼粉	40	陈杰等,2001
黑鲷	幼鱼			45	徐学良,1990
暗纹东方鲀	23.6±0.27	24~26	白鱼粉	49	杨州等,2003
罗氏沼虾	3.6	24~29	酪蛋白,鱼粉	50	朱雅珠等,1995
南美白对虾	4.21±0.31	25~31	鱼粉,豆粕	42.37~44.12	李广丽等,2001
中国对虾	2.87~3.44	21~23	鱼粉,虾糠等	34.05~46.50	徐新章等,1988
中华绒毛蟹	6~10	22~24	酪蛋白,酵母	34.05~46.50	陈立侨等,1994
中华鳖	11.23±0.95	28.3	白鱼粉	49.52	周贵谭,2004

引自：郝彦周，2005。

水产动物饲料中蛋白质的适宜含量并不是一成不变的，它会随着条件的变化而变化，影响因素主要有以下几个方面。

随着鱼的生长发育，其蛋白质需要量降低；肉食性动物对蛋白质水平要求高；蛋白质中必需氨基酸的数量和比例与水产动物对各种氨基酸的需求存在一致性，一致性越高蛋白质品质越高，动物对蛋白质的需求越低；为了让蛋白质尽可能地转化为体蛋白，饲料中应含有一定量的非蛋白可消化能，该部分充足则蛋白质水平适当降低，反之则适当高些；若投饲率高，饲料中蛋白质含量可适当减少，相反则提高；环境因素中，水温、溶氧越高，机体代谢旺盛，对蛋白质的需求就高，反之则低。

二、脂肪的需要量

脂肪是水产动物生长所必需的一类营养物质。饲料中脂肪含量不足或缺乏，可导致动物代谢紊乱，饲料蛋白质效率下降还可并发脂溶性维生素和必需脂肪酸缺乏症。但饲料中脂肪含量过高，又会导致动物脂肪沉积过多，甚至发生脂肪肝，机体抗病力下降；同时也不利于饲料的贮藏和成型加工。因此饲料中脂肪含量需适宜。

水产动物对脂肪的需要量受其种类、食性、生长阶段、饲料中糖类和蛋白质含量及环境温度的影响。一般来说，淡水鱼较海水鱼对饲料脂肪的需要量低，但在淡水鱼中，其脂肪需要量又因种而异。此外，水产动物对脂肪的需要量还与饲料中其他营养物质的含量有关。对草食性、杂食性鱼而言，若饲料中含有较多的可消化糖类，则可减少对脂肪的需要量；而对肉食性鱼来说，饲料中粗蛋白愈高，则对脂肪的需要量愈低。这是因为饲料中绝大多数脂肪是以氧化供能的形式发挥其生理功用，若饲料中有其他能源可资利用，那么就可减少对脂肪的依赖。主要养殖水产动物饲料中脂肪的需要量见表 5-2。

表 5-2　部分水产养殖动物饲料中脂肪的需求量

种类	规格	含量（占干饲料）/%	资料来源
青鱼	当年鱼种	6.5	王道尊等,1986
	1 冬龄鱼种	6	
	成鱼	4.5	
草鱼	100g	8	毛永庆等,1985
	100g	3.6	雍文岳等,1985
鲤鱼	鱼苗、鱼种	8	Watanabe 等,1975
	幼鱼、成鱼	5	Tpouukuu 等,1982
异育银鲫	2.5～3.6g	5.1	贺锡勤等,1988
	2.5～3.6g	6.2	长江水产研究所,1986
尼罗罗非鱼	鱼苗至 0.5g	10	佐藤,1981
	0.5～3.5g	8	
	3.5g 至商品规格	6	Jauncy 等,1982
鲮		4～5	毛永庆等,1985
长吻鮠		5～10	四川省水产研究所,1990
尖吻鲈		13.9	Kanazawa,1982
史氏鲟	15.9g	7.6～9.6	肖懿哲等,2001
俄罗斯鲟	10～12g	5	邱岭泉等,2001
大黄鱼	0.57g	10.5	Duan 等,2001
日本真鲈	6.3g	12	Ai 等,2004
中国对虾		8	侯文璞等,1988
斑节对虾	2.73g	7.5	Glecross 等,2002
皱纹盘鲍	0.39g	3.11	Mai 等,1995

必需脂肪酸是组织细胞的组成成分，在体内主要以磷脂形式出现在线粒体和细胞膜中。必需脂肪酸对胆固醇的代谢也很重要，胆固醇与必需脂肪酸结合后才能在体内转运。此外，必需脂肪酸还与前列腺素的合成及脑、神经的活动密切相关。目前的研究确定了水产动物的必需脂肪酸为 n-3 系列、n-6 系列不饱和脂肪酸。但不同水产动物或不同环境下生长的水产动物对必需脂肪酸的需求有一定的差异，这种差异可能是由于其本身的脂类，主要是磷脂的脂肪酸组成特异性决定的。

三、糖类的需要量

可溶性糖类是水产动物生长所必需的一类营养物质，也是最经济的一种功能物质。但要注意合理投喂。饲料中含量不足，将造成蛋白质利用率下降，长期不足会导致水产动物生长缓慢、消瘦、代谢紊乱；反之，摄入过多，除合成大量脂肪外，还会导致高糖肝、脂肪肝等营养性疾病，出现肝糖原、脂肪积累增加，肝脏肿大、颜色变浅，生长迟缓，死亡率增加。

水产动物对糖类的需要量，除与饲料的蛋白质含量、脂肪含量有关外，还与种类有关。鱼虾饲料中糖类适宜含量依动物的种类差别很大：草食性鱼类饲料中含糖量在50%左右，杂食性鱼类饲料中含糖量在40%左右，而肉食性鱼类饲料中含糖量在5%～10%，不超过12.5%。

鱼类本身一般不分泌纤维素酶，不能直接利用纤维素。但研究证明，饲料中含有适量的粗纤维对维持鱼虾消化道的正常功能具有重要的作用。从配合饲料生产的角度讲，在饲料中适当配以纤维素，有助于降低成本，拓宽饲料原料来源，但饲料中纤维素过高又会导致食糜通过消化道速度加快、消化时间缩短、蛋白质和矿物元素消化率下降、粪便不易成形、水质易污染等问题。所有这些都将导致鱼类生长速度和饲料效率下降。饲料中粗纤维的含量一般都较低，限量不得超过10%，幼体的限量在3%左右；个别鱼类，如鲮饲料中粗纤维高达17%。

四、维生素的需要量

水产动物对维生素的需要包括对维生素种类的定性需要和定量需要。配合饲料中，维生素总量分别来自于饲料原料中维生素的含量和添加量（预混料中的量）。考虑到饲料加工和储藏过程中维生素的损失和动物对饲料中维生素的利用率，在实际生产中，一般是将养殖动物对维生素的需要量直接作为饲料中维生素的添加需要量，即将维生素需要量作为维生素预混料的供给量进行配方设计，将饲料原料中的维生素含量以及肠道微生物可能的维生素合成量忽略不计，以此用来抵消在配合饲料加工、储藏过程中的维生素损失。另外，还可以根据饲料加工工艺、养殖模式、环境应激等情况，适当提高某些维生素的添加量。

水产动物对维生素的需要量受很多因素的影响，如生长阶段、生理状态、环境条件、饲料原料及饲料加工工艺等情况。总之，确定鱼饲料中的维生素最适含量是一项十分复杂的工作，很多方面还有待进一步研究。比如养殖生态系统中还有天然饵料生物的维生素贡献，某些养殖种类自身还有一些维生素的合成能力（如鲟合成维生素C、皱纹盘鲍合成肌醇）等。在生产当中是否需要添加维生素，添加什么、添加多少，应根据具体情况、具体分析。在有关理论问题尚未进一步阐明的情况下，一般是采用适当提高添加量的方法，以确保饲料中各种维生素均能满足需要。

五、矿物质的需要量

鱼类生活的水环境中溶有各种形式的多种无机盐类，鱼可以通过鳃、皮肤等部位吸收一部分存在于水中的矿物质，然而仅靠这种形式的吸收远不能满足鱼类的需要，因此多数的矿物质的主要来源还必须由饲料提供。

研究表明，中国明对虾、虹鳟、鲤、斑点叉尾鮰、鳗鲡、黑鲷、中华鳖等多种主要养殖水产动物对矿物质的需要量差异较大。其中，中国明对虾和鳗鲡的饲料中适宜含量较高，斑点叉尾鮰的适宜含量较低。

六、能量的需要量

饲料中的能量过多或过少都会导致生长速率的降低，因为能量在满足维持和随意运动需求之后才能用于生长。若饲料中的能量不足，则蛋白质将用于产能；若能量过高，能量对蛋白质和其他营养素的摄入会产生阻碍作用，即能量的多少会影响其他营养素的含量。因此，饲料中含能量不可过多或过少，否则就会影响水产动物的生长。

在能量营养素中，蛋白质是构成机体必不可少的物质，且在自然界的存量又很有限，所以，为了节约蛋白质，同时又能满足动物对能量的需求，人们提出了"能量蛋白比"的概念。所谓能量蛋白比（E/P）是指单位重量饲料中所含的总能与饲料中粗蛋白含量的比值。

$$E/P = \frac{1\text{kg 饲料所含的总能}(\text{kJ})}{\text{饲料中粗蛋白的含量}(\%)}$$

饲料中适宜的能量蛋白比既有利于能量的利用，又有利于蛋白质的利用，从而可提高饲料的利用效率。综合几种鱼、虾和蟹在最佳生长条件下的饲料的适宜能量蛋白比为 20.15～30.16mg/kJ。

小　结

　　水产动物为了生存、生长和繁衍后代，需要从食物中获得某些化学物质，即营养素。其中，蛋白质、脂类、糖类、维生素、矿物质和水参与机体组成和新陈代谢等生命活动，是水产动物最需要的营养素。水产动物的食性不同，对营养物质的消化、吸收效率也不同。营养素不足，会影响水产动物生长、繁殖乃至健康，过多的营养素也会产生不利的影响。水产动物对各种营养物质的需要量取决于日投饲量和饲料中的营养物质含量。在日投饲量一定的情况下，动物对营养物质的需要量则主要取决于饲料中营养物质的含量是否适宜。

　　通过本部分内容的学习，学生可了解到水产动物必须从外界摄取一定质量和数量的食物，并经过消化、吸收变成能被机体利用的各种营养物质。

目 标 检 测

1. 简述水产动物对蛋白质的需求特点。
2. 简述水产动物对脂肪的需求特点。
3. 简述水产动物对糖类的需求特点。
4. 简述水产动物对维生素的需求特点。
5. 简述水产动物对矿物质的需求特点。

模块六　水产养殖动物饲料配方的设计

【知识目标】

掌握配合饲料的定义、特点以及分类；掌握饲料配方设计的基本原则并了解配方设计的基本流程；了解配合饲料的配方质量标准；了解影响鱼类投饲量的因素并掌握水产养殖动物的投饲技术。

【能力目标】

熟悉各种配合饲料的特点并能根据养殖动物的特点灵活选用；熟悉常见养殖的饲料配方组成；能够根据生产需求灵活应用各种投饲技术。

项目一　配合饲料的种类与规格的认识

一、配合饲料的认识

配合饲料是根据动物的营养需要，按照饲料配方，将多种原料按一定比例均匀混合，经适当的加工而制成的具有一定形状的饲料。不同的养殖对象或同一养殖对象的不同发育阶段及不同的养殖方式，配合饲料的配方、营养成分、加工成的物理形状和规格都可能不同。

配合饲料在水产养殖业的发展中起着重要作用。在养殖成本中，配合饲料的费用应控制在总成本的 $60\%\sim70\%$ 或更低。要获得优质的水产品和良好的养殖效益，除控制水环境、选择优良养殖品种、实行科学饲养管理外，应用优质配合饲料是一个重要因素。可以说，没有现代的饲料工业，就不会有现代化的水产养殖业。

二、配合饲料的种类与规格

1. 配合饲料的种类

水产动物配合饲料按其物理性状可分为以下四种类型。

（1）粉状饲料　粉状饲料是将各种原料粉碎到一定细度，按配方比例充分混合后的产品。可直接使用，适于饲喂鱼、虾、贝苗，或鲢鳙、海参等滤食性水产动物，但利用率低；也可将粉状饲料加适量的水及油脂充分搅拌，捏合成具有黏弹性的团块，如目前生产上普遍使用的鳗、中华鳖饲料。

（2）颗粒饲料　这类饲料呈不同大小和不同形状的颗粒，包括软颗粒、硬颗粒、膨化和微粒饲料等。

① 软颗粒饲料。含水率为 $20\%\sim30\%$，颗粒密度为 $1g/cm^3$，在常温下成型、质地松软、水中稳定性差、加工简便、成本低，适用于所有吞食性鱼类，更适于肉食性鱼类。不耐贮存，常在使用前临时加工。

② 硬颗粒饲料。硬颗粒饲料是指粉状饲料经蒸气高温调质，并经制粒机制粒成型，再经冷却烘干而制成具有一定硬度和形状的圆柱状饲料。含水率为 $12\%\sim13\%$，颗粒密度 $1.3g/cm^3$，属沉性颗粒饲料。采用硬颗粒机成型，结构细密，在水中稳定性好，营养成分

不易溶失，适用于鱼、虾类摄食。

③ 膨化饲料。膨化饲料是将粉状饲料送入挤压机内，经过混合、调质、升温、增压、挤出模孔、骤然降压以及切成粒段、干燥等过程所制得的一种蓬松多孔的颗粒饲料。膨化饲料分浮性和沉性，含水率为 6%，含淀粉多达 30% 以上，颗粒密度可低于 $1g/cm^3$，通常属于浮性饲料。目前市场上的膨化饲料通常指浮性膨化饲料。膨化饲料除具有一般配合饲料如硬颗粒饲料的特点外，还具有以下优点：原料经过膨化过程中的高温、高压处理，使淀粉糊化，蛋白质变性，更有利于消化吸收。高温可杀灭多种病原生物，能减少动物疾病的发生。

（3）微粒饲料　又称微型饲料或人工浮游生物，颗粒小（≤$200\mu m$），可暂时浮于水层中，适于鱼、虾、贝类幼体摄食，也用于饲养滤食性鱼类。与浮游动物混合使用，饲养效果更好。

微粒饲料按制备方法和性状的不同可分为微胶囊饲料、微黏饲料、微膜饲料等三种类型。微胶囊饲料又称微囊饵料。饲料原料（营养物质）被包在微囊中，在水中稳定性好；芯料为固体或液体全价营养活性物质；包料为尼龙蛋白、明胶、阿拉伯树胶、壳聚糖等成膜材料。微囊饲料采用化学法、物理化学法和物理机械法成型。微黏饲料是由配合饲料原料加黏合剂、干燥、粉碎、过筛制成的，在水中的稳定性靠黏合剂维持。微膜饲料是一种用被膜将微黏饲料包裹起来的饲料，在水中的稳定性较好。

（4）其他形状的饲料

① 破碎料。先将饲料原料制成大颗粒，然后通过破碎到一定粒度，经过筛分形成的一系列不同规格的饲料，一般供鱼苗和幼鱼食用。

② 冻胶饲料。将鲜湿的饲料冰冻成块状，饲喂时冰冻的饲料团块漂浮于水面，由外向内溶化，是一种便于幼鱼采食的软性饲料。

③ 香肠饲料。将饲料装入肠衣，使其便于贮藏和运输，通常具有良好的适口性，饲喂时成段地投入水中，作为大型海水鱼的配合饲料。

④ 片状颗粒饲料。主要用于成鲍养殖。

⑤ 薄片饲料。主要用于观赏鱼。

2. 配合饲料的规格

在投喂饲料时，多数鱼类是直接将整个食物吞下，一次只吞食一颗饲料。若颗粒直径过大，饲料需在水中泡散后才能被食用，造成有效成分流失；颗粒太小，需反复多次吞食，采食时间的延长会造成饲料浪费，也会造成摄食活动能耗增加。因此，饲料的粒径必须与鱼类的口径相适应，一般范围为 1.0~18.0mm。虾料的大小要适合虾体抱握，为 0.5~2.5mm。颗粒的长度一般是直径的 1~2 倍。当然，有些个体特别大的鱼类（如鲟鱼、鲽鱼和鲟鱼）饲料颗粒直径可达 20.0~30.0mm。常见养殖鱼、虾的个体大小与配合饲料合适粒径的关系见表 6-1。

表 6-1　常见养殖鱼、虾类颗粒饲料的适宜规格

养殖对象			颗粒饲料			资料来源
名称	发育阶段		形态	粒径/mm	粒长/mm	
	体重/g	体长/cm				
对虾	溞状幼体		微粒（球状）	30~70		北京 IDM 生物技术 研究所,1991
	糠虾幼体		微粒	100~300		
	仔虾		微粒	250~350		

续表

养殖对象			颗粒饲料			资料来源
名称	发育阶段		形态	粒径/mm	粒长/mm	
	体重/g	体长/cm				
对虾		0.7~1.0	破碎料(菱形)	0.4~0.6		北京 IDM 生物技术 研究所,1991
		1.0~2.0		0.6~1.0		
		2.0~3.0		1.0~1.5		
		3.0~6.0	颗粒料	2.2	1.5~2.5	
		6.0~9.0		2.2	3.0~5.0	
		9.0 以上		2.2	5.0~7.0	
		1.0~3.0		0.5~1.5	1.0~3.0	农业部 (SC2002), 1994
		3.1~8.0		1.2~2.0	2.0~5.0	
		>8.0		1.8~2.5	4.0~8.0	
虹鳟	0.4 以下	3.0 以下	碎粒	0.3~0.5		获野,1980
	0.4~2.0	3.0~5.0		0.5~1.0		
	2.0~4.0	5.0~7.0		0.8~1.5		
	4.0~7.0	7.0~8.5		1.5~2.4		
	7.0~14.0	8.5~10.0	颗粒	2.4		
	14.0~40.0	10.0~15.0		3.2		
	40.0~250.0	15.0~35.0		4.8		
	250.0 以上	30.0 以上		8.0		
鲤鱼	1.0 以下	4.5 以下	粉状			
	1.0~3.0	4.5~5.8	碎粒	0.5~1.0		
	3.0~7.0	5.8~7.4		0.8~1.5		
	7.0~12.0	7.4~9.4		1.5~2.4		
	12.0~50.0	9.9~15.0	颗粒	2.5		
	50.0~100	15.0~18.0		3.5		
	100~300	18.0~23.0		4.5		
	300 以上	23 以上		6.0		
青鱼		2.0 以下	微粒	0.05~0.5		王道尊,1992
		2.0~3.5	碎粒	0.8~1.2		
草鱼		4.0~7.5	碎粒	1.5~2.0		
		8.0~20.0	颗粒	2.5~3.5		
团头鲂		2.0 以下	微粒	0.05~0.5		
		2.0~3.0	碎粒	0.5~1.0		
		3.0~10.0	碎粒	1.2~2.0		
	成体	颗粒	2.5~3.5			

项目二　配合饲料的配方设计

一、配合饲料的配方设计原则

配合饲料的种类、形式较多，设计方法也较多，但无论哪种饲料、哪种形式或设计方法，饲料配方设计的原则是一样的，即要掌握"四性"：科学性、经济性、实用性和安全合法性。

1. 科学性

饲料配方设计首先要考虑的是养殖对象的营养需要，要综合考虑饲养动物的种类、发育阶段对各种营养物质的需要量。应该把动物对蛋白质与必需氨基酸的需求及其比例作为第一因素，然后再依次考虑能量需求、脂肪及必需脂肪酸、粗纤维与糖、维生素、矿物质、黏合剂及其他添加剂等。另外也要注意把握饲料中蛋白质、脂肪、糖类和能量蛋白比的比例关系；各种必需氨基酸、必需脂肪酸之间的平衡与充足程度；各种矿物质和维生素的量以及它们相互之间的关系等。

2. 经济性

获得最佳性价比是配方设计的最终目标。因此，饲料配方必须在质量与价格之间权衡，尽可能在保证一定生产性能的前提下，提高饲料配方的经济性。

3. 实用性

设计的饲料配方要有实用性，不能脱离生产实践。按配方生产的配合饲料，必须保证用户"三用得"，即用得好、用得上、用得起；必须是养殖对象适口、喜食的饲料，并在水中稳定性能好、吃后生长快、饲料效率高、产投比高、利润率高；原料的数量能够满足饲料的生产，不至于停工、停产；饲料的价格不至于太高，养殖生产者承担得起。

要做好以上这些，必须对饲料资源（包括品种、数量、营养价值、供应季节、利用价值）和市场情况（包括饲养对象的种类和规格、生产水平、饲养方式、环境条件、特殊需要等）做一番调查。根据养殖生产要求和饲料生产企业的自身情况进行系列配方设计，生产出质优价廉的各种配合饲料，并做好售后服务和信息反馈，及时进行修正，解决实际生产中的问题，只有这样才能体现出配方设计的实用性价值。

4. 安全合法性

为了保障养殖动物和人类的健康，设计饲料配方的产品应符合国家有关的法律、法规。如不使用发霉、变质的原料，不添加不符合规定的药物与添加剂，严格控制含有有毒、有害物质的原料用量，严防微量元素中重金属元素超标等。

二、水产动物饲料配制

1. 主要养殖鱼类的典型饲料配制

（1）草食性鱼类　草鱼是最典型的草食性鱼类。草鱼对饲料中的粗纤维耐受力比其他鱼类高，并能较好地利用植物性蛋白质和糖类。池养的草鱼可以青饲料为主、配合饲料为辅。因此，原料可以植物性原料为主，动、植物蛋白比以 1:(5～8) 为宜。草鱼对饲料的营养水平要求一般不高，小鱼的蛋白质需求量一般在 25%～28%，成鱼饲料的蛋白质需求量一般在 20%～25%。因草鱼疾病相对较多，饲料的设计应加强对疾病的预防。草鱼和团头鲂的典型配方如下。

草鱼小鱼配方：秘鲁鱼粉 4%，国产鱼粉 3%，大豆饼粕 23%，菜籽饼粕 14%，花生饼粕 5%，次粉 21%，麦麸 16.5%，草粉 5%，膨润土 3%，植物油 2%，磷酸氢钙 1.6%，食盐 0.4%，预混料 1.5%。15kg 预混料中包含：多维预混剂 1kg，矿物元素预混剂 3kg，50%氯化胆碱 2kg，水产复合酶 1kg，维生素 C 多聚磷酸酯 0.6kg，露保细盐 1kg，25%大蒜素 0.15kg，山道喹 0.14kg 及载体等（邱楚武，2002）。

团头鲂小鱼配方：秘鲁鱼粉 4%，酵母粉 3%，大豆饼粕 21%，菜籽饼粕 12%，花生饼粕 8%，小麦粉 23%，酒糟 14%，草粉 6%，膨润土 3%，植物油 2.5%，磷酸氢钙 1.6%，食盐 0.4%，预混料 1.5%（邱楚武，2002）。

由于典型配方是在特定的饲养方式、饲养管理条件下产生的，原料的来源比较稳定、质量比较有保障，所以对不同的养殖户均具有一定的借鉴意义，但借鉴时不宜盲目照搬，必须根据实际情况，筛选适宜本地的优良配方。

（2）杂食性鱼类 鲤鱼是典型的杂食性鱼类，能较好地利用动、植物蛋白源。从营养和经济角度考虑，动、植物蛋白比以 1∶（4～6）为宜。杂食性鱼类的蛋白质需求比草食性鱼类高，但比肉食性鱼类低。成鱼饲料的蛋白质含量一般要求在 27% 以上。罗非鱼对饲料蛋白质水平的要求介于草鱼和鲤鱼之间，但对磷等无机盐的要求高。

湖北省水产研究所鲤饲料配方：鱼粉 30%，蚕蛹 12%，大豆饼粕 10%，芝麻饼粕 5%，米糠 10%，麸皮 10%，小麦粉 15%，玉米 5%，油脂 1.5%。添加剂 1.5%。粗蛋白质含量 37%，饲料系数 1.92。

（3）肉食性鱼类 青鱼是以大型底栖动物为食的肉食性鱼类，饲料的营养水平高于鲤鱼等杂食性鱼类，而低于鳗等典型的肉食性鱼类。饲料原料应以动物性蛋白源为主、植物性原料为辅。动物性原料有鱼粉、动物内脏粉、贻贝粉、蚕蛹粉和血粉等。植物性原料主要是饼粕、玉米和小麦蛋白等。此外，酵母也是很好的蛋白原料。鳗鲡喜食有黏弹性的饲料，所以其饲料中含有较多的 α-淀粉以增强其黏弹性。成鱼饲料蛋白质一般要求在 45% 以上。虹鳟能很好地利用高质量的颗粒饲料，饲料蛋白质要求 40%～50%，对动物蛋白消化率达 90% 以上，对脂肪消化率 85% 以上。肉食性鱼类对脂肪的需要量较高，一般达 10%～15%，冷水性的鲑鳟鱼类配方脂肪含量可高达 35%。饲料加工、保存必须添加抗氧化剂。

黑龙江水产研究所虹鳟饲料配方：鱼粉 3%，杂鱼 16%，大豆饼粕 35%，酵母粉 4%，血粉 12%，羽毛粉 2%，虾壳粉 1%，鳌虾 15%，糠麸 10%，糖蜜 2%。另外，每 100kg 饲料添加鱼用多维 10g、生长素 100g、维生素 E 10g。粗蛋白质含量 48.6%，饲料系数 2.2。成鳗颗粒饲料配方：鱼粉 63%，活性小麦粉面筋粉 5%，啤酒酵母 6%，小麦粉 22.4%，多维添加剂 1%，50%氯化胆碱 0.3%，矿物质添加剂 2.3%（吴遵霖，1990）。

鳜幼鱼饲料配方：白鱼粉 14%，智利鱼粉 11%，国产鱼粉 5%，酵母粉 4%，膨化大豆 20%，花生饼粕 18%，小麦粉 9.4%，麦麸 9.5%，草粉 5%，磷酸二氢钙 0.8%，食盐 0.3%，预混料 3.0%。30kg 预混料中包含：多维预混剂 1kg，矿物元素预混剂 3kg，50%氯化胆碱 3.6kg，水产复合酶 1kg，维生素 C 多聚磷酸酯 1.5kg，露保细盐 1kg，鱼腥香 1.5kg，山道喹 0.12kg，15% L-肉碱 2.1kg，HJ-1 黏合剂 4kg，2kg 的安肥-1000 及载体等（邱楚武，2002）。

2. 虾类的饲料配制

（1）对虾 虾饲料与鱼饲料相比有一些特殊性，配方设计至少应考虑以下几方面：蛋白质含量高，有良好的诱食性；有利于虾类蜕壳及生长；适当添加磷脂和胆固醇；要有较高的加工质量，在水中有很好的稳定性。

这里介绍几种饲料配方供参考，在实际应用中还应根据当地条件变通使用。

配方一：秘鲁鱼粉 22.5%，虾糠 6%，花生饼 53%，黄豆、玉米、小麦等混合粉 14%，豆油及鱼油 2%，矿物质添加剂 2%，维生素 0.5%。

配方二：秘鲁鱼粉 32％，大豆饼粕 10％，花生饼粕 14％，鱼油 1％，酵母粉 10％，虾糠 6％，黄豆粉 5％，小麦粉 12％，麸皮 5％，添加剂 3％，矿物质 2％。

（2）罗氏沼虾 罗氏沼虾中成虾饲料配方：秘鲁鱼粉 15％，国产鱼粉 8％，酵母粉 4％，大豆磷脂 4％，大豆饼粕 20％，花生饼粕 7.4％，次粉 15％，虾壳粉 12.5％，小麦面筋粉 6％，植物油 1.5％，乳酸钙 0.5％，磷酸二氢钙 2.6％，预混料 3.5％（邱楚武，2002）。

3. 其他水产动物的饲料配制

我国对中华鳖（甲鱼）和中华绒螯蟹（河蟹）等名优水产品的养殖已有 20 多年的历史，目前其配合饲料的生产已进入产业化阶段。

（1）中华鳖的饲料配方 白鱼粉 33％，秘鲁鱼粉 28％，酵母粉 5％，奶粉 4％，膨化大豆 8.1％，α-淀粉 17％，磷酸二氢钙 1.4％，预混料 3.5％（邱楚武，2002）。

（2）中华绒螯蟹（河蟹）的饲料配方 蟹幼体微粒饲料配方：鱼粉 45％，蛋黄粉 5％，蛤子粉 2％，脱脂奶粉 10％，卵磷脂 0.5％，酵母粉 3％，小麦精粉 22.5％，玉米麸质粉 5％，乌贼肝油 1％，多种维生素、矿物质 2％，明胶-阿拉伯树胶 4％。粗蛋白含量 48％。

淡水渔业研究中心成蟹饲料配方：鱼粉 36％，大豆饼粕 33％，菜籽饼 5％，棉籽饼 4.5％，玉米 5％，糠麸 10％，复合添加剂 6.5％。粗蛋白含量在 42％左右。

（3）观赏鱼的营养需要与配合饲料配方 观赏鱼主要指金鱼、锦鲤和热带鱼等。热带鱼的食性可分为草食、杂食、肉食等三种，但大多数为杂食性。金鱼、锦鲤是杂食性鱼类。与普通水产饲料相比，衡量观赏鱼饲料优劣最重要的指标不是生长速度，而主要是鱼体健康状况和观赏价值。因此，饲料除营养全面、耐水性好、诱食性佳、需要制成各种形状外，还应具有增色、增艳、抗病及免疫等功能。观赏鱼（如金鱼）的体色与黄体素、虾青素、玉米黄素及 α-多拉多黄嘌呤等有关。为使金鱼色彩更加鲜艳，在饲料中应适量添加含有色素的天然饲料。一般来说，苜蓿、雏菊、小球藻等均含有黄体素；虾、蟹壳等均含有虾青素；蓝藻中含有丰富的玉米黄素；虾类、蓝藻类也含有 α-多拉多黄嘌呤。一般观赏鱼的饲料中添加 10％左右的蓝藻较理想。

杭州动物园 II 号饲料配方：蚕蛹粉 31.9％，麸皮 10.6％，酵母粉 4.3％，牛肝或猪肝 6.4％，水蚤（干）4.3％，面粉 42.5％。

项目三 水产养殖投饲

在水产养殖生产过程中，合理选用优质饲料，采用科学的投饲技术，可以保证鱼、虾正常生长、降低生产成本、提高经济效益。如果饲料选用不当、投饲技术不合理，则会造成饲料浪费，降低养殖效益。随着水产养殖的科学技术进步，新的养殖对象和新的养殖模式不断出现，如新的名特优水产动物养殖以及网箱养殖、围栏养殖、流水养殖、循环水工厂化养殖等。集约化精养方式不仅要求优质饲料，而且对投饲技术要求也很高。池塘养鱼也要注意投饲技术才能有效地提高养殖效益。投饲技术包括确定投饲量、投饲次数、投饲时间、投饲场所以及投饲方法等内容。我国传统养鱼生产中提倡的"四定"（即定质、定量、定时、定位）和"三看"（看天气、看水质、看鱼情）的投饲原则，是对投饲技术的高度概括。

一、投饲量

1. 影响投饲率的因素

投饲率是指投放水体中的饲料重量占养殖动物体重的比例。投饲量是根据水体中的载鱼量在投饲率的基础上换算出来的具体数值，受饲料的质量、鱼的种类和大小、水温、溶氧量、水质等环境因子以及养殖技术等多种因素影响。

（1）种类 不同动物的食性、生活习性、生长能力以及最适生长所需的营养要求不同，争食能力、摄食量也不同。如同一水温下，$50 \sim 100g$ 鲤鱼的投饲率为 2.4%，虹鳟为 1.7%。

（2）体重 幼鱼的投饲率比成鱼高。幼鱼阶段，新陈代谢旺盛、生长快、需要更多的营养，摄食量大；成鱼阶段，生长速度降低，所需的营养和食物减少。

（3）水温 鱼虾是变温动物，水温是影响鱼虾新陈代谢最主要的因素之一。因此，在适温范围内投饲率随温度增高而增加。

（4）溶氧 鱼类的摄食率随水体中溶氧的增加而增加，但溶氧过高也会使摄食量降低。

（5）其他因素 环境条件、饲料加工方法、饲料质量、投饲方法、个体和群体、单养和混养等的差异均能影响投饲率。一般来说，在群体和混养条件下，鱼类的摄食量较高。

2. 投饲量的确定

（1）鱼类投饲量的确定

① 饲料全年分配法。在制订养殖计划时，综合考虑计划的养殖方式、养殖对象、所用饲料的营养价值及以往养殖生产的实践经验，预计出全年饲料用量后，再根据当地水温变化情况和养殖对象的生长特点，将饲料分配到每月、每旬甚至每天，以确定日投饲量。

② 投饲率表法。日投饲率是指每天所投饲料量占吃食性养殖对象体重的比例。可根据鱼类对饲料蛋白质的需要量、对饲料的消化率以及饲料蛋白质的含量推算投饲率。

$$投饲率(\%) = \frac{鱼对蛋白质的需要量[g/(d \cdot kg 鱼)]}{饲料中粗蛋白(\%) \times 粗蛋白质量消化率(\%) \times 100}$$

然后再根据投饲率和鱼的存塘量确定一个基本投饲量，再根据鱼类的采食具体情况进行增减，确定实际投饲量。

我国几种池塘主养鱼类的总投饲率以掌握在 $3\% \sim 6\%$ 为宜，当水温在 $15 \sim 20℃$ 时可控制投饵率在 $1\% \sim 2\%$；水温在 $20 \sim 25℃$ 时可控制投饵率在 $3\% \sim 4\%$；水温在 $25 \sim 30℃$ 时，可控制投饵率在 $4\% \sim 6\%$。但水温超过 $32℃$ 以上，水温过高对投饵率会有一定影响。

每日的实际投饲量主要根据季节、水色、天气和鱼类的吃食情况而定，要能根据实际情况灵活掌握投饲量。冬季和早春少投，夏季多投，秋季后逐渐减少投饲量。水色过淡，可增加投饲量；水质过肥，减少投饲量。晴朗时多投，梅雨季节少投，天气闷热无风或雾天停止投喂。鱼类摄食旺盛可适当增加，当吃食欲望不高时适当减少。

（2）对虾投饲量的确定 对虾投饲量主要根据对虾摄食量来确定。

日摄食量是指 1 尾对虾一天摄食饲料的克数。摄食量因对虾个体发育阶段而异，随体重的变化而变化，随个体的生长而逐渐增加。日摄食率则随对虾体重增加而下降，由于所投饲的饲料和质量不同，其日摄食量也不同。

二、投饲

投饲水平的高低直接影响养殖动物的产量和经济效益，因此，必须对投饲予以高度的重视，要认真贯彻"四定"（定质、定量、定位、定时）和"三看"（看天气、看水质、看鱼情）的投饲原则。

1. 投饲次数

投饲次数是指日投饲量确定以后每天投喂的次数，也叫投饲频率。我国主要淡水养殖鱼类多属鲤科鱼类，即"无胃鱼"，摄取的饲料由食道直接进入肠内消化，一次容纳的食物量远不及肉食性有胃鱼类。因此，对草鱼、团头鲂、鲤鱼、鲫鱼等无胃鱼，采取多次投喂可以提高饲料消化吸收率和饲料效率。单养鲤鱼，每天投喂不少于 $3 \sim 4$ 次（最适 $6 \sim 7$ 次）；虹鳟、鳗鲡等有胃的肉食性鱼类，每天投喂1～3次就可达到最大增重率。

2. 投喂时间

因为不同养殖对象，或同一养殖对象的不同生长阶段的摄食行为和节律也可能不一样，所以应该研究养殖对象的摄食行为和节律，然后依据其来决定最佳的投喂时间。原则上应安排在鱼、虾食欲旺盛的时间，主要取决于水温和溶氧量。网箱养鱼在7:00～18:00；池塘养鱼在8:30～16:00。每次投喂时间以持续20～30min为宜。选择摄食高峰进行投饲有利于提高摄食率、饲料利用率和保护养殖环境免受过多残饵的污染。同时也可以避免在养殖对象的非摄食活动期间惊扰它们，造成不必要的应激和能量消耗。

3. 投饲场所

做到定位投饲是十分必要的，一般地，遵循"四定"投饲原则。池塘养鱼的投饲场所应选择向阳、滩脚坚硬的地方，以利鱼类摄食。塘泥较多的地方，当饲料落入塘底，由于鱼争食时搅动池水，饲料会很快混入底泥中，造成浪费。根据养殖的实际情况，也可搭设各种饲料台（架）。

4. 投饲方法

开食后，要精心地对养殖对象的摄食行为进行训练，细心地观察其摄食状态，通过"看天"（看天气）、"看水"（看水质）、"看鱼"（看鱼的生长和摄食）来调整日投饲量。在一般情况下，养殖鱼类经过一段时间（约1周）的摄食训练，很容易形成摄食条件反射，聚集到食场集中摄食。用颗粒配合饲料在池塘养鱼和网箱养鱼均可清楚地看到鱼类的摄食状态。如草鱼、鲈鱼和鲤鱼等的摄食，当饲料撒入水中，鱼会很快集拢过来，集聚水面抢食，使水花翻动，而后分散到水下摄食，隐约在水面出现水纹；当鱼饱食后即分散游去，直到平息。投饲量控制以"八分饱"为宜，保持鱼有旺盛的食欲，可以提高饲料效率。

配合饲料养鱼的投饲方法有人工手撒投饲和机械投饲两种。

人工手撒投饲就是利用人工将饲料一把一把地撒入水中，这样可以清楚看到鱼的实际摄食状况，对每个池塘、每个网箱灵活掌握投喂量，做到精心投喂，有利于提高饲料效率。但此投饲方法费工、费时。对劳力充足的中、小型渔场，或养殖名、特、优水产动物时，此种投饲方法值得提倡。

机械投饲就是利用自动投饲机投饲，这种方式可以做到"定时、定量、定位"投喂，同时还具有省工、省时等优点。

三、投饵机的选用与设置

随着高密度、集约化养殖业的发展，目前水产养殖过程中已普遍使用自动投饵机来饲养动物。目前自动投饵机基本可以分为三类：池塘投饵机，是所有类型投饵机中应用最广、使用量最大的一种；网箱投饵机，根据投饵位置分为水面网箱投饵机和深水网箱投饵机；工厂化养鱼自动投饵机，能够联网进行远距监控，实现自动化管理。投饵机的常见型号见表6-2。

表6-2 投饵机的常见型号

型号	电源/V	主电机/W	料箱容积/kg	投饵距离/m	扇面	投饵能力/(kg/h)	水面/亩
STL-WA	220	70	120	3～20	90°～130°	160	10～20
STL-WB	220	70	60	2～13	90°～120°	160	1～10

1. 投饵机的设置

每5～8亩水面要配备一台120W投饵机。投饵机应尽量安置在池塘的东岸面向西或西岸面向东，离池塘边 3m 以上的位置。有条件的，每隔半年至一年要将投饵机进行平移一定距离，以防投饵机前食场处由于鱼的翻动而形成深潭，或因残饵的积累引起局部水质变坏。

2. 投饵机的养护

每天到晚上必须将饲料投喂干净，不要余料，以防饲料结块和老鼠咬断电线等问题的发生。当投饵机主电机旋转 3～5min 后，副电机开始工作带动送料盒振动下料，说明投饵机工作正常；如果主电机不工作，应立即切断电源，查明原因。检查出料口是否堵塞，如出料口被饲料堵塞要及时清理，保证电机和甩料盘运转自如；电容是否损坏，如若损坏，及时更换，以防主电机损坏。每个月要清理一次下料口、接料口、送料振动盒以防粉尘饲料结块；每 6 个月进行一次清理保养，检查电线有无线头松动脱落和破损，若有，应加以拧紧或用绝缘胶布包裹好；检查轴承，适当加油，保证运转自如。进入停食期后，投饵机停用，应将投饵机清理干净，采取保护措施覆盖或移至库房存放。

小　结

配合饲料是根据动物的营养需要，按照饲料配方，将多种原料按一定比例均匀混合，经适当的加工而制成的具有一定形状的饲料。养殖对象的不同，配合饲料的配方、营养成分、加工成的物理形状和规格都可能不同。

水产动物配合饲料按其物理性状可分为粉状饲料、颗粒状饲料、微粒饲料和其他形状饲料。水产饲料配方设计是根据养殖对象的营养需要参数和饲料原料的营养成分，应用一定的计算方法，将各原料按一定比例配合，制定出能够满足养殖动物营养需要的饲料配方（原料组合）的一种运算过程。配方设计应遵循有规律的基本程序，同时要尊崇"四性"原则，即科学性、经济性、实用性和安全合法性。只有通过各种饲料原料的科学搭配，才能得到营养物质数量足够、营养平衡、适口性好的配合饲料。此外配合饲料质量的高低，除与配方设计、原料的选用有关外，还与所采用的加工工艺和设备有关。

学习科学的投饲技术，保证鱼、虾正常生长，降低生产成本，提高经济效益。投饲技术包括确定投饲量、投饲次数、投饲时间、投饲场所以及投饲方法等内容。传统养鱼生产中提倡的"四定"（即定质、定量、定时、定位）和"三看"（即看天气、看水质、看鱼情）的投饲原则，是对投饲技术的高度概括。

通过对这部分内容的学习，学生可掌握水产动物配合饲料配方设计的基本原则和基本程序；掌握常见水产养殖动物的饲料配方组成；掌握配合饲料的主要工序和加工工艺流程；学会水产养殖动物的主要投饲技术，进一步提高养殖产量和效益。

目 标 检 测

一、名词解释

配合饲料、饲料配方、投饲量

二、填空题

1. 配合饲料按大小和形状可分为（　　　）、（　　　）、（　　　）、（　　　）等。
2. 配方设计时应遵循（　　　）、（　　　）、（　　　）、（　　　）的原则。
3. 常见的制粒机有（　　　）、（　　　）、（　　　）三大类。
4. 生产中确定最适投饲量常采用的方法有（　　　）和（　　　）。
5. 投饲讲究原则，其中"四定"原则是（　　　）、（　　　）、（　　　）和（　　　）。

三、简答题

1. 什么是配合饲料？与生鲜饲料或单一的饲料源相比有哪些优点？

2. 膨化饲料的加工过程是什么？

3. 硬颗粒饲料的加工工艺流程和各自的特点是什么？

4. 水产动物的投饲技术主要有哪些？

四、论述题

1. 试说明不同食性的鱼类对饲料中各营养素的需求量并举例说明。

2. 试说明中华绒螯蟹和罗氏沼虾对饲料中各营养素的需求量。

第三部分

主要水产养殖动物的病害防治技术

模块七　水产动物常见病害的预防诊断技术

【知识目标】

了解水产动物疾病的检查与诊断方法；了解常见的病体分离鉴定方法。

【能力目标】

掌握常见水产动物疾病的诊断、治疗和预防的基本技能；掌握常用渔用药物的使用方法。

项目一　水产动物常见病害的检查与诊断

一、疾病的检查与诊断

鱼体的检查方法主要有目检与镜检。检查的顺序是从体表到体内及各内脏器官，从前向后；先目检后镜检。

1. 目检

用肉眼直接观察患病水产动物的各个部位即为目检。目检是目前生产上最常用的检查方法。用肉眼能识别出较大的寄生虫（如蠕虫、甲壳动物、软体动物幼虫等）、真菌（如水霉菌等）。有些病原（如病毒、细菌、小型原生动物等）用肉眼是无法看见的。当前国内对微生物鱼病，主要是根据病鱼表现的显著症状，用肉眼来进行诊断。对小型原生动物等引起的鱼病，除用肉眼检查其症状外，主要借助于显微镜诊断。目检重点检查部位为体表、鳃（重点检查鳃丝）和内脏（重点检查肠道）。

（1）**体表**　检查鱼体左、右两侧。将病鱼或刚死的鱼置于白搪瓷盘中，按顺序仔细观察。一些大型病原体（水霉、线虫、锚头鳋、鲺、钩介幼虫等）容易见到；小型的病原体（如鱼波豆虫等），则根据所表现的症状来辨别，一般会引起鱼体分泌大量黏液。细菌性赤皮病则表现鳞片脱落，皮肤充血；白皮病的病变部位发白。

（2）**鳃**　重点检查鳃丝。首先注意鳃盖是否张开，鳃盖表皮有否腐烂或变成透明。然后用剪刀把鳃盖除去，观察鳃片的颜色是否正常，黏液是否较多，鳃丝末端是否肿大和有腐烂等现象。

若为细菌性烂鳃病，则鳃丝末端腐烂，黏液多；若为鳃霉病，则鳃片颜色比正常鱼较苍白，并带有血红色小点；若为鱼波豆虫、车轮虫、斜管虫、指环虫等寄生虫病，则鳃片上有较多黏液；若为中华鳋、双身虫及黏孢子虫等寄生虫病，则鳃丝肿大，鳃上有白色虫体或胞囊等。

（3）**内脏**　检查肠道为主。剪刀从肛门伸进，向上方剪至侧线上方，然后转向前方剪至鳃盖后缘，再向下剪至胸鳍基部，最后将身体一侧的腹肌翻下，露出内脏。注意下刀不要伤及内脏。先观察是否有腹水和肉眼可见的大型寄生虫（线虫、舌状绦虫等）；其次仔细观察内脏，看肝、胆、鳔等器官外表是否正常；最后用剪刀从咽喉附近的前肠和靠肛门部位剪断，并取出内脏，置于白搪瓷盘中，把肝、胆、鳔等器官逐个分开，把肠道分成前、中、后三段置于盘中，轻轻地把肠道中的食物和粪便去掉，然后进行观察。

肠中能见到的大型寄生虫有吸虫、绦虫、线虫、棘头虫等。如果是细菌性肠炎病，则出现肠壁充血、发炎。球虫病和黏孢子虫病则肠壁上一般有成片或稀散的小白点。其他内部器官，如果在外表上没有发现病状可不再检查。

2. 镜检

镜检是用显微镜或解剖镜对病鱼作更深入的诊断。镜检一般是由于目检不能确诊的病症，在镜下作进一步的全面检查。

(1) 检查方法　镜检检查方法有玻片压缩法和载玻片法。

① 玻片压缩法。将要检查的器官或组织的一部分或黏液、肠内含物，放在载玻片上，滴入少许清水或生理盐水，用另一玻片将它压成透明的薄层，然后放在解剖镜或低倍显微镜下检查。检查后用镊子或解剖针、微吸管取出寄生虫或可疑的病象的组织，分别放入盛有清水或生理盐水的培养皿，以后作进一步的处理。

② 载玻片法。此法适用于低倍或高倍显微镜检查。将要检查的小块组织或小滴内含物放在载玻片上，滴入清水或生理盐水，盖上盖玻片，轻轻地压平后放在低倍镜下检查，如有寄生虫或可疑现象，再用高倍镜观察。

(2) 检查部位　镜检检查的部位与目检相同。每一部位至少检查三个不同点的组织。

检查步骤：黏液→鼻腔→血液→鳃→口腔→体腔→脂肪→胃肠→肝→脾→胆囊→心脏→鳔→肾→膀胱→性腺→眼→脑→脊髓→肌肉。

① 黏液。用解剖刀刮取少许体表黏液，用显微镜或解剖镜检查，能见到波豆虫、隐鞭虫、黏孢子虫、小瓜虫、车轮虫及吸虫囊蚴等寄生虫。

② 鼻腔。先肉眼仔细观察有无大的寄生虫或病状，然后用小镊子或微吸管从鼻孔里取少许内含物，用显微镜检查，可能发现黏孢子虫、车轮虫等原生动物，随后用吸管吸取少许清水注入鼻孔中，再将液体吸出，放在培养皿里，用低倍显微镜或解剖镜观察，可发现指环虫、鲺等。

③ 血液。首先从鳃动脉取血。剪去一边鳃盖，左手用镊子将鳃瓣掀起，右手用微吸管插入鳃动脉或腹大动脉吸取血液。如吸取的血液不多，可直接放在载玻片上，盖上盖玻片，镜检；如果血液量多，可把吸取的血液放在培养皿里，然后吸取一小滴在显微镜下检查。

其次从心脏直接取血。除去鱼体腹面两侧两鳃盖之间最狭处的鳞片，用尖的微吸管插入心脏，吸取血液。在显微镜下检查血液，可发现锥体虫、拟锥体虫等原生动物。也可将血液放在培养皿里，用生理盐水稀释，在解剖镜下检查，可发现线虫或血居吸虫。

最后从尾静脉取血。在鱼臀鳍位置的侧线偏下进针插入尾静脉取血，抽拉针管的吸柱，保持针管处于吸气状态，左右稍微移动一下针头即可吸上血。注意针头不要偏移。

④ 鳃。取出鳃片放在培养皿里，首先仔细观察鳃上有肉眼可见的寄生虫、鳃的颜色或其他病象。用小剪刀取一小块鳃组织放在载玻片，在显微镜下检查。可发现鳃隐鞭虫、波豆虫、车轮虫、黏孢子虫、微孢子虫、肤孢虫、斜管虫、小瓜虫、半眉虫、杯体虫、毛管虫、指环虫、双身虫、复殖吸虫囊蚴、鱼蛭、软体动物幼虫、鲺、鳋等，微生物有细菌、水霉、鳃霉等。

⑤ 口腔。先用肉眼仔细观察上、下颚，可能发现吸虫的胞囊、鱼蛭、锚头鳋、鳋等。

⑥ 体腔。沿腹线剪开鱼的腹腔，再将剪刀移至肛门，朝向侧线，沿体腔的后边剪断，再与侧线平行地向前一直剪到鳃盖的后角，剪断肩带骨，然后再向下剪开鳃腔膜，直到腹面的切口，将整块体壁剪下，体腔里的器官即可显露出来，观察有无可疑病象及寄生虫。如果发现有白点，可能是黏孢子或微孢子虫、绦虫等成虫和囊蚴。肉眼检查完毕把腹腔液用吸管吸出，置于培养皿里，用显微镜或解剖镜检查。

用剪刀小心地从肛门和咽喉两处剪断，完整地取出消化管，放在解剖盘中，逐个地把器官分开，依次进行检查。

⑦ 脂肪。先用肉眼观察，可发现线虫、棘头虫。如果发现白点，可能是黏孢子虫，须在显微镜下压片检查。

⑧ 胃肠。尽量除净肠外壁所有的脂肪组织，把肠前后伸直，摆在解剖盘上。有些鱼例如鳙鱼、鲢鱼，肠特别长，可把肠作盘绕状摆好，先用肉眼检查，肠外壁上往往有许多小白点，通常是黏孢子虫的胞囊。肉眼检查完毕后，把肠分成前（胃）、中、后肠三段，在各段上各取一点，用剪刀开一个小小的切口（与肠平行），用镊子从切口取一小滴内含物放在载玻片上，滴上一小滴生理盐水，盖上盖玻片，在显微镜下检查，每一部分同时检查两片，检查完每一部分肠，把镊子洗干净后，才能再取另一部分内含物。

胃肠是易被细菌和寄生虫侵袭的器官，除细菌引起的肠炎外，鞭毛虫、变形虫、黏孢子虫、微孢子虫、球虫、纤毛虫等原生动物，和复殖吸虫、线虫、绦虫、棘头虫等都可经常发现。其中六鞭毛虫、变形虫、肠袋虫等一般都是寄生在后肠近肛门 3～7cm 的位置；复殖吸虫、绦虫、线虫、棘头虫等通常在前肠（胃）或中肠寄生。

按上述方法检查完原生动物后，可用剪刀小心地把整条肠剪开，先用肉眼观察，如有大的寄生虫先取出放在生理盐水里，同时注意肠内壁上有无白点，或溃烂和发红紫等现象。如果有小白点，通常是黏孢子虫或微孢子虫，溃烂并呈白色瘤状，往往是球虫大量寄生；如果发红、发紫，一般是肠炎，检查完毕后，可把肠按前、中、后三段剪断用压缩法检查，或刮下肠的内含物，放在培养皿里，加入生理盐水稀释并搅匀。在解剖镜下检查，注意有无吸虫、线虫和棘头虫等虫体、胞囊或虫卵等。

⑨ 肝。先肉眼观察肝脏外表，注意其颜色及有无溃烂、病变、白点和瘤等现象，有时可发现复殖吸虫的胞囊或虫体。如果有白点，往往是黏孢子虫或球虫。然后用镊子从肝上取少许组织放在载玻片上，盖上盖玻片，轻轻压平，在低倍镜和高倍镜下检查，可发现黏孢子虫、微孢子虫的孢子和胞囊。肝的每一叶要检查两片。

⑩ 脾。镜检脾脏少许组织，往往可发现黏孢子或胞囊，有时也可发现吸虫的囊蚴。

⑪ 胆囊。取出胆囊后，放在培养皿里，先观察外表，注意它的颜色有无变化、有无其他可疑病象等，然后取一部分胆囊壁，放在载玻片上，盖上盖玻片，压平，放在显微镜下观察。胆汁另行检查。在胆囊里，可发现六鞭毛虫、黏孢子虫、微孢子虫、复殖吸虫和绦虫幼虫等。胆囊壁和胆汁，除用载片法在显微镜下检查外，都要同时用压缩法或放在培养皿里用解剖镜或低倍显微镜检查。

⑫ 心脏。取出心脏放在盛有生理盐水的培养皿里。检查外表之后，把心脏剪开，可发现血居吸虫和线虫。用小镊子取一滴内含物，用显微镜检查，可发现锥体虫、拟锥虫和黏孢子虫。

⑬ 鳔。取出鳔，先观察它的外表，再把它剪开，可发现复殖吸虫、线虫。用镊子剥取鳔的内壁和外壁的薄膜，放在载玻片上排平，滴入少许生理盐水，在显微镜下观察，可发现黏孢子和胞囊，同时用压缩法检查整个鳔。

⑭ 肾。取肾应当完整，分前、中、后三段检查，各查两片。可发现黏孢子、球虫、微孢子虫、复殖吸虫、线虫等。

⑮ 膀胱。完整地取出膀胱放在玻片上，没有膀胱的鱼则检查输尿管。用载玻片法和压缩法检查，可发现六鞭毛虫、黏孢子虫、复殖吸虫等。

⑯ 性腺。取出左、右两个性腺，先用肉眼观察它的外表，常可发现黏孢子虫、微孢子虫、复殖吸虫囊蚴、绦虫的双槽蚴、线虫等。

⑰ 眼。用弯头镊子从眼窝里挖出眼睛，放在玻璃皿或玻片上，剖开巩膜，放在玻璃体

和水晶体，在低倍显微镜下检查，可发现吸虫幼虫、黏孢子虫。

⑱ 脑。打开脑腔，用吸管吸出油脂物质，灰白色的脑即显露出来，用剪刀把它取出来，镜检可发现黏孢子虫和复殖吸虫的胞囊或尾蚴。

⑲ 脊髓。把头部与躯干交接处的脊椎骨剪断，再把身体的尾部与躯干交接处的脊椎骨也剪断，用镊子从前端的断口插入脊髓腔，把脊髓夹住，慢慢地把脊髓整条拉出来，分前、中、后等部分检查，可发现黏孢子虫和复殖吸虫的幼虫。

⑳ 肌肉。首先剖开一部分皮肤，再用镊子把皮肤剥去，用肉眼检查后，先在前、中、后等部分取一小片肌肉放在载玻片上，盖上盖玻片，轻轻压平，在显微镜下观察，再用压缩法检查。可发现黏孢子虫、复殖吸虫、绦虫、线虫等的幼虫都可发现。

3. 检查时应注意的事项

（1）用活的或刚死的鱼检查　由于机体的死亡，寄生虫也很快随着死亡，而且形状改变并腐烂。死亡时间长的鱼类，由于腐败分解，原来所表现的症状已经无法辨别。

（2）保持鱼体湿润　如鱼体干燥，则寄生在鱼体表面的寄生虫会很快死亡，症状也随之不明显或无法辨认。

（3）取出的内脏器官除保持湿润外，还要保持器官的完整　取出的内脏器官均完整地放在白盘内，避免寄生虫从一个器官移至另一器官，以致无法查明或错认寄生虫的部位，从而影响诊断的正确性。

（4）用过的工具要洗干净后再用　为了防止诊断时产生寄生虫部位的混乱，应将用过的工具洗净后再用。

（5）一时无法确定的病原体或病象要保留好标本。

二、病原体的分离鉴定

病原体的分离鉴定是传染病确诊的经典方法，也是疾病研究和确诊新病的基本方法。

1. 病毒的分离鉴定

以无菌方法取患病动物的肝、脾、肾等内脏器官，剪碎、研磨或捣碎，用 Hank's 液或生理盐水或 pH 值 7.2 的 PRS 液制成 1∶10 的匀浆，加入青霉素和链霉素，每毫升含量为 800～1000IU（或"μg"），冻融三次，离心后取上清液，使其通过细菌滤器除菌，取上滤液接种于敏感细胞或敏感动物，如果细胞出现细胞病变效应，或动物出现与自然发病时相同的症状时即可证明病毒分离成功。要鉴定为何种病毒，须作电镜观察和特定试验鉴定其核酸类型和生物学特性。对常见病毒最好用血清学实验进行快速鉴定。

2. 病原菌的分离鉴定

将濒死动物在无菌环境下用无菌水洗净并用紫外线照射彻底清除体表杂菌后，以无菌方法从病灶深层的器官或组织内部取样接种到适宜的培养基，经 28～30℃培养 24～48h，取单个菌落纯化后用于致病性试验和细菌鉴定试验。通过致病性试验，接种动物如果出现与自然发病相似的症状，并且从人工感染发病的动物体上分离得到与接种菌相同的菌种，即可验证此菌种为该病的病原菌。再根据细菌形态特征和生理、生化特性或血清学实验对其进行鉴定。

三、免疫诊断

免疫诊断技术与分子诊断技术的发展为水产动物疾病的正确诊断、治疗和预防提供了前提。用分离培养法诊断水产动物的传染性疾病病原要进行各类繁琐的试验，往往需要 1 周或更长的时间，且有些病原还难以分离甚至不能分离。因此，必须借助于免疫诊断技术和分子诊断技术。

抗原与相应抗体在体外或体内发生的特异性结合后出现凝集、沉淀、补体结合等不同类型的反应称为抗原抗体反应。抗原、抗体的体外反应称为血清学反应；抗原、抗体的体内反应称为免疫学反应。可用已知抗原检测未知抗体，也可用已知抗体检测未知抗原。

免疫诊断技术主要是利用各种血清学反应对细菌、病毒引起的传染性疾病进行诊断，方法很多，如酶联免疫吸附试验（ELISA）、点酶法、荧光抗体法、葡萄球菌 A 蛋白协同凝集试验、葡萄球菌 A 蛋白的酶联染色法、聚合酶链式反应、核酸杂交技术、中和反应、凝集反应、环状试验、琼脂扩散试验、免疫电泳、放射免疫、免疫铁蛋白、补体结合等。免疫诊断技术具有灵敏度高、特异性强、迅速方便等优点。

四、分子生物学诊断

水产动物疾病诊断中常用的分子诊断技术有聚合酶链反应（polymerase chain reaction，PCR）技术和核酸分子杂交技术。

1. 聚合酶链反应

PCR 技术是 20 世纪 80 年代中期发展起来的体外核酸扩增技术。它具有特异、敏感、产率高、快速、简便、重复性好、易自动化等突出的优点。从提取核酸加入特异性引物后用 PCR 扩增，再用电泳确认扩增产物只需要数小时。但此法检测准确性略低，操作繁琐，需要昂贵的 PCR 仪和凝胶电泳设备，且所用药品（如溴化锭）具有强烈的致癌性，有较强的危险性，因此一般仅适用于实验室使用。

比较 PCR 技术、免疫技术和病原分离培养技术：在灵敏性方面，PCR 技术和病原分离培养技术相对较好；在速度上，PCR 技术、免疫技术相对较好；在定量分析上，免疫技术和病原分离培养技术较 PCR 技术好。

2. 核酸分子杂交技术

核酸分子杂交技术是利用核酸分子的碱基互补原则发展起来的。它具有快速、准确、灵敏、操作简单、不需要昂贵的实验设备、易于大量制备等优点。但此法灵敏度不如 PCR 方法。由于核酸分子杂交的高度特异性及检测方法的灵敏性，它已成为分子生物学中最常用的基本技术。其基本原理是利用一种预先纯化的已知 DNA 或 RNA 序列片段去检测未知的核酸样品。已知 DNA 或 RNA 序列片段称为"探针"（probe），常常用放射性同位素标记。

迄今为止，国内、外均已开发了商品化对虾白斑综合症病毒（WSSV）的 PCR 检测试剂盒和核酸探针检测试剂盒。PCR 技术和核酸分子杂交技术已经大量应用于水产动物疾病的快速诊断。

项目二　渔用药物的使用

一、渔用药物的种类认识

1. 环境改良与消毒药物

环境改良剂是指为改善水产养殖生物的生活环境而使用的药剂。水产生物生活环境主要指对生物影响较大的水质环境和底质环境，因此习惯上对改善水质环境的药物称"水质改良剂"，对于改善底质环境的药物称为"底质改良剂"。

消毒是指清除或消灭外环境中的病原微生物及其他有害微生物。消毒是针对病原微生物和其他有害微生物的，并不要求清除或杀灭所有微生物，而且消毒是相对的而不是绝对的，它只要求将有害微生物的数量减少到无害的程度，而并不要求把所有有害微生物全部杀灭。

用作水产动物养殖生产的环境改良与消毒药物主要有以下几类。

（1）含氯消毒剂　含氯消毒剂溶于水后能产生次氯酸。目前常用的含氯消毒剂有次氯酸钠、漂白粉、二氧化氯、氯胺-T、三氯异氰尿酸、二氯异氰尿酸钠、氯溴三聚异氰酸、二溴海因等。

含氯消毒剂的杀菌机制包括次氯酸的氧化作用、新生氧作用和氯化作用。次氯酸的氧化作用是最主要的杀菌作用，即含氯消毒剂在水中形成次氯酸作用于菌体蛋白质，破坏其磷酸脱氢酶或与蛋白质发生氧化反应，致细菌死亡；新生氧作用是由次氯酸分解形成新生态氧，将菌体蛋白质氧化，致细菌死亡；氯化作用是指氯直接作用菌体蛋白质，形成氮-氯复合物，干扰细胞代谢，引起细菌死亡。

（2）过氧化物消毒剂　过氧化物消毒剂具有强大的氧化能力。常用的有过氧化钙、过氧化氢、臭氧等。

过氧化物由于具有自身结构的特点，在使用中不产生毒性，属于无公害的消毒剂，近年来得到广泛应用。过氧化物消毒剂的可分解成分为无毒成分，无残留毒性、杀菌能力较强，大多可作为灭菌剂；易溶于水，在分解中产生氧，可作为增氧剂使用。但是，过氧化物消毒剂易分解、不稳定，有腐蚀作用，药物未分解前对人有一定的刺激性或毒性。

（3）碱类消毒剂　主要通过上调 pH 值，杀灭多种病原生物，常用的有氧化钙等。碱类消毒剂用量变化很大，应视淤泥多少、土质酸碱度和养殖动物的耐受性而定。一般不能与其他药物同时使用。

（4）酸类消毒剂　主要有柠檬酸、乙酸等。

（5）盐类消毒剂　主要有氯化钠、碳酸氢钠、乙二胺四乙酸二钠盐、硫酸亚铁、硼砂等。

（6）重金属盐类消毒剂　主要有高锰酸钾、硫酸铜、氯化铜等。

（7）季铵盐类消毒剂　包括新洁尔灭（苯丸溴铵）、洗必泰、双链季铵盐络合物等。这类药物通过改变细菌细胞膜的通透性，使细菌的内容物外逸而杀菌。其杀菌浓度较低，毒性和刺激性低。溶液大部分无色，不污染物品，无腐蚀和漂白作用；水溶性好，表面活性强；性质稳定。但是，季铵盐类消毒剂对部分微生物杀灭效果不好，特别是对病毒的作用差；价格较贵，配伍禁忌较多；杀菌效果受有机物影响较大。目前常用的主要为双链季铵盐络合物。

（8）碘和含碘消毒剂　主要包括碘、碘伏、聚乙烯酮碘等。此类药物作用机制多种多样，有的药物可使病原微生物的蛋白质沉淀变性；有的与微生物的酶系统结合干扰其功能；有的能降低细菌表面张力，增加其细胞膜的通透性，造成溃破或溶解，使病原微生物生长繁殖受到阻抑或死亡。

环境改良与消毒药物的作用受药物本身理化性质和使用浓度等因素的影响。一般药物浓度越高，其杀菌、抑菌效果越好，但有的药物需选择合适的浓度，如 $70\% \sim 75\%$ 酒精比 90% 的杀菌效果好。此外，药物作用的温度、时间、环境、pH 值也影响其效果。病原微生物本身对此类药物的敏感性不同，还有环境中有机物含量的多少与这类药物的抗菌作用强弱成反比。因此，在选用此类药物时，从多方面考虑才能达到满意的预期效果。

2. 抗微生物类药物

抗微生物类药物是由某些微生物在其生命繁殖过程中产生的能选择性杀灭其他生物或抑

制其功能的化学物质。大多数抗微生物药主要通过微生物发酵法进行生物合成，少数分子结构清楚的可通过化学合成方法生产，有些还可以通过改造生物合成抗微生物药的分子结构制成半合成抗微生物药。

（1）抗生素　主要包括青霉素、氨苄青霉素等 β-内酰胺类；链霉素、庆大霉素、卡那霉素、制霉菌素等氨基苷类；四环素、土霉素、金霉素等四环素类。

（2）喹诺酮类　主要包括氟甲喹、恶喹酸、萘啶酸、吡哌酸、盐酸洛美沙星、诺氟沙星、氧氟沙星等。

（3）磺胺类　主要包括磺胺嘧啶、磺胺甲基嘧啶、磺胺甲基异恶唑、磺胺二甲基异恶唑、磺胺甲氧嘧啶、磺胺间二甲氧嘧啶等。

（4）抗菌增效剂　主要包括甲氧苄氨嘧啶、二甲氧苄氨嘧啶等。

（5）抗病毒药　主要包括碘、吗啡胍等。

在药物治疗中使用的各种抗微生物药都具有选择性，通过干扰抗病原微生物的代谢过程引起结构和成分的变化，从而起到抑菌或杀菌的效果。药物作用机制可以概括为抑制细菌核酸的合成、阻碍细胞壁的合成、影响细菌细胞蛋白质的合成、损坏细菌的细胞膜等。在选择抗微生物类药物防治水产动物疾病时，除了要明确该药物的作用机制外，还应该弄清楚药物对病原菌究竟是抑菌作用还是杀菌作用，这对于确定药物的剂量及方法非常重要。一般而言，使用抑菌药物后，病原菌数量不会减少，药物在水产动物体内的有效浓度保持一定时间，需要计算初次用药量和再次使用维持量，水产动物最终依靠自身的免疫防御功能作用使疾病痊愈；而杀菌作用的药物通过直接杀死水产动物体内的致病菌而产生治疗效果，不需要考虑药物在水产动物体内维持一定时间的杀菌浓度。

3. 驱虫、杀虫类药物

由各种寄生虫寄生于水生动物体内或体外所引起的疾病称寄生虫病。该病在养殖过程中比较普遍，且危害大。习惯将用于驱除体内寄生虫的药物称为驱虫剂；对针对体外寄生虫使用的药剂称杀虫剂。水产动物疾病防治所使用的杀虫剂专指以杀灭水产生物以外的寄生虫的药物。根据药物作用对象、特点，可分为以下四类。

（1）抗原虫类药物　主要有硫酸亚铁、硫酸锌、氯化钠、盐酸奎宁、高锰酸钾、苯扎溴铵、亚甲蓝、氯胺-T、左旋咪唑等。

（2）抗蠕虫、绦虫、线虫类药物　主要有硝酸铵、敌百虫、过氧化氢溶液、甲苯咪唑、吡喹酮、伊维菌素等。

（3）杀灭寄生甲壳类动物药物　主要有敌百虫、高锰酸钾、二溴磷等。

（4）除害药　主要有硫酸铜、螯合铜、敌百虫、高锰酸钾等。

驱虫剂对宿主须低毒性，而对寄生虫有较强的杀伤效果。驱除肠道寄生虫的驱虫剂应具有不易被肠道吸收的特性；驱除组织内寄生虫的驱虫剂则要求易被吸收并能集中到被寄生器官中。此类药物种类较多，应合理选择，正确使用。

4. 中药

当前，我国水产动物养殖已形成规模，但鱼病学研究水平相对落后，鱼病临床医学在相当程度上还处于化学疗法时代，存在很多不规范因素。在鱼病学防治领域引入中医、中药，把中医、中药的传统理论和现代医学知识相结合，创造新医学、新药学，科学地配制适用于养殖鱼类的无公害、低残留中药组方，完善和发展中药的制备工艺，改良中药的剂型并在鱼病防治实践中大力推广使用，将有助于解决鱼病临床医学面临的新问题。

中药化学成分极其复杂，一种中药往往含多种化学成分，但不是所有成分都能起到预防疾病的作用。通常把中药含有的化学成分分为有效成分和无效成分。有效成分包括生物碱、苷类、挥发油、鞣质等；无效成分有树脂、油脂、糖类、蛋白质及色素等。各种有效成分都具有预防疾病的作用。

(1) 生物碱 具有相当强烈的生理作用,是植物药中比较重要的化学成分。大多具有抑菌、杀虫作用。常用药物有乌桕、铁苋菜、黄芪、黄连、黄芩、苦参、槟榔、烟草等。

(2) 苷类 苷的种类较多,用于防治水产动物疾病的主要有黄酮苷类、蒽醌苷类、皂苷类等三种。具有显著的抗菌、抗病毒、泻下、解毒等作用。

(3) 挥发油 由于含挥发油的中药具有芳香,故挥发油又称为芳香油。其具有抗菌、抗病毒、驱虫等作用,如大叶桉、水辣蓼、生姜、大蒜等。

(4) 鞣质 其化学成分属多元酚的衍生物。具有收敛止血、止泻、抗菌等作用,如大黄、五倍子、石榴皮、仙鹤草、茶叶等。

5. 微生物制剂

微生物制剂包括预防用生物制剂、微生态制剂、抗病血清和干扰素等。

(1) 预防用生物制剂 目前,预防用生物制剂应用较广的是疫苗。疫苗是用病原体(细菌、病毒、毒素)制备的能诱导水产动物产生对特定病原体抗体和其他免疫反应的制品。疫苗是优良的无公害鱼药,一般对环境不会造成污染,也不会在体内产生残留。但由于疫苗的作用是通过自身的免疫应答达到防治目的,因此,优良的病害预防疫苗并不多见,研制一个高效的疫苗所需的时间和投入也极大。我国已经正式通过新兽药文号的用于鱼类的疫苗,主要有草鱼出血病疫苗和鱼类嗜水气单胞菌疫苗。

(2) 微生态制剂 微生态制剂是指从水产动物体内分离出来的有益微生物,经特殊工艺制成的只含活菌或者包含细菌菌体及其代谢产物的活菌制剂。

使用微生态制剂的最终目的是维持水生动物消化道内的微生物平衡,改变肠道微生物区系、抑制有害菌的生长、降低疾病的发生、提高免疫力、提高水生动物对饲料的利用率。同时有些微生物(如双歧杆菌)在肠内发酵后,可产生乳酸和乙酸等,从而提高对钙、磷、铁的利用率,并促进铁和维生素 D 的吸收。还可合成维生素和蛋白质,因而具有营养作用。使用微生态制剂应注意的事项如下。

① 选择适宜的菌种。不同种类的水生动物对菌种要求各不相同;同一菌株用于不同的水生动物,产生的效果差异也很大。使用时一定要了解菌种的性能和作用,如选择不当,不仅达不到应有的效果,还会破坏原有的菌群,甚至会引起疾病的发生。

② 科学确定使用剂量及浓度。微生态制剂必须含有规定数量的活菌数才能取得应有的使用效果。

③ 选择适当的应用时间。微生态制剂对于无公害产品的生产是个好方法,它能长期使用,而且连续使用能产生与使用抗生素近似的防治效果,但长期使用会增加养殖成本。因此,在养殖过程中选择适当的时间,作为一种生态调节剂使用比较合适。如在病后的康复期、纠正菌群失调、治疗消化不良时使用,效果更好,也更实际。

④ 注意制剂的保存期。由于微生态制剂多数是活菌制剂,随着保存时间的延长,活菌数量也逐渐下降,下降速度因菌种和保存条件而各不相同,应注意其保存期限。

(3) 抗病血清 抗病血清是抗毒素、抗菌血清和抗病毒血清的总称。用细菌类毒素免疫后得到的免疫血清称为抗毒素;用细菌和病毒免疫动物得到的血清称为抗菌血清和抗病毒血清。抗病血清中含有大量的抗病原体特异性抗体,将其注射到水生动物体内后,可使机体迅速获得抗传染病的能力。由于这种抗体不是机体自身产生而是来源于其他动物,因此这又称为被动免疫。这是预防和治疗传染病的紧急措施,特别对于经济价值较高的患病动物,被动免疫有较大的优点,但被动免疫往往维持的时间短,要获得长期免疫力,应在注射抗病血清后 1~2 周再注射疫苗。

抗病血清在水产方面应用较少，更多是在研究某一病原体的保护性抗原时有更大的应用价值。近年来，随着甲鱼疾病的迅速蔓延，国内出现了用高免疫血清治疗甲鱼红脖子病、出血性败血症的措施，并获得了较大的成功。

（4）干扰素　干扰素是由病毒、细菌、真菌、原虫及植物凝集素（PHA）等诱导组织培养细胞或动物机体细胞产生的一种低分子量的可溶性糖蛋白。干扰素的生物学功能并非直接对病毒灭活，而是作用于未感染的细胞，使这些细胞处于抑制状态的抗病毒蛋白（AVP）基因去抑制和表达 AVP 以发挥抗病毒作用。抗病毒蛋白包括蛋白激酶、$2'$-$5'$A 合成酶和 2-磷酸二酯酶，可抑制病毒蛋白质的生物合成，亦可影响病毒的组装和释放，从而抑制病毒的复制。受染细胞在病毒复制的同时即合成或释放干扰素，早于特异性免疫的产生，并能很快渗入邻近细胞，诱发抗病毒蛋白，限制病毒的扩散。

干扰素可提高水产动物的免疫功能，依靠自身的力量抗击病毒，因此它不像抗生素那样产生药害。从理论上看，它是一种理想的新药，但其价格昂贵，目前只能应用于试验。

二、渔用药物使用

水生动物栖息在水中，为使其充分吸收和取得较好的疗效，给药时首先要确保药物进入水产动物体内。如果给药方式不当，药物溶于水中而流失，不仅给水环境带来污染，而且达不到预期的疗效。具体给药方法取决于患病水产动物的种类和大小，以及药物本身的特性。

1. 药浴法

药浴法是指将水产动物集中在较小的容器中，在较高浓度药液中进行短期强迫药浴，以杀灭体外病原体，是一种重要的给药方法。在生产上，可以把水产动物放入溶有药物的水中浸洗，也可以在水产动物栖息水域中溶入药物。药浴能直接清除水产动物体表寄生的病原生物，还能通过患病部位和鳃部被机体吸收。此法用药量少、疗效好、不污染水体，但是操作较复杂、易弄伤机体，且对水体中的病原体无杀灭作用。一般应用于水产动物转池、运输时预防性消毒使用。根据药浴时间和浓度的不同，可以将浸洗方法分为如下几种。

（1）瞬间浸洗法　是将水产动物放养在盛有药液的容器中，浸泡数 10s 至 1min。如用高浓度食盐水浸泡水产动物，以清除其体表和鳃部寄生虫时，由于食盐水浓度较高，要注意控制好浸泡时间。

（2）短时间浸洗法　此法一般在流水饲养池中应用，首先关闭进水阀，并将定量药物溶解后均匀泼洒到池中。是一种不需要捕捞水产动物的施药方法，经常被用于治疗水产动物体表发生的疾病和鱼类的细菌性鳃病。使用时应注意药物泼洒均匀，如果出现缺氧，应及时采取措施增氧。

（3）流水浸洗法　在药物处理的过程中保持饲养池的注水阀通畅，在一定时间内用高浓度的药液从注水口滴加，使药物均匀地分布在饲养池中，此法可看成是短时间浸泡法的另一种形式。

（4）长时间浸洗法　此法是在静水饲养池中均匀泼洒低浓度的药液，治疗水产动物体表和鳃部的各种寄生虫。浸泡后的药物虽然能在池水中分解，但药物对水产动物有残留。

（5）恒流浸洗法　这是一种常在水族馆等封闭的循环水系统中使用的方法，将一定量的药物添加在水体中循环流动，预防各种寄生虫病。

用药浴法治疗水产动物疾病时，选用的药浴容器应不与药物发生反应，避免腐蚀容器和降低药性；正确测量水体体积，准确计算药物用量；最好选用水溶性药物，对于难溶的药物，应先用溶媒将其充分溶解后再溶于水中使用；应以水产动物安全为前提，同时掌握好药物浓度、浸洗时间和水温之间的相互影响。需要特别注意的是，水温与药物的毒性有密切关系，通常水温越高药物对水产动物的毒性越强，因此，在高温条件下，应适当降低药物的用量。操作过程中要仔细，减少水产动物产生的应激反应，避免体表黏液脱离、表皮擦伤等；不同规格和不同品种的水产动物对各种药物的耐药性有所不同，因此在药浴时要密切注意其活动状况，发现异常情况应立即将其放回水池。为避免发生意外，可先做试验。

2. 全池泼洒

全池泼洒就是将药物溶解后均匀地泼洒在池塘中，使池水中的病原体和水产动物体表的病原体充分与药物接触而被杀死。在疾病流行季节，定期用药全池泼洒，不仅可杀灭水产动物体表、鳃部及水体中的病原体，而且对预防疾病效果显著。但此法存在安全性差、用药量大、副作用较大、对水体有一定污染等缺点，使用不慎则易发生事故。

有些常用药物虽然防治疾病种类多、效果好，但并非对所有疾病都有效。抗微生物类药物、广谱性药物虽然使用范围较广，但极易增强部分种类病原体的耐药性，为下一步防治工作带来更大的困难。有些疾病是因为养殖水质差或营养不良造成的，盲目施药不但达不到治疗目的，反而浪费人力、财力，对环境造成危害。只有通过正确诊断疾病，有针对性地选择药物、对症下药，才能达到预期效果。

用药时必须准确计算水体面积和体积，准确计算用药量。只有保证用量的准确，才能安全有效地发挥药物的作用，达到防治的目的，避免养殖动物药物中毒。

药物应随时配制、随时泼洒，以免影响药效。对漂白粉类药物和生石灰等，配制后趁热施用效果更好。必须使药物充分溶解，适当稀释后泼洒均匀。施药不均匀则易导致中毒或疗效不佳；泼洒溶解不充分的药液，会在水体中留有药物颗粒，使养殖动物误当饲料吞食，同样能引起养殖动物中毒。

长期使用同一药物会使病原体产生抗药性，降低防治效果。因此，应选择几种药物交替使用，延缓抗药性的形成，提高药物防治的效果。

水产动物浮头时池水中溶氧不足，此时体质较弱，易昏迷，不宜施用增加溶氧以外的药物；清晨和阴雨天池水的温度和溶氧量均较低，全池泼洒后可能引起水体严重缺氧，使鱼浮头；中午溶氧虽高，但水温也较高，水产动物代谢速率增强、药物反应加速，容易造成水产动物死亡。因此，春、秋季气温较低，应在中午用药；夏季高温时，宜在凌晨或下午3:00～4:00以后泼洒。操作过程中要细心，由上风处向下风处泼洒，避免药物洒到人身上。

3. 挂篓、挂袋法

在食场周围悬挂盛药的袋或篓，形成一个消毒区，当水产动物来摄食时达到消灭体外病原体的目的。此法具有用药量少、方法简便、没有危险、副作用小等优点。但只能杀死食场附近水体中的病原体以及常来摄食的水产动物体表的病原体，杀灭病原体不彻底，只适用于预防及疾病早期的治疗。一般在施药前宜停食1～2天，保证水产动物在用药时前来摄食。食场周围药物浓度要适宜，浓度过低，水产动物虽来摄食，但杀不死病原体，达不到预期目的；药物浓度过高，水产动物不来摄食，也达不到用药目的。

挂篓、挂袋法应先在养殖水体中选择适宜位置，然后用竹竿、木棒等扎成三角形或方形框，并将药袋或药篓悬在各边框上。悬挂的高度根据水产动物的摄食习性而定。漂白粉挂篓法，每篓装漂白粉100g，每个食场挂3～6只。挂到表层时，篓应露出水面；挂到底层时，应离底15～30cm。硫酸铜和硫酸亚铁合剂（5∶2）挂袋法，每袋装硫酸铜100g、硫酸亚铁40g，每个食场挂袋3只。每天换药1次，连挂3～6天。

4. 口服法

口服给药也是水产动物常用的给药方法。通常情况是将药物或疫苗与水产动物喜吃的饲料拌以黏合剂混入或浸入饲料中，制成大小适口、在水中稳定性好的颗粒药饵投喂，以杀灭水产动物体内的病原体。采用口服给药，用药量少、使用方便、不污染水体，但健康或患病轻的水产动物摄食多、摄入药物也多。因此，应趁水产动物摄食能力未下降之前及时给药，对于病情严重、食欲下降的可通过先投喂不加药物的普通饲料，让养殖池中健康的水产动物先摄食后再投喂药饵。此法适用于治疗和预防。

口服药量一般根据水产动物重量计算标准用药量，标准用药量则根据不同的药物种类，对水产动物投药后能在短时间内使其体内药物浓度上升，达到有效药物浓度，并能维持一定的时间和药物剂量而确定。口服药物使用 1 次，一般达不到理想的疗效，至少要投喂一个疗程（3～5 天）。药饵的投喂量一般采用平时投饵量的一半，一次以投喂全天饲料量为宜。水产动物空腹投喂更容易使药饵中的药物进入体内而达到药物的有效浓度。投饵时间应尽量做到发现患病且确认病原体后及时用药。此外，要根据水产动物摄食情况、游动状态、死亡数量和外观症状等进行综合判断是否用药。当每天水产动物死亡数量达到总数的 0.1％以上时，就应当开始投药治疗。

药饵的制作应根据水产动物的摄食习性、个体大小以及药物剂型，用机械或手工加工制成。为了避免药物的损失和让水产动物能摄食药饵，不同药物剂型可采取不同的措施。制作脂溶性药物制剂，可用相当于饲料重量 5％～10％的油与药物充分混合，然后将固形饲料加入其中搅匀，使油和药物的混合物吸附在饲料的表面，阴干 20min 后投喂；制作粉状饲料和鱼糜，可以将准备好的药物直接拌和其中即可；制作水溶性药物制剂，添加在固形饲料中比较适宜，而不宜直接添加在鲜鱼和鱼糜中，当添加在鲜鱼和鱼糜中，需添加黏附剂等措施以避免药物流失；制作药物散剂，应该在药物中添加一定比例的乳糖、酵母粉等做成的制剂；制作水产动物药饵时，应注意尽量提高药物在药饵中所占的比例。

投喂药饵时，药饵要有一定的黏性，以免遇水后不久即散，而影响药效，但也不宜过黏；计算用药量时，不能单以生病的品种计算，应将所有能吃食的品种计算在内；投喂前应停食 1～2 天，保证水产动物在用药时能前来摄食。

5. 注射法

注射法是采用注射器将定量的药物经过水产动物的腹腔或肌肉注射进机体内的一种给药方法。注射法较拌药饵投喂法进入机体内的药量更为准确，而且具有吸收快、疗效好、用药量少的特点。但是操作比较麻烦，容易造成水产动物受伤。所以，除对名贵水产动物、亲体和人工注射免疫疫苗时采用注射法外，一般较少采用该给药方法。常用的注射方法有体腔注射和肌内注射。

（1）体腔注射　注射前应先熟悉水产动物内脏器官的位置，以免注射时伤及内脏。鱼的注射部位一般在胸鳍基部无鳞片的凹入部位。注射时鱼夹中的鱼侧卧在水中，把鱼上半部拖出水面，将针头朝向头部前上方与体轴成 45°～60°角刺入 1～2cm，把注射液徐徐注入鱼体，注射深度应依鱼体大小而定。

（2）肌内注射　肌内注射部位是在侧线与背鳍间的背部肌肉。注射时，把针头向头部方向稍挑起鳞片，与鱼体呈 30°～40°角进针，把注射液徐徐注入。刺入深度应根据鱼体大小而定，以不达至脊椎骨为度。

注射过程中应先配制好注射药物和消毒剂；注射器和注射部位都应消毒；注射时要做到快速、准确、稳妥，水产动物挣扎时应停止操作。

6. 涂抹法

涂抹法是在水产动物体表患病部位涂抹浓度较高的药液或药膏以杀灭病原体的一种给药方法。此法适用于产卵后受伤亲鱼的创伤处理、名贵水产动物体表疾病防治等。此法具有用药量少、方便、安全、无副作用等特点。操作时先将患病水产动物捕起，用一块湿毛巾将其裹住，在病灶处涂上药液。在处理过程中应将水产动物头部稍提起，以防药液进入鳃部、口腔而产生危害。

7. 浸沤法

浸沤法主要针对于中药而言。首先，将中药扎成捆，浸泡在池塘上风处或进水口处，让浸泡出的有效成分扩散到池中，以杀灭或抑制水产动物体表和水中的病原体。此法药物发挥作用速度较慢，但中药一般副作用低，是一种比较生态的用药方法，一般用于预防。

小　　结

　　水产动物常见病害的检查与诊断，先从现场调查疾病异常现象、环境状况、饲养管理状况，然后对病体由表到内进行目检及镜检，对于需要做病体分离培养才能作出诊断的，要进行分离培养，结合免疫学诊断技术、分子生物学诊断技术来作出更准确的诊断。

　　渔用药物包括环境改良与消毒药、抗微生物类药物、驱虫杀虫药、中药、微生物制剂等。使用方法包括药浴法、全池泼洒、挂篓与挂袋法、口服法、注射法、涂抹法和浸沤法。

　　通过对这部分内容的学习，学生可掌握水产养殖动物疾病检查和诊断的方法，学会如何科学、有效地使用渔药。

目 标 检 测

一、填空题

1. 生石灰清塘的方法有（　　　　　　）和（　　　　　　）两种。

2. 水产药物选择应遵循（　　　　　）、（　　　　　）、（　　　　　）、（　　　　　）基本原则。

3. 常用的杀寄生虫药物有（　　　　　）和（　　　　　）等。

4. 水产上常用的氯消毒剂有（　　　　　）、（　　　　　）、（　　　　　）。

二、简答题

1. 简述鱼病的镜检方法。

2. 简述鱼体检查的基本步骤。

3. 简述渔用药物的种类。

4. 简述病鱼检查的注意事项。

5. 简述石灰在水产养殖中的作用。

三、论述题

1. 论述常用渔药的使用方法。

2. 某养殖场发生了严重的鱼病，若请你去诊断，你将如何展开工作？

模块八　水产动物常见病害防治技术

【知识目标】

　　了解常见水产动物病害的症状和流行情况。

【能力目标】

　　能够正确地诊断出水产动物病害的种类；能够根据水产动物的患病的情况正确地制订治疗方案。

项目一　病毒性疾病的防治

一、草鱼出血病的防治

　　【病原】草鱼呼肠孤病毒（GCRV）。病毒呈 20 面体对称的球形颗粒，直径为 65～72nm，具双层衣壳。

　　【症状及病理变化】病鱼体色发黑，离群独游水面，反应迟钝，摄食减少或停止。主要症状是病鱼各器官组织有不同程度的充血、出血（彩图 8-1，彩图见插页）。根据病鱼所表现的症状及病理变化，大致可分为如下三种类型。

　　（一）"红肌肉"型草鱼出血病的防治

　　病鱼外表无明显的出血症状，或仅表现轻微出血，但肌肉明显充血，严重时全身肌肉均呈红色，鳃瓣则严重失血，出现"白鳃"（彩图 8-2，彩图见插页）。这种类型一般在较小的草鱼种（体长 7～10cm）较常见。

　　（二）"红鳍红鳃盖"型草鱼出血病的防治

　　病鱼的鳃盖、鳍基、头顶、口腔、眼眶等明显充血，有时鳞片下也有充血现象，但肌肉充血不明显或仅局部出现点状充血。这种类型一般见于较大的草鱼种（体长 13cm 以上）（彩图 8-3，彩图见插页）。

　　（三）"肠炎"型草鱼出血病的防治

　　病鱼体表及肌肉的充血现象均不明显，但肠道严重充血。肠道部分或全部呈鲜红色，肠系膜、脂肪、鳔壁等有时有点状充血。肠壁充血时，仍具韧性，肠内虽无食物，但很少充有气泡或黏液，可区别于细菌性肠炎病。这种类型在各种规格的草鱼种中都可见到（彩图8-4，彩图见插页）。

　　上述三种类型的病理变化可同时出现，亦可交互出现。

　　【流行情况】本病是我国草鱼鱼种培养阶段危害最大的病害之一，主要危害 2.5～15cm 的草鱼和 1 足龄的青鱼，有时 2 足龄以上的草鱼也患病。主要流行于长江流域和珠江流域诸省市，尤以长江中、下游地区为甚，近年来在华北地区也有发生。流行严重时，发病率达 30%～40%，死亡率可达 50% 左右，严重影响草鱼养殖。每年 6～9 月是此病的主要流行季节，水温 27℃ 以上最为流行，水温降至 25℃ 以下时病情逐渐消失。病毒的传染源主要是带毒的草鱼、青鱼以及麦穗鱼等，从健康鱼感染病毒到疾病发生需 7～10 天。一旦发生，常导致急性大批死亡。

【诊断方法】

1. 根据症状及流行情况进行初步诊断

在根据症状及流行情况进行初步诊断时，必须注意以下区别。

（1）以肠出血为主的草鱼出血病和细菌性肠炎病的区别　活检时，前者的肠壁弹性较好，肠腔内黏液较少，病情严重时，肠腔内有大量红细胞及成片脱落的上皮细胞；后者的肠壁弹性较差，肠腔内黏液较多，病情严重时，肠腔内有大量黏液和坏死脱落的上皮细胞，红细胞较少。

（2）草鱼出血病和细菌性败血症的区别　前者主要危害草鱼、青鱼的鱼种；后者则危害团头鲂、鲫鱼、鲢鱼、鳙鱼、鳜鱼、加州鲈、黄鳝、草鱼、白鲳、银鲴、大口鲇等多种淡水鱼。

2. 根据病理变化可以作出进一步诊断

如患出血病的鱼，小血管壁广泛受损，形成血栓，同时引起脏器组织梗死样病变；在肝细胞等的胞质内可以看到嗜酸性包含体；超薄切片用透射电镜观察，在胞质内可以看到球形病毒颗粒；血液中红细胞数、血红蛋白数及白细胞数均非常显著地低于健康鱼；白细胞血式中，淋巴细胞比例十分显著地低于健康鱼，单核细胞比例则非常显著地高于健康鱼；血清谷丙转氨酶、异柠檬酸脱氢酶、乳酸脱氢酶活性增高；血清乳酸脱氢酶在近阴处出现第六条区带；血浆总蛋白、血清白蛋白、尿素氮、胆固醇均降低等。

3. 免疫血清学及分子生物学诊断

最后确诊需进行免疫血清学及分子生物学诊断，常用的免疫血清及分子生物学诊断方法有以下几种。

（1）葡萄球菌 A 蛋白协同凝集试验　该方法快速、特异、设备简单，适合基层单位检测。

（2）酶联免疫吸附试验（ELISA 法）　该方法灵敏、准确、特异，可用于作早期诊断。该方法的灵敏度至少比连续对流免疫电泳法（DCIE）高 400 倍。中国科学院武汉病毒研究所已制成试剂盒，可供早期诊断用。

（3）斑点酶联免疫吸附试剂（Dot-ELISA）　简称点酶法。邵健忠等 1996 年报道，该方法操作简便，不需要特殊的酶标仪；灵敏度高，比葡萄糖球菌 A 蛋白协同凝集试验的灵敏度高 10 倍，比常规酶联免疫吸附试验高 20 倍。在鱼已带毒，但尚未显症时即可检出。可用于早期诊断、检疫和病毒疫苗质量检定，是适合基层单位的快速、准确和易行的检测方法。

（4）逆转录聚合酶链式反应（RT-PCR）　该方法是检测草鱼出血病灵敏（最小可检测到 0.1pg 病毒核酸，$1pg＝1×10^{-12}g$）、特异、快速而有效的方法，更适合于大批样本的检测。该法不仅能够检测发病期显症病鱼体内的病毒，而且能够检测发病前期及发病后期外表正常的病毒携带鱼中的病毒，预示可用于草鱼出血病的早期诊断。

（5）免疫过氧化物酶技术　该方法快速、简便、灵敏度比较高，整个过程只需 4～5h。其特异性能满足早期检测和诊断的目的。

【防治方法】疾病一旦发生，彻底治疗通常比较困难，故强调预防。

（1）严格执行检疫制度，不从疫区引进鱼种。

（2）坚决清除池底过多淤泥，并用生石灰 200mg/kg，或漂白粉（含有效氯 30%）20mg/kg，或漂白粉精（含有效氯 60%）10mg/kg 消毒，以改善池塘养殖环境。

（3）注射疫苗，进行人工免疫　6cm 以下的鱼种，腹腔注射 10^{-2} 浓度疫苗 0.2mL 左右；8cm 以上鱼种为 0.3～0.5mL；20cm 以上的，每尾注射疫苗 1mL 左右。可用浸浴法进行人工免疫，即用 0.5％疫苗液加莨菪碱，使最终浓度为 10mg/kg，尼龙袋充氧浸浴 3h。或尼龙袋充氧，0.5％疫苗液浸浴夏花 24h。

（4）养殖期内，每半个月全池泼洒二氯异氰尿酸钠（优氯净）或三氯异氰尿酸（强氯精）0.3mg/kg 或漂白粉精 0.1～0.2mg/kg。

（5）治疗时，先用上述方法（3）全池遍洒后，可用大黄粉，按每 100kg 鱼体重用 0.5～1.0kg 计算，拌入饲料内或制成颗粒饲料投喂，每天一次，连用 3～5 天。

（6）每万尾鱼种用水花生 4kg，捣烂后拌入 250g 大蒜、少量食盐和豆粉制成药饵，每天投喂 2 次，连续 3 天。

（7）50％大黄、30％黄柏、20％黄芩制成"三黄粉"。用三黄粉 250g、麸皮 4.5kg、菜饼 1.5kg、食盐 250g 制成药饵，投喂 50kg 鱼，连用 7 天为一个疗程。

（8）口服植物凝集素（PHA） 每千克鱼日用量 4mg，隔天喂 1 次，连续 2 次，或用浓度 5～6mg/kg 的 PHA 溶液浸洗鱼种 30min。此外，还可用注射法，每千克鱼注射 PHA 4～8mg。

（9）加强饲养管理，进行生态防病 如定期加注清水，高温季节注满池水，以保持水质优良和水温稳定；投喂优质且适量的饲料，定期泼洒生石灰，食场周围定期用漂白粉或漂粉精消毒。还可以采用稻田培育草鱼种的方法预防疾病。

二、鲤春病毒病的防治

【病原】鲤春病毒血症病毒（SVCV）。鲤春病毒血症是一种以出血为临床症状的急性传染病，其病毒是一种单链 RNA 病毒，病毒颗粒呈棒状或子弹状，外面有一层紧密包裹着的囊膜。

【症状和病理变化】病鱼呼吸缓慢，沉入池底或失去平衡侧游；体色发黑，常有出血斑点，腹部膨大，眼球突出和出血，肛门红肿，贫血，鳃颜色变淡并有出血点；腹腔内积有浆液性或带血的腹水，肠壁严重发炎，其他内脏上也有出血斑点，其中以鳔壁为最常见（彩图 8-5，彩图见插页）；肌肉也因出血而呈红色；肝、脾、肾肿大，颜色变淡，造血组织坏死，心肌炎，心包炎，肝细胞局灶性坏死。血红蛋白量减少，嗜中性粒细胞及单核细胞增加，血浆中糖原及钙离子浓度降低。

【流行情况】该病在欧洲广为流行，死亡率可高达 80％～90％，主要危害 1 龄以上的鲤鱼，鱼苗、鱼种很少感染。只流行于春季（水温 13～20℃），水温超过 22℃时就不再发病，所以叫鲤春病毒血症（相当于过去认为的"急性型传染性腹水病"）。病鱼、死鱼及带病毒鱼是传染源，可通过水传播；病毒侵入鱼体可能是通过鳃和肠，鲺和蛭也有可能是其媒介者。人工感染还可使白魔狗鱼、草鱼、虹鳟等发病。人工感染的潜伏期随水温、感染途径、病毒感染量而不同，在 1～60 天；在 15～20℃时潜伏期为 7～15 天。流行取决于鱼群的免疫能力，血清抗体价在 1:10 以上者都不感染，发病后存活下来的鱼就很难再被感染。

【诊断方法】

（1）根据流行情况及症状进行初步诊断。

（2）用 FHM 或 EPC 细胞株分离培养，观察 CPE，作进一步诊断。

（3）确诊须做中和试验或做 RT-PCR 试验。

（4）快速确诊可用间接荧光抗体试验和酶联免疫吸附试验。

【防治方法】目前，该病的可行防治方法还只是实行严格的卫生管理和控制措施。该病的免疫疫苗大多处于实验阶段。因此目前尚无有效的治疗方法。

（1）严格检疫，杜绝该病毒源的传入，特别是对来自欧洲的鱼种应进行检疫，以防带入本病病毒。

（2）用消毒剂彻底消毒可预防此病发生，用含碘量 100mg/L 的碘伏消毒池水，也可用季铵盐类和含氯消毒剂消毒水体。

（3）控制水温　将水温提高到 22℃以上，可以控制此病发生。

（4）选育对 SVCV 有抵抗力的品种。

三、鲤痘疮病的防治

【病原】鲤疱疹病毒。病毒颗粒近似球形，直径 140～160nm，有囊膜。对乙醚、pH 值及热不稳定。在 FHM、MCT 及 EPC 等细胞系上均能生长，并出现细胞病变。

【症状和病理变化】早期病鱼的体表出现乳白色小斑点，以后增大、变厚，其形状及大小各异，直径可从 1cm 左右到数厘米或者更大些，厚 1～5mm，严重时可融合形成"石蜡样增生物"（图 8-6）。这种增生物既可自然脱落，又能在原患部再次出现新的增生物，增生物为上皮细胞及结缔组织增生形成的乳头状小突起，分层混乱，常见有丝分裂，尤其在表层，有些上皮细胞的核内有包含体，染色质边缘化；增生物不侵入表基，也不转移。病鱼生长性能下降，表现为消瘦，游动迟缓，甚至死亡。

图 8-6　患鲤痘疮病鱼体表和尾鳍出现"石蜡样增生物"

【流行情况】主要危害鲤鱼、鲫鱼及圆腹雅罗鱼等。流行于冬季及早春低温（10～16℃）时。当水温高于 18℃后，会逐渐自愈。水质肥的池塘、水库和高密度的网箱养殖流行较为普遍。目前在我国上海、湖北、云南、四川等地均有发生，以前认为该病危害不大，但近年来有引起大量死亡的报道。

【诊断方法】根据症状及流行情况进行初步诊断。进一步诊断则进行生物组织切片，可见增生物为上皮细胞及结缔组织异常增生，有些上皮细胞的核内有包含体。

【防治方法】

（1）加强综合预防措施，严格检疫制度。隔离病鱼，并不得留作亲鱼。

（2）鱼池用生石灰彻底清塘消毒，有病鱼或病原体的水域亦需做消毒处理，最好不用作水源。

（3）将病鱼放入含氧量高的清洁水中（最好是流动水），体表增生物会自行脱落。

（4）二溴海因或溴海因全池泼洒，用量为 0.2～0.3g/m³。或者碘伏全池泼洒，用量为 0.2～0.3mL/m³。

四、淋巴囊肿病的防治

【病原】淋巴囊肿病毒。病毒粒子为正二十面体，直径 200～250nm，为 DNA 病毒。

【症状及病理变化】病鱼的头部、躯干、鳍、尾部及鳃上长出单个或成群的珠状肿物。

肿物大多延血管分布，颜色呈白色、淡灰色至黑色，成熟的肿物可轻微出血，甚至形成溃疡。有时淋巴囊肿还可见于肌肉、腹膜、肠壁、肝、脾及心脏的膜上。对淋巴囊肿进行组织切片，可观察到在细胞的胞质中存在嗜碱性包含体。

【流行情况】淋巴囊肿是世界性鱼病，多种海水鱼、咸淡水鱼及淡水鱼类均受害，受危害严重的鱼类主要有鲈形目、鲽形目和鲀形目。我国养殖的石斑鱼、鲈鱼、牙鲆、大菱鲆、东方鲀、真鲷、鲈鲷、红斑笛鲷及平鲷也有发生。本病在10月至翌年5月、水温10～25℃时为流行高峰期，主要危害当年鱼种。对2龄以上的鱼，一般不引起死亡，但鱼体较瘦，外表难看，失去商品价值。本病可通过接触感染、消化道感染，网箱养殖的感染率可达60%以上，池塘养殖的感染率为20%～27%。

【诊断方法】

（1）根据症状及流行情况进行初步诊断。但可能会与多子小瓜虫、吸虫的囊蚴及黏孢子虫的胞囊等相混淆，用显微镜检查病灶处，即可加以区别。

（2）取病灶处进行石蜡切片，显微镜检查可以作出进一步诊断。

（3）取病灶处进行超薄切片，用透射电镜观察到有大量球状病毒颗粒，可作出进一步诊断。

（4）进行病毒分离、培养、鉴定。

【防治方法】目前尚无有效的治疗方法，主要是进行综合预防。

（1）人工繁殖用亲鱼应严格检疫，以确保无病毒感染；不购买带有此病症的苗种鱼进行养殖。

（2）鱼池进行彻底清塘。

（3）发现病鱼及时捞除并销毁，避免与病池中的鱼、水接触。

（4）病池应全池遍洒杀菌药，以防细菌感染、加重病情。

项目二　细菌性疾病的防治

一、烂鳃病的防治

【病原】病原为柱状屈桡杆菌（*Fiexibaeter columnaris*），属嗜纤维菌科（Cytophagaceae）。菌体细长，可屈挠，大小为$0.5\mu m \times (4\sim48)\mu m$；无鞭毛，通常做滑行运动或摇晃摆动，往往丛生成团；革兰染色阴性。

【症状和病理变化】病鱼鳃丝腐烂带有污泥，鳃盖骨的内表皮往往充血，中间部分的表皮常腐蚀成一个圆形不规则的透明小窗（俗称"开天窗"）。在显微镜下观察，鳃瓣感染了黏球菌以后，引起组织病变。病变区域的细胞组织呈现不同程度的腐烂、溃烂和"侵蚀性"出血（彩图8-7，彩图见插页）。另外有人观察到鳃组织病理变化经过炎性水肿、细胞增生和坏死三个过程，并且分为慢性和急性两种类型。慢性型以增生为主，急性型由于病程短，炎性水肿迅速转入坏死，增生不严重或几乎不出现。

【流行情况】该病在水温15℃以上开始发生和流行。15～30℃范围内，水温越高越易暴发流行，致死时间也越短。危害品种主要有草鱼、青鱼、鳊鱼、白鲢。在春季本病流行季节以前，带菌鱼是最主要的传染源，其次是被污染的水及塘泥。本病常和传染性肠炎、出血病、赤皮病并发。流行地区广，全国各地养鱼区都有此病流行，一般流行于4～10月，尤以夏季流行为多。

【诊断方法】诊断根据症状及流行情况可作出初步诊断。用显微镜检查，鳃上没有大量寄生虫及真菌寄生，看到大量细长、滑动的杆菌，即可诊断。

【防治方法】

（1）用生石灰彻底清塘消毒。

（2）由于草食性动物的粪便是黏细菌的滋生源，因此鱼池必须用已发酵的粪肥。

（3）利用黏球菌在 0.7％食盐水中不能生存的弱点，可在鱼种过塘分养时，用 2％～2.5％的食盐水溶液，给鱼种浸洗 10～20min，可较好地预防此病。

（4）每 100kg 饲料添加土霉素 20～30g、诺氟沙星 16～20g，连喂 3～5 天。外用药选择精碘（0.5mg/L）、二溴海因（0.2mg/L），每周用药一次。

二、竖鳞病的防治

【病原】病原体为水型点状假单胞菌（*Pseudomonas punctata f. ascitae*）菌体呈短杆状，单个排列，有动力，无芽孢，革兰染色阴性。

【症状和病理变化】病鱼离群独游，游动缓慢，严重时呼吸困难，对外界失去反应，浮于水面。疾病早期，鱼体发黑，体表粗糙，鱼体前部鳞片竖立，鳞囊内积有半透明液体。严重时全身鳞片竖起，鳞囊内积有渗出液，用手指轻压鳞片，渗出液就从鳞片下喷射出来，鳞片也随之脱落（彩图 8-8，彩图见插页）；有时伴有鳍基部充血，鳍膜间有半透明液体，顺着与鳍条平行的方向稍用力压之，液体及喷射出来；眼球突出，腹部膨大。病鱼贫血，鳃、肝、脾、肾的颜色均变淡，鳃盖内表面充血。皮肤、鳃、肝、脾、肾、肠组织均发生不同程度的病变。

【流行情况】该菌是条件致病菌。当水质污浊，鱼体受伤时经皮肤感染。主要危害鲤鱼、鲫鱼、金鱼，草鱼、鲢鱼有时也可患此病，从较大的鱼种至亲鱼均可感染。该病有两个主要流行季节：一为冬末春初，即越冬池开化后和鱼种放养初期；二是秋末冬初，即鱼种入越冬池后至封冰前。死亡率一般在 5％以上，发病严重的鱼池甚至 100％死亡，鲤鱼亲鱼的死亡率也可高达 85％。

【诊断方法】初诊：根据症状和流行情况诊断。确诊：镜检鳞囊内渗出液见大量杆菌可确诊。但必须注意，当大量鱼波豆寄生在鲤鱼鳞囊内时，也会引起竖鳞症状，用显微镜镜检鳞囊内渗出液即可对该病作出正确诊断。

【防治方法】

（1）鱼体表受伤，是引起本病的可能原因之一，因此在捕捞、运输、放养时，易使鱼体受伤。

（2）在未发病时应采用注新水，使池塘水成微流状，可使因病原感染的鱼体症状消失，并扼制病原的存在。

（3）每 50kg 水加入捣烂大蒜 250g 浸洗病鱼数次。

（4）用 2％食盐和 3％小苏打混合液浸洗 5～8min。

（5）用 3％～5％食盐水浸洗病鱼 10～15min。

（6）硫酸铜、硫酸亚铁、漂白粉合剂　用 5mg/L 的硫酸铜、2mg/L 的硫酸亚铁、10mg/L 的漂白粉混合液浸洗病鱼 10min 左右，疗效显著。

三、鲤鱼暴发性出血病的防治

【病原】嗜水气单胞菌。嗜水气单胞菌呈杆状，两端钝圆，极端单鞭毛，无芽孢，无荚膜。革兰染色阴性。

【症状和病理变化】早期表现为病鱼的口腔、颌部、鳃盖、眼眶、鳍及鱼体两侧轻度充血症状，肠道尚见有少量食物。随着病情发展，充血现象加剧，鳃丝充血，呈浅紫色，肿胀，肌肉呈出血症状；眼眶周围充血，眼球突出，腹部膨大、红肿。腹腔内有腹水，肝、脾、肾肿大，肠壁充血、充气，有的病鱼肛门红肿并伴有体液溢出（彩图8-9，彩图见插页）。病鱼周身病变，在水中行动迟缓或阵阵狂游。鲫鱼也有发生。

【流行情况】高密度养殖的鱼池占发病池塘的95％以上。成村连片流行，时间从4月初至12月底，水温9～34℃。患此病的鱼从发现症状到死亡仅3～5天，短期内会造成大面积死鱼，甚至绝产，是池塘养殖的恶性病害。

【诊断方法】

（1）根据症状、流行病学和病理变化可作出初步诊断。

（2）在病鱼腹水或内脏检出嗜水气单胞菌可确诊。

【防治方法】应在做好预防工作的基础上，采取药物外用与内服结合治疗。

（1）定期泼洒生石灰及加注清水，改善水质。

（2）每月对鱼抽样检查1～2次，发现病情及时进行防治。

（3）鱼种下池前用15～20mg/L高锰酸钾水溶液浸泡10～20min。对鱼种注射嗜水气单胞菌活菌苗，可以预防该病的发生。

（4）用含有效氯30％的漂白粉，全池泼洒，使池水中的药物浓度达1～1.2mg/L。或用含有效氯85％的三氯异氰尿酸全池泼洒，使池水中药物浓度达到0.4～0.5mg/L。

（5）每千克鱼用氟苯尼考5～15mg制成药饵投喂，每天一次，连用3～5天。

（6）每千克鱼每天用庆大霉素10～30mg制成药饵投喂，连喂3～5天。

四、肠炎病的防治

【病原】病原体位点状产气单胞菌（*Aeromonas punctata*）。菌体短杆状，多数两个相连，大小为（0.4～0.5）μm×（1.0～1.3）μm。极端单鞭毛，有动力，无芽孢，革兰染色阴性。在琼脂培养基上培养1～2天后，菌落原型，半透明，产生褐色色素。在pH值6～12中均能生长，适宜生长温度为25℃。

【症状和病理变化】病鱼离群独游，游动缓慢，体色发黑，食欲差或不摄食。发病早期肠壁局部发炎，肠内黏液多。发病后期肠壁呈红色，肠内没食物，只有淡黄色的黏液，肛门红肿，有黄色黏液从肛门流出（图8-10）。

图8-10　肠炎病（肠道充血发红）

【流行情况】本病是养殖鱼中最严重的疾病之一，我国各养殖地区均有发生。主要危害青鱼、草鱼、鲢鱼等。草鱼、青鱼从鱼种至成鱼都可受害，死亡率高，一般死亡率在50％左右，发病严重的鱼池死亡率可高达90％以上。水温在20℃以上开始流行，25～30℃水温时为流行高峰。流行时间4～10月，1龄以上的草鱼、青鱼发病多在4～6月，当年草鱼种多在7～9月发病。该病常和细菌性烂鳃、赤皮病并发。

【诊断方法】肠道充血发红，尤以后肠段明显，肛门红肿、外突，肠腔内有很多淡黄色黏液。从肝、肾或血中可以检出产气单胞杆菌。

【防治方法】

（1）彻底清塘消毒，保持水质清洁。投喂新鲜饲料，不喂变质饲料，是预防此病的关键。

（2）鱼种放养前用 8～10mg/L 浓度的漂白粉浸泡 15～30min。

（3）在每 100kg 饵料中加诺氟沙星 5～7g 拌和投喂，上午、下午各一次，连喂 3～6 天。

（4）一次量，每 1kg 饲料，大蒜（用时捣烂）5g，或大蒜素 0.02g，或食盐 0.5g，拌饲投喂，1 天 2 次，连用 3 天。

（5）每千克鱼每天用诺氟沙星 10～30mg 拌饲，分上、下午两次投喂，连喂 3～5 天。

五、白头白嘴病的防治

【病原】由纤维菌属（*Cytophaga* sp.）的一种细菌感染所致。

【症状及病理变化】病鱼自吻端至眼球的一段皮肤色素消退呈乳白色，唇似肿胀，口难以张开而造成呼吸困难。口周边皮肤糜烂，有絮状物黏附其上，故在池边观察水中的鱼有白头白嘴症状（彩图 8-11，彩图见插页）。有时病鱼的颅顶和眼球周围充血，而有"红头白嘴"现象。发病部位，上皮细胞坏死、脱落。

【流行情况】主要危害淡水养殖鱼类的鱼苗和夏花鱼种，尤其对夏花草鱼危害较大。每年的 5 月下旬至 7 月上旬是该病的流行季节，6 月份是发病高峰；是鱼苗培育阶段的一种暴发性疾病，发病快、来势猛、危害大，发病 2～3 天即可大批死亡。全国各地均有，当水质恶化、分塘不及时、缺乏适口饵料时容易发生。

【诊断方法】根据症状及流行情况进行初步诊断。确诊需分离、鉴定病原菌。

【防治方法】

（1）合理放养密度及时分池。用生石灰 200kg/hm² 兑浆全池泼洒。

（2）用鱼安 0.3mg/L、鱼康 0.2mg/L、强氯精 0.5～0.6mg/L 或漂白粉 1～1.5mg/L 全池泼洒。

（3）乌桕叶干粉 2.5～3.7mg/L，煎剂泼洒效果较好。

（4）五倍子 2～4mg/L 全池泼洒，或者大黄 1～1.5mg/L（用氨水浸泡以提效）和硫酸铜 0.3mg/L 全池泼洒。

（5）每亩水深 1m 用菖蒲 1～1.5kg，艾草 2.5kg，食盐 1.5kg，全池泼洒，连续 3 天。

六、白皮病的防治

【病原】病原主要是柱状屈桡杆菌（*Flexibaeter columnaris*），在我国曾称为鱼害黏球菌（*Myxococcus piscicola*）。病原体特征见烂鳃病。

【症状及病理变化】发病初期，病鱼尾柄处有一白点，随着病情的发展逐渐扩大，直至自背鳍基部以后全部发白，鳞片脱落、表皮溃烂、尾鳍残缺不全，严重时尾鳍烂掉。病鱼平衡失调、游动缓慢、不摄食，在水中打转，有时头向下、尾向上与水面垂直悬于水中，时而做挣扎状游动，不久即死亡。

【流行情况】该病主要危害鲢鱼、鳙鱼的鱼苗鱼种，对淡水白鲳的危害也较大，草鱼、青鱼及其他鱼类也可发生，是鱼苗、鱼种培育阶段一种主要的疾病。全国各地都有，每年的 6～8 月最为流行。鱼体受到机械损伤或有大量寄生虫寄生使鱼体受伤，病原菌乘虚而入，容易暴发流行。

【诊断方法】

（1）鱼苗、夏花鱼种的体表自背鳍基部以后发白，用显微镜检查病灶处有大量杆菌者，即可初步诊断为白皮病。

（2）如是由柱状屈桡杆菌感染引起的白皮病，除根据上述诊断方法外，还可用细菌性烂鳃病的【诊断方法】（2）、（3）进行确诊。

【防治方法】

（1）全池泼洒浓度为 1mg/L 漂白粉，或浓度为 2～4mg/L 五倍子。

（2）注入新水，保持池水水质良好，有丰富的天然饵料。

（3）在捕捞、运输、放养过程中避免损伤鱼体。

项目三　真菌性疾病的防治

一、水霉病的防治

【病原】水霉病又称肤霉病、白毛病，是由水霉科中许多种类的真菌寄生而引起的。我国常见的有水霉和绵霉两属。菌丝细长，多数分枝，少数不分枝，一端像根一样扎在鱼体的损伤处，大部分露出体表，长可达 3cm，菌丝呈灰色，似柔软的棉絮状。扎入皮肤和肌肉内的菌丝，称为内菌丝，具有吸取养料的功能；露出体外的菌丝，称为外菌丝。

【症状和病理变化】霉菌最初寄生时，肉眼看不出病鱼有什么异状，当肉眼看到时，菌丝已在鱼体伤口侵入，并向内、外生长。向外生长的菌丝似灰白色棉絮状，故称白毛病。病鱼焦躁不安，常出现与其他固体磨擦现象，以后患处肌肉腐烂，病鱼行动迟缓、食欲减退，最终死亡。在鱼卵孵化过程中，也常发生水霉病。可看到菌丝侵附在卵膜上，卵膜外的菌丝丛生在水中，故有"卵丝病"之称，因其菌丝呈放射状，也有人称之为"太阳籽"。

【流行情况】此类霉菌，或多或少地存在于一切淡水水域中。它们对温度适应范围广，一年四季都能感染鱼体，全国各养殖区都有流行。各种饲养鱼类，从鱼卵到各龄鱼都可感染。感染一般从鱼体的伤口入侵，在密养的越冬池冬季和早春更易流行。鱼卵也是水霉菌感染的主要对象，特别是阴雨天，水温低，极易发生并迅速蔓延，造成大批鱼卵死亡。

【诊断方法】观察体表棉絮状的覆盖物。病变部位压片，以显微镜检查时，可观察到水霉病的菌丝及孢子囊等。霉菌种类的判别需经培养及鉴定。

【防治方法】

（1）在捕捞、搬运和放养等操作过程中，勿使鱼体受伤，同时注意合理的放养密度。

（2）鱼池要用生石灰或漂白粉彻底清塘。

（3）最好不要用受伤的鱼作亲鱼，亲鱼进池前用 1‰磺胺药物软膏涂抹鱼体。

（4）用 3％～5％的福尔马林溶液或 1％～3％的食盐水溶液浸洗产卵的鱼巢，前者浸洗 2～3min、后者浸洗 20min，均有防病作用。

（5）用食盐、小苏打合剂各 4mg/L 的浓度全池遍洒。

二、鳃霉病的防治

【病原】病原为鳃霉（*Branchiomyces* spp.）。国外报道寄生在鱼体上的鳃霉有两种：血鳃霉（*B. sanguinis*）和穿移鳃霉（*B. demigrams*）。在我国寄生在草鱼鳃上的鳃霉（图8-12），菌丝较粗直、少弯曲、分枝较少，不进入血管和软骨，仅在鳃小片的组织中生长。菌丝直径为 20～25μm，孢子较大、直径为 7.4～9.6μm，平均 8μm。寄生在青鱼、鲮鱼、鳙鱼等鳃上的鳃霉，菌丝较细，菌丝壁较厚，分枝很多，常弯曲成网状，并沿着鳃丝血管或穿入软骨生长，纵横交错地充满鳃丝和鳃小片。菌丝直径为 6.6～21.6μm，孢子较小，直径为 4.8～8.4μm，与穿移鳃霉相似。

【症状及病理变化】病鱼失去食欲，游动缓慢，呼吸困难，鳃上黏液增多，并有出血、淤血或缺血的斑点，呈花鳃状。病情严重时，鳃高度贫血呈青灰色，严重时鳃上皮细胞坏

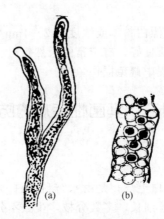

图 8-12　寄生在草鱼鳃上的鳃霉
（a）形成动孢子囊和动孢子的菌丝；（b）动孢子囊一段

死、脱落。

【流行情况】该病在我国广东、广西、湖北、浙江、江苏和辽宁等地均有流行，危害鱼类有草鱼、青鱼、鳙鱼、鲮鱼、银鲴、金鲤、鳗鲡等，其中鲮鱼苗最为敏感。流行季节为5～10月，尤以5～7月为甚。当水中有机质含量高、水质恶化时容易发生。该病往往急性暴发，几天内即可大批死亡，是通过孢子与鳃直接接触感染。

【诊断方法】用显微镜检查鳃，当发现鳃上有大量鳃霉寄生时，即可作出诊断。

【防治方法】

（1）清除池中过多淤泥，并用生石灰或漂白粉彻底消毒，保持池水清洁；在发病季节每隔半个月用生石灰 15～20kg 全池泼洒，并经常加注新水。

（2）一旦发病，立即加入新水，或将病鱼移入瘦水池或流动的池水中饲养，病即可停止。

（3）在饲料中按 0.05％～0.5％添加土霉素投喂，连续喂5～7天。

项目四　寄生虫性疾病的防治

一、原虫病的防治

1. 六鞭毛虫病的防治

【病原】六鞭毛虫属动鞭纲（Zoomastigophorea）、双体目（Diplomonadida）、六鞭毛科（Hexamitidae）。自 Moore 首次报道寄生于鱼类的六鞭毛虫开始，到目前为止，已报道寄生于鱼类的六鞭毛虫共计 30 余种，分别隶属于六鞭毛虫属（*Hexamita*）和旋核鞭毛虫属（*Spironucleus*）。六鞭毛虫虫体呈纺锤形或卵圆形，大小约 $(6～8)\mu m \times (10～12)\mu m$，具四对鞭毛（图 8-13）。前鞭毛三对，游离于虫体前端；后鞭毛一对，沿虫体向后延伸。细胞核一对，位于虫体前端，为卵圆形或香肠形，可依其形状区分为六鞭毛虫或旋核鞭毛虫等。

【症状和病理变化】幼鱼常出现不活泼、食欲减退或丧失、体色变黑、弱病质，早期死亡。中、大鱼常会有排黏液便的现象，粪便呈半透明黏膜状，会黏附且呈拖粪现象，头部附近或侧线部分会出现蛀蚀穿孔的病变。

【流行情况】六鞭毛虫常寄生于七彩神仙鱼或其他鱼类的肠道内，平常为一种共栖的原虫，并不会造成病害。但只要鱼的健康状况不佳时，常会大量滋生而引起如肠炎、黑死病、

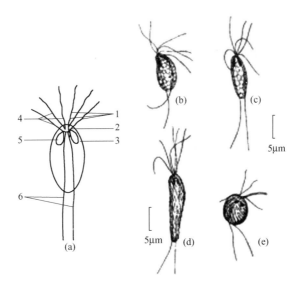

图 8-13　中华六前鞭毛虫和鲫六前鞭毛虫

(a) 模式图；(b)、(c) 中华六前鞭毛虫；(d)、(e) 鲫六前鞭毛虫

1,4—前鞭毛；2—毛基体；3,5—胞核；6—后鞭毛

头洞病等多种病害。

【诊断方法】检查新鲜粪便，以显微镜观察粪便内六鞭毛虫的数量，于低倍镜下 (100×)，虫体呈透明，具折射光泽、能快速抖动的小亮点。若视野内虫体的数量极多，达到数十个时，需特别注意加以治疗；数量少时可暂时不理会。解剖病鱼，观察内脏病变，肠道常变薄失去弹性，内充满黄色黏液，呈半透明状，胆汁积存而使胆囊肿大，肝脏、肾脏颜色呈暗黄色，以显微镜检查肠内容物或胆汁时，可观察到大量的六鞭毛虫或二鞭毛虫，必要时经特殊染色观察虫体的形状特征加以区别。

【防治方法】

(1) 维持良好、稳定的水质环境，避免大量换水或其他水质改变所造成的紧迫。

(2) 避免大、小鱼混养，小鱼较容易受到六鞭毛虫侵袭。

(3) 定期驱除肠道内的各种寄生虫，减少因其他寄生虫的问题诱发六鞭毛虫大量滋生。

(4) 可使用的药物很多种，于观赏鱼最常用的为 Metronidazole［灭滴灵，甲硝唑（抗滴虫药）］3～10mg/L 药浴 3～4 天。

2. 艾美虫病的防治

【病原】艾美虫（*Eimeria* spp.），属球虫目（Coccidia）、艾美亚目（Eimeriina）。鲤艾美虫成熟的孢子呈卵形，由一层薄而透明的孢子膜包着。在发育过程中产生圆形的卵囊膜，直径 6～14μm。成熟的卵囊具有 4 个孢子。在艾美虫的生活史中不需要更换寄主，即在一个寄主体内生活，包括无性繁殖和有性繁殖 2 个世代。成熟的卵囊随寄主的粪便排出体外，被另一寄主吞食而感染。

【症状和病理变化】艾美虫寄生在多种淡水鱼的肠、幽门垂、肝脏、肾脏、精巢、胆囊和鳔等处。病鱼的鳃部贫血，呈粉红色。剪破肠道，明显可见肠内壁形成灰白色的结节，病灶周围的组织呈现溃烂，致使肠壁穿孔，肠道内有荧白色脓状液。严重时，病鱼体色发黑，失去食欲，游动缓慢，腹部膨大，鳃苍白色。剖开腹部，肠外壁也出现结节状物，明显可见肠壁溃疡穿孔。

【流行情况】适宜鲤艾美虫繁殖的水温为 24～30℃，因此此病流行季节在 4～7 月，尤以 5～6 月严重。

【诊断方法】根据症状及流行情况进行初步诊断，确诊需将小结节取下，置显微镜下检查，证实这些小结节是由艾美虫的卵囊群集而成。

【防治方法】

（1）用生石灰或次氯酸钙彻底清塘消毒，以杀死塘底淤泥中的孢子，起到预防的作用。

（2）鱼塘轮养，调整养殖结构，达到预防效果。

（3）每 100kg 鱼用碘 2.4g 制成药饵投喂，1 天 1 次，连用 4 天。

（4）每 100kg 的鱼用硫磺粉 100g 制成药饵投喂，1 天 1 次，连用 4 天。

3. 中华黏体虫病的防治

【病原】中华黏体虫（Myxosporidia sinensis）属于黏体门（Myxozoa）、黏孢子纲（Myxosporea）。孢子壳面观为长卵形或卵圆形，前端稍尖或钝圆，后方有褶皱，孢子大小为 $(8～12)\mu m×(8.4～9.6)\mu m$；2 个梨形极囊约占孢子的 1/2，极丝 6 圈；没有嗜碘泡。

【症状和病理变化】中华黏体虫寄生在鲤鱼肠的内、外壁上，形成许多乳白色芝麻状胞囊。患此病的病鱼，外表病症不明显，需剖开鱼腹，取出鱼肠，在肠外壁上可见芝麻状的乳白色胞囊，严重影响鲤鱼的生长发育。

【流行情况】全国各地都有发生，尤以长江流域及南方各地最为严重。

【诊断方法】剪开肠管，取下胞囊少许内含物，加上压片在显微镜下观察，便可见到中华黏体虫的成熟孢子。

【防治方法】

（1）彻底清塘，改善水质，可以减少孢子感染。

（2）每 100kg 鱼每天用 200～400g 盐酸左旋咪唑拌饲投喂，连喂 20～25 天。

4. 单极虫病的防治

【病原】鲮单极虫属单极虫科（Thelohanellidae）。病原通过体血液循环到鳞片下的鳞囊中生长、发育、繁殖，形成一个个椭圆形鳞片状扁平胞囊，是鳞片竖器；最大的胞囊，可像乒乓球大小。在鲤鱼、鲫鱼鳞片下寄生的鲮单极虫，孢子狭长呈瓜子形，前端逐渐尖细，后端钝圆，缝脊直，孢子外常围着一个无色透明的鞭状胞膜（图 8-14）。

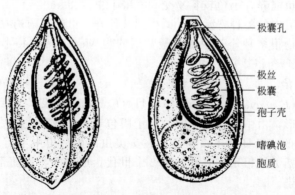

极囊孔
极丝
极囊
孢子壳
嗜碘泡
胞质

图 8-14　单极虫示意图

【症状和病理变化】严重的病鱼，大部分鳞片下都有鲮单极虫胞囊，呈蜡黄色，胞囊将鱼体两侧的鳞片竖起，几乎覆盖体表。病鱼在水边缓慢游动。可寄生在鲮鱼尾鳍，形成黄色胞囊，尾鳍组织被破坏。还可寄生在鲮鱼的鼻腔内，形成大小达 1～2mm 的胞囊，像在鼻腔里开了朵花。

【流行情况】主要在2龄以上鲤鱼、鲫鱼中出现，长江流域一带颇为流行。除鲤鱼外，散鳞镜鲤、鲤鲫的杂交种，亦常出现，严重时这些鱼都丧失商品价值。流行季节为5～8月。

【诊断方法】可依据上述症状，还可取鳞片下少许胞囊，在载玻片上加清水压成薄片，在显微镜下可见大量鲮单极虫。

【防治方法】

(1) 彻底清塘可预防此病。

(2) 用1m³水放500g高锰酸钾，充分溶解后，浸洗病鱼20～30min。

5. 斜管虫病的防治

【病原】鲤斜管虫 (*Chilodonellacyprini*)，属纤毛门、动基片纲、下口亚纲、管口目、斜管虫科、斜管虫属。腹面观呈卵形。背面隆起，腹面平坦，背面除前端左侧有一横行刚毛外，余者均无纤毛；腹面左、右两边具有若干条纤毛带；胞口在腹面前端，具漏斗状口管，末端紧缩成一条延长的粗线，向左边作螺旋状绕一圈，即为胞咽之所在；大核1个、圆形，在体后，小核球形、在大核边或后面；伸缩泡1对，斜列于两侧（图8-15）。

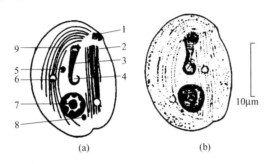

图 8-15　鲤斜管虫
(a) 模式图；(b) 染色标本
1—刚毛；2—左腹纤毛线；3—口管与刺杆；4—胞咽；5—食物粒；
6—伸缩泡；7—大核与核内物；8—小核；9—右腹纤毛线

【症状和病理变化】发病初期，鱼体表无明显症状出现，仅少数个体浮于水面，摄食能力减弱，呼吸困难，开始浮头，反应迟钝。病情严重时，病鱼体色较深，鱼体瘦弱，体表有一层白色物质。斜管虫可以寄生在鱼的体表和鳃上，破坏鳃组织，使病鱼呼吸困难，病鱼出现浮头状，即使换清水也不能恢复正常。

【流行情况】斜管虫病一般流行于春、秋季节，最适繁殖温度为12～18℃，20℃以上一般不会发生此病，主要危害鱼苗、鱼种，为苗种培育阶段常见鱼病。斜管虫病从发现少量虫体到虫体大量繁殖而导致鱼体死亡，往往只需3～5天时间。当水质恶化、鱼体衰弱时，在夏季及冬季冰下也会发生斜管虫病，引起鱼大量死亡，甚至越冬池中的亲鱼也发生死亡，为北方地区越冬后期严重的疾病之一。

【诊断方法】死亡个体体色稍深，口张开，不能闭合，体表完整且无充血，鳃丝颜色较淡，皮肤、鳃部黏液增多。剪取尾鳍和鳃丝镜检，发现大量活动的椭圆形虫体，在显微镜下观察，一个视野内达100个以上。

【防治方法】

(1) 用生石灰彻底清塘，杀灭底泥中病原。

(2) 鱼种入池前每立方米水用8g硫酸铜或2%食盐浸洗病鱼20min。

(3) 每立方米水用0.7g硫酸铜与硫酸亚铁合剂（5：2）全池遍洒。

(4) 采用硫酸铜和高锰酸钾合剂（5：2）泼洒，当水温在10℃以下时，使饲养水中的药物浓度达到 0.3～0.4mg/L。

6. 小瓜虫病的防治

【病原】小瓜虫属原生动物门、属纤毛门（Ciliophora）、动基片纲（Kinetofragmino-phorea）、凹口科（Ophryoglenidae）、小瓜虫属（*Ichthyophthirius*）。生活史分为成虫期、幼虫期及包囊期。它的体形和大小在幼虫期和成虫期差别很大。成虫一般呈球形或近球形，体长为 0.35～1.0mm，体宽为 0.3～0.4mm。虫体柔软可随意变形，全身密布着短而均匀的纤毛；在腹面的近前端有一"6"字形的胞口，螺旋形的口缘由 5～8 行纤毛组成，作反时针方向转动，一直到胞咽；在身体前半部有一马蹄形和香肠形的大核，小核圆形，紧贴在大核的上面；胞质外层密布有很多细小的伸缩泡，内质有大量食物粒 [图 8-16(a)]。胞囊内最初成熟的幼虫为圆形，经过一定时间（约 5～8h 后），才开始活动，身体逐渐延长，前端尖而后端钝圆，最前方有一钻孔器 [图 8-16(b)]。刚从胞囊内钻出来的幼虫身体圆筒形，但不久变成扁鞋底形，中部向内收缩凹陷。全身除密布着短而均匀的纤毛，在身体后端还有一根粗长的尾毛。一个大的伸缩泡，位于身体的前半部。大核圆形或椭圆形，多数在身体的后方；小核呈球形，在身体的前半部。在身体前方腹面有一"6"字形的原始胞口，在"6"字形的缺口处有一个卵形的反光体 [图 8-16(c)]。

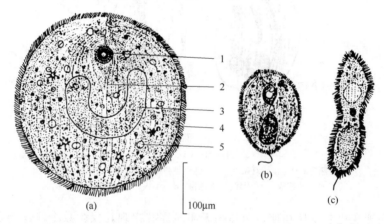

图 8-16　多子小瓜虫
(a) 成虫；(b)、(c) 幼虫
1—胞口；2—纤毛线；3—大核；4—食物粒；5—伸缩泡

【症状和病理变化】小瓜虫主要寄生在鱼类的皮肤、鳍、鳃、头、口腔及眼等部位，形成胞囊呈白色小点状，肉眼可见。严重时鱼体浑身可见小白点，分泌有大量黏液，表皮糜烂。可引起体表各组织充血。鱼类感染小瓜虫后不能觅食，加之继发细菌、病毒感染，可造成大批鱼死亡，其死亡率可达 60%～70%，甚至"全军覆没"，对养殖生产带来严重威胁。

【流行情况】小瓜虫寄生在淡水鱼，繁殖适温为 15～25℃。对鱼的种类及年龄均无严格选择性，分布也很广，几乎遍及全国各地，尤以不流动的小水体、高密度养殖的幼鱼及观赏性鱼类为严重。

【诊断方法】确诊以镜检虫体的存在和寄生虫数量为依据。

【防治方法】保持良好环境、增强鱼体抵抗力，是预防小瓜虫病的关键措施。目前尚无理想的治疗方法，一般的治疗方法介绍如下。

（1）放鱼前对养鱼水体进行严格消毒，用生石灰彻底清塘、消毒，每平方米用生石灰 2kg，待 pH 值达到 8 左右后再放鱼。

（2）全池遍洒 15～25mg/L 浓度福尔马林，隔天遍洒 1 次，共泼药 2～3 次。

7. 车轮虫病的防治

【病原】车轮虫属（*Trichodina*）是原生动物门、纤毛门、寡膜纲（Oligohynenophora）、缘毛目（Peritrichida）、壶形科（Urceolariidae）的一属。虫体大小 20～40μm。虫体侧面观如毡帽状，反面观圆蝶形，运动时如车轮转动样。隆起的一面为前面，或称口面；相对而凹入的一面为反口面（后面）。口面上有向左或反时针方向旋绕的口沟，与胞口相连。口沟可绕体 180°～270°（小车轮虫）、330°～450°（车轮虫）。口沟两侧各着生 1 列纤毛，形成口带，直达前庭腔。胞口下接胞咽。伸缩泡在胞咽之侧。大核马蹄形，围绕前腔，亦可为香肠形。大核一端还有 1 个长形小核。反口面具有后纤毛带，其上各有较短的上、下缘纤毛。有些种类在下缘纤毛之后常有一膜，谓之"缘膜"，透明。反口面还具有齿环，齿环由齿体构成。齿体似空锥，由齿钩、锥部、齿棘三部分组成，但由于虫种的不同，其结构有较大的变化（图 8-17）。

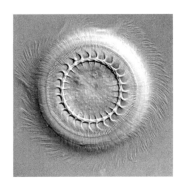

图 8-17　车轮虫反口面

【症状和病理变化】车轮虫在水中可生活 1～2 天，通过直接和鱼体接触而感染。车轮虫主要在鱼的皮肤、鳍及鳃上寄生，病鱼因受虫体寄生刺激，引起组织发炎，分泌大量黏液，在体表、鳃部形起一层黏液。鱼体消瘦，体色发黑，游动缓慢，呼吸困难。孵化中的鱼苗可形成白头白嘴病，开食不久的鱼苗常在池边狂游，大量寄生时鳃上皮组织坏死、脱落，使病鱼衰弱、死亡。

【流行情况】车轮虫广泛存在于各自然水域及养殖池水，尤其在暴雨季节，养殖水受地表水污染时易导致车轮虫感染，秋季主要为小车轮虫感染。

【诊断方法】刮取鱼体表或鳃上黏液做成水封片，在显微镜下见到车轮虫可确诊。

【防治方法】

（1）用 2.5％～3.5％的盐水浸浴 5～10min，然后转到流水池中饲养，病情可以好转而痊愈。

（2）用硫酸铜和硫酸亚铁（5∶2）合剂 0.7mg/L 全池泼洒，但用药后要注意观察鱼的活动情况，发现异常应马上换水。

二、蠕虫病的防治

1. 坏鳃指环虫病的防治

【病原】坏鳃指环虫属单殖吸虫指环虫科（Dactylogyridae）、指环虫属（*Dactylogyrus* Diesing），后吸器具 7 对边缘小钩、1 对中央大钩。联结片单一，呈"一"字形。交接管呈斜管状，基部稍膨大且带有较长的基座。支持器末端分为两叉，其中一叉横向钩住交接管。

【症状和病理变化】患病初期病鱼无明显症状，随着病情的发展，病鱼鳃部显著肿胀。打开鳃盖，可见鳃上有乳白色虫体，鳃丝暗灰色（图 8-18）。部分病鱼还显示出急速侧游，

图 8-18　鳃丝肿胀，大量指环虫虫体寄生

在水草丛中或岸边挤擦，企图摆脱虫体的侵扰。

【流行情况】指环虫病是一种常见的多发病。该寄生虫最适宜的繁殖温度为 20～25℃，主要流行于春末和夏初。指环虫寄生在锦鲤鳃上，破坏其鳃组织，影响正常呼吸。虫体以寄主鳃组和血细胞为食，可以导致鱼体贫血、消瘦。锦鲤幼鱼寄生 5～10 个指环虫就可能引起死亡。

【诊断方法】取病鱼鳃丝少许压片，在显微镜下检查，如在每片鳃上发现 50 个以上的虫体，或者是在低倍镜下发现每个视野有 5～10 个以上的虫体，即可诊断为指环虫病。

【防治方法】

(1) 鱼池每亩水深 1m 时，用生石灰 60kg 兑水清池。

(2) 用 1～2mg/L 浓度粉剂敌百虫（含量为 2.5%）全池泼洒。

(3) 用 0.2～0.4mg/L 晶体敌百虫（含量 90% 以上）全池遍洒，治疗金鱼和家鱼的指环虫病。

(4) 用晶体敌百虫（含量 90% 以上）和面碱合剂（两药混合的比例为 1∶0.6），全池遍洒的浓度为 0.1～0.2mg/L。

(5) 在水温 20～25℃ 时，用 20mg/L 的高锰酸钾溶液浸洗病鱼 15～20min。

(6) 夏花鱼种放养前用 1mg/L 敌百虫溶液浸洗 20～30min，可以预防此病。

2. 三代虫病的防治

【病原】三代虫属扁形动物门、吸虫纲、单殖亚纲（Monogenea）三代虫科（Gyrodactylidae），三代虫属（*Gyrodactylus* Nordmann），体小而延伸。后吸器有 1 对中央大钩及背联结片与腹联结片各一，16 个边缘小钩。头器 1 对，眼点付缺。咽分两部分，各由 8 个肌肉细胞组成。食道很短，肠支简单，盲端伸至体前部后端。

【症状和病理变化】寄生于鱼的体表和鳃上。呼吸困难，体表无光。病鱼急促不安，时而狂游于水中，或在岩石、缸边擦撞。大量寄生三代虫的鱼体，皮肤上有一层灰白色的黏液，鱼体失去光泽，游动极不正常（彩图 8-19，彩图见插页）。食欲减退，鱼体瘦弱，呼吸困难。将病鱼放在盛有清水的培养皿中，仔细观察，可见到蛭状小虫在活动。

【流行情况】三代虫寄生于鱼的体表及鳃上，分布很广，其中以湖北和广东较严重。最适宜的温度为 20℃，春季最为流行。

【诊断方法】刮取患鱼体表黏液制成水封片，置于低倍镜下观察，或取鳃瓣置于培养器内（加入少许水）在解剖镜下观察，发现虫体即可诊断。

【防治方法】

(1) 鱼种放养前，每立方米水用含 20g 的高锰酸钾溶液浸洗鱼种 15～30min，以杀死鱼种体上寄生的三代虫。

（2）用90%晶体敌百虫全池遍洒，水温20～30℃时，每立方米池水用药0.2～0.5g，防治效果较好。

（3）用含2.5%的敌百虫粉剂全池遍洒，每立方米池水用药1～2g。

（4）用敌百虫与面碱合剂全池遍洒，晶体敌百虫与面碱的比例为1∶0.6，用药0.1～0.24g/m³，防治三代虫效果也很好。

3. 鲤蠢病的防治

【病原】由鲤蠢（*Caryophyllaeus* spp.）及许氏绦虫等寄生引起。鲤蠢虫体不分节，只有1套生殖器官；头节不扩大，前缘皱折不明显或光滑；精巢椭圆形，前端与卵黄腺同一水平，向后延伸到阴茎囊的两侧；卵巢"H"形，在虫体后方；卵黄腺椭圆形，比精巢小，分布在髓部；有受精囊，子宫环不达阴茎囊前方。中间寄主是颤蚓，原尾蚴在颤蚓的体腔内发育，呈圆筒形，前面有一吸附的沟槽，后端有一具小钩的尾部。鲤鱼吞食感染有原尾蚴的颤蚓而感染，在肠中发育为成虫。

【症状和病理变化】轻度感染时无明显变化，寄生多时鲫鱼肠道被堵塞，肠的第一弯曲处特别膨大成球状，肠壁被胀得很薄、发炎，肠管被鲤蠢堵塞，肠内无食、贫血，病鱼因不能摄食而饿死。

【流行情况】在我国很多养鱼地区均有发现，主要寄生在鲫鱼及2龄以上的鲤鱼肠内，流行于4～8月。

【诊断方法】根据症状和流行情况初诊。剖开鱼腹，取出肠道，小心剪开，即可见到寄生在肠壁上的绦虫。要鉴定寄生虫的种类，须进行虫体切片、染色。

【防治方法】

（1）用棘蕨粉32g拌饲，一次投喂。

（2）全池泼洒晶体敌百虫：每立方米水体放晶体敌百虫0.5～0.7g。

（3）每千克饲料中加吡喹酮1.5～2g，拌匀后制成水中稳定性好的颗粒药饲投喂，连喂2天。

（4）如病情严重，治愈后最好再投喂2天抗菌药饲，以防细菌感染。

4. 舌状绦虫病的防治

【病原】由舌状绦虫属（*Ligula*）和双线绦虫属（*Digramma*）绦虫的裂头蚴寄生于鱼类的体腔内引起。两属绦虫的裂头蚴形态相似。虫体肥厚，白色的长带状，长数厘米到数米，宽可达1.5cm。头节略呈三角形，身体没有明显的分节。舌状绦虫的裂头蚴在背腹面中线各有一条凹陷的纵槽；而双线绦虫的裂头蚴在背腹面各有二条凹陷的平行纵槽，在腹面还有一条中线，介于这两条纵槽之间。

【症状和病理变化】裂头蚴寄生于鲫、鲤、鲢、鳙、鳊、鲌等鱼的体腔。由于虫体较大，使病鱼腹部膨大，失去平衡；虫体的挤压和缠绕，使肠、性腺、肝、脾等器官受到压迫而逐渐萎缩，使其正常功能受到抑制、破坏，并引起贫血。病鱼腹部膨大，用手轻压有坚硬实体的感觉；常漂浮水面，缓慢游动，甚至在水面侧游或腹部向上；严重贫血，生长停滞，失去生殖能力；鱼体消瘦，终致死亡。有时裂头蚴可以从病鱼腹部钻出，直接导致病鱼死亡。解剖病鱼可见体腔内充满白色虫体。

【流行情况】舌状绦虫病危害鲫鱼、鲢鱼、鳙鱼、草鱼、鲤鱼等多种淡水鱼。我国各养鱼区均有流行。舌状绦虫的第1中间寄主为细镖剑水蚤，第2中间寄主为鱼，终寄主为鸥鸟。

【诊断方法】根据病鱼症状可以初诊，解剖病鱼，在体腔内发现虫体，即可确诊。

【防治方法】

（1）用生石灰彻底清塘，同时注意驱赶鸥鸟，可在一定程度上控制该病的发展。

（2）全池泼洒浓度为 0.3mg/kg 的晶体敌百虫，以杀灭水体中的剑水蚤和虫卵。

（3）每 100kg 鱼每天用 25g 二丁基氧化锡拌饵投喂，连用 5 天；或每天用 20 天硫酸二氯酚拌饵投喂，连喂 3 天。

5. 嗜子宫线虫病的防治

【病原】由嗜子宫属（*Philometra*）的线虫寄生于鱼的鳞片下、鳍等处引起。我国发现的种类较多，常见的如寄生于鲤鱼鳞片下的鲤嗜子宫线虫（*P. cyprini*）、寄生于鲫鱼鳍上的鲫嗜子线虫（*P. carassii*）和寄生于乌鱼鳍上的藤本嗜子宫线虫（*P. fujimotoi*）。其中以鲤嗜子宫线虫的危害较大。鲤嗜子宫线虫雌虫寄生于鲤鱼鳞片下，血红色，长 10～13.5cm，呈两端稍细的粗棉线状；体表有许多透明的乳突，无口唇；食道较长，由肌肉和腺体混合组成，肠细长，棕红色，肛门退化；卵巢二个，位于虫体两端；粗大的子宫占据体内大部分空间，内充满虫卵和幼虫；无阴道与阴门。雄虫寄生于鲤鱼的鳔内、鳔壁和腹腔内，虫体细如发丝，体表光滑，透明无色，长 3.3～4.1mm，尾端膨大，有两个半圆形尾叶。二根交合刺形状和大小相同，有引带。

【症状和病理变化】虫本寄生于鳞片下，同时经常蠕动，造成皮肤损伤，使鳞片隆起，皮肤发炎出血，进而引起水霉菌的继发感染。病鱼食欲减退，消瘦，虫体寄生部位的皮肤肌肉充血发炎，鳞片隆起，有虫体寄生的鳞片呈现出红紫色的不规则花纹，揭起鳞片可见到红色虫体。

【流行情况】主要危害 2 龄以上的鲤鱼，通常发生于 5～6 月。一般不引起死亡，仅降低其商品价值，但可引起细菌、真菌的感染。严重时也可引起死亡。

【诊断方法】肉眼检查病鱼，可见寄生处鳞片有红紫色的不规则花纹，揭起鳞片可见到红色虫体。

【防治方法】

（1）用生石灰彻底清塘，杀死幼虫。

（2）防止把病鱼运到无病地区饲养，也不要把病鱼混入健康鱼群。

（3）90％晶体敌百虫全池泼洒，使池水呈 0.6×10^{-6} mg/L 浓度，能使虫体死亡、脱落。

（4）医用碘酊或 1％高锰酸钾涂擦病鱼患部，或 2％食盐水溶液洗浴 10～20min。

三、甲壳动物引起疾病的防治

1. 中华蚤病的防治

【病原】中华蚤属（*Sinergasilus*，Yin，1949），属于桡足亚纲（Copepoda）、剑水蚤目（Cyclopoida）、蚤科（Ergasilidae）。寄生在鱼的鳃上。只有雌蚤成虫才营寄生生活，雄蚤和雌蚤幼虫营自由生活（彩图 8-20，彩图见插页）。

【症状和病理变化】病鱼焦躁不安、跳跃、食欲减退或不食，体色发黑。严重或并发其他病时，呼吸困难，离群独游或停留近岸水体中，不久死亡。揭开鳃盖，可见许多带有卵囊的雌蚤挂在肿胀发白的鳃丝末端，形似白色小蛆（彩图 8-21，彩图见插页）。

【流行情况】此病常发生于草鱼、鲢鱼、鳙鱼，全国各养鱼地区都有发生。长江流域每年 4～11 月为流行季节，尤以 5 月下旬至 9 月上旬为甚。特别是当年草鱼危害严重。

【诊断方法】用镊子掀开病鱼的鳃盖，肉眼可见鳃丝末端内侧有乳白色虫体，或用剪刀将左右两边鳃完全地取出，放在培养器内，将鳃片逐片分开，在解剖镜下观察，统计数量并鉴定。

【防治方法】

（1）彻底清塘，以杀死幼虫。

（2）用高效敌百虫全池泼洒，效果明显。

（3）病鱼用高锰酸钾 10000 倍液药浴 5～10min，或用福尔马林 4000 倍液药浴 1h。

（4）杀虫后隔天用二氧化氯、强氯精进行水体消毒。

2. 锚头蚤病的防治

【病原】锚头蚤（*Lernaea* spp.）属于桡足亚纲（Copepoda）、剑水蚤目（Cyclopoida）、锚头蚤科（Lernaeidae）。寄生在鱼的鳃、皮肤、鳍、眼、口腔、头部等处。虫体细长，分头、胸、腹三部分。头部有背、腹角各一对，略呈锚形，故此得名。

【症状和病理变化】锚头蚤寄生的病鱼，表现在焦躁不安、减食、消瘦。虫体寄生在鱼体各部位，呈白线头状，随鱼游动。有的虫体上长有棉絮状青苔，往往被误认为是青苔的苔丝挂在鱼身上。这种害虫凶猛贪食，寄生处会出现不规整的深孔，虫的头部钻到鱼体肌肉里，用口器吸取血液，也噬食鳞片和肌肉，靠近伤口的鳞片被锚头蚤分泌物溶解、腐蚀成不规整形缺口，又给水霉菌、车轮虫等的入侵开了方便之门（彩图 8-22，彩图见插页）。因此，被锚头蚤寄生的病鱼，往往会并发其他疾病。

【流行情况】本病流行于 4 月至 11 月，而以夏季为最甚。多见于 100g 以上大规格鱼，幼鱼极少发生。大量寄生可造成鱼死亡。

【诊断方法】肉眼可见病鱼体表一根根似针状的虫体，即锚头蚤的成虫。草鱼和鲤鱼的锚头蚤寄生在鳞片下，检查时仔细观察鳞片腹面或用镊子去掉鳞片即可看到虫体。

【防治方法】

（1）清塘消毒。

（2）用水体终浓度为 0.23～0.53mg/L 的晶体敌百虫全池泼洒，每周 1 次，连续 3～4 次，杀灭锚头蚤的幼体。锚头蚤幼体有弱趋光性，早晨和傍晚集中于水面，所以用药时间以早晨和傍晚为好。

3. 鲺病的防治

【病原】鲺体扁，呈椭圆形，前端腹侧有吸吻、口刺和吸盘，寄生于淡水鱼类的体表。吸取血液鲺的外形很像小臭虫，大概有 2～3mm 大小（彩图 8-23，彩图见插页）。

【症状和病理变化】鲺寄生在鱼的体表，刺伤或撕破鱼的皮肤，分泌物还能刺激鱼体，病鱼因而出现烦躁、狂游的现象。特别是一些类似龙鱼的大型鱼，烦躁、狂游现象更为严重，甚至发生冲撞缸壁和跳跃等情况。由于鲺的寄生损坏了鱼体，病鱼还极易感染其他病菌。如果一尾鱼寄生了几只鲺，甚至可能引起鱼的死亡。

【流行情况】鱼鲺一年四季都可发生，流行地区广，尤以广东地区流行最普遍，终年可见，以 4～8 月份危害严重。

【诊断方法】此病较易诊断，通常在鱼体表或鳍上肉眼可观察到体色透明，前半部略呈盾形的虫体。种类鉴定要用显微镜观察。

【防治方法】可全池遍洒敌百虫，使池水成 0.2～0.3mg/L 浓度。

4. 鱼怪病的防治

【病原】日本鱼怪（*Ichthyoxenus japonensis*）属软甲亚纲（Malacostraca）、等足目（Isopoda）、缩头水虱科（Cymothoidae）。一般成对地寄生在鱼的胸鳍基部附近的孔内。

【症状和病理变化】凡患此病的鱼，在其胸鳍基部附近有一个形似黄豆大小的椭圆形孔，"鱼怪病"苗的卵就寄生在鱼的孔内。当健康鱼被寄生后，鱼体失去平衡，数分钟内即死亡。如寄生在夏花鱼种体表和鳃时，可引起鱼急躁不安，鳃及皮肤分泌出大量黏液，表皮破裂、充血，严重时，鳃小片坏死、脱落，鳃丝软骨外露，同时鳍条破损，形成"蛀鳍"，导致鱼苗、鱼种死亡。

【流行情况】在我国流行很广，危害很大。云南、山东较为严重，常年可见。长江流域以 4～10 月为流行季节。该病一般栖息于湖泊、水库等大水体中，主要危害鲫鱼、雅罗鱼、麦穗鱼等鱼种。

【诊断方法】胸鳍基部见到虫体即确诊。

【防治方法】鱼怪病一般都发生在比较大的水面，如水库、湖泊、河流，池塘内极少发生。鱼怪的成虫具有很强的生命力，加以又寄生于寄主体腔的寄生囊内，所以它的耐药性比寄主强，在大面积水域中杀灭鱼怪成虫非常困难。但在鱼怪的生活史中，释放于水中的第二期幼虫是一个薄弱环节，杀灭了第二期幼虫，就破坏了它的生活史周期，节断了传播途径，是防治鱼怪病的有效方法。

(1) 网箱养鱼时，在鱼怪放幼虫的高峰期，选择风平浪静的日子，在网箱内挂 90% 晶体敌百虫药袋，每次用量按网箱的水体积计算，每立方米 1.5g 敌百虫，均可杀灭网箱中的全部鱼怪幼虫。

(2) 鱼怪幼虫有强烈的趋光性，大部分都分布在岸边水面，在离岸 30cm 以内的一条狭水带中。所以可在鱼怪放幼虫的高峰期，选择无风浪的日子，在沿岸 30cm 宽的浅水中洒晶体敌百虫，使沿岸水成 0.5mg/L 浓度，每隔 3～4 天洒药 1 次，这样经过几年之后可基本上消灭鱼怪。

(3) 患鱼怪病的雅罗鱼完全丧失生殖能力，所在雅罗鱼繁殖季节，到水库上游产卵的都是健康鱼，而留在下游的雅罗鱼有 90% 以上是鱼怪病的患者。在雅罗鱼繁殖季，一方面应当保护上游产卵的亲鱼，以达到自然增殖资源的目的；另一方面则可增加对下游雅罗鱼的捕捞，降低患鱼怪病的雅罗鱼比例，减少鱼怪病的传播者。

(4) 在鱼怪放幼虫的高峰期，于网箱周围用网大量捕捉鲫鱼和雅罗鱼，以减少网箱周围水体中鱼怪幼虫的密度。

四、其他寄生虫病的防治

1. 钩介幼虫病的防治

钩介幼虫是淡水双壳类的幼虫，钉在鱼的体表及鳃上营暂时性的寄生生活。每年在鱼苗和夏花鱼种饲养期间，正是钩介幼虫离开母蚌悬浮于水中的季节，因此经常出现因其寄生而引起的鱼病。钩介幼虫对各种鱼类都能寄生，但主要危害草鱼、青鱼和鳙鱼。

【病原】常见的有背角无齿蚌（*Anodonta woodiana*）和杜氏珠蚌（*Unio douglasiae*）的钩介幼虫，属蚌科、无齿蚌属。钩介幼虫体长 0.26～0.29mm，高 0.29～0.31mm；体被两片几丁质壳，略呈杏仁状。每瓣鳃片的腹缘中央有 1 个鸟喙状的钩，钩上排列着许多小齿，背缘有韧带相连；侧面观可见发达的闭壳肌和 4 对刚毛；在闭壳肌中间有一根细长的足丝（图 8-24）。

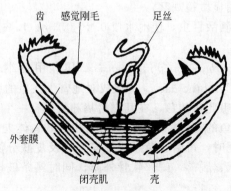

图 8-24　淡水蚌的钩介幼虫

　　蚌的受精和受精卵的发育是在母蚌的外鳃腔里进行。受精卵经囊胚期、原肠期才发育成钩介幼虫。成熟的钩介幼虫约在 4~5 月排出体外，借两片壳的开闭而在水中漂浮，遇到鱼类则用足丝和钩附着在鱼体上。钩介幼虫在鱼体寄生时间的长短与水温高低有关。如三角帆蚌在水温 18~19℃时，幼虫在鱼体上 6~18 天。无齿蚌在水温 16~18℃时，幼虫在鱼体上 21 天；水温 8~10℃时，则需 80 天。在寄生期间吸取鱼体营养进行变态，发育为幼蚌，然后破囊而沉入水中，营底栖生活。

　　【症状及病理变化】钩介幼虫用足丝黏附在鱼体上，用壳钩钩在鱼体的嘴、鳃、鳍及皮肤上。肉眼可见到病鱼鳃上的白色小点，解剖镜下可见到寄生的钩介幼虫。因钩介幼虫的寄生，鱼体组织受到刺激，引起周围组织增生，微血管阻塞，色素消退，逐渐将幼虫包在里面，形成乳白色或黄色胞囊。夏花鱼种往往因几个钩介幼虫钉在鱼的要害部位，如嘴角、口唇或口腔里，使鱼嘴不能张开，丧失摄食能力，以至饿死，渔民称之为"闭口病"；寄生在鳃丝上，则鳃充血，妨碍呼吸，可引起窒息死亡；病鱼头部往往出现"红头白嘴"症状，因而渔民也称之为"红头白嘴病"。

　　【流行情况】钩介幼虫对宿主无特别的选择性，可感染多种鱼类，特别以草鱼、青鱼、鲤鱼、鳙鱼为普遍。在我国是鱼苗、鱼种中危害较大的病害之一，特别是适合蚌类生存繁衍的湖滨地区，钩介幼虫病常有发生，且引起大量死亡。流行季节在春末夏初。

　　【诊断方法】
　　(1) 根据症状及流行情况进行初步诊断。
　　(2) 用显微镜进行检查即可确诊。诊断时要注意，如鱼体上只有少量钩介幼虫寄生或鱼较大，则不会引起病鱼大量死亡，需进一步仔细检查，找出主要病因。

　　2. 棘头虫病的防治

　　【病原】属棘头动物门 (Acanthocephala) 无脊椎动物，约 600 种，世界性分布。吻上有钩，体长从不足 1cm 到 50cm 以上，均为寄生。成虫寄生在脊椎动物 (通常为鱼)，幼虫寄生在节肢动物 (昆虫、蛛形类、甲壳类)，称"棘头蚴"。可穿过肠壁进入血腔，外长一囊，发育成像小型成虫的棘头体。缩入吻，进入休眠期，称囊棘蚴。被终末宿主 (脊椎动物) 吞入后，棘头动物在肠内脱出，用吻钻入肠壁，并发育成熟。如囊棘蚴被其他宿主吞吃，则它会穿过肠壁进入体腔，形成包囊，但仍有侵染性；如此宿主被终末宿主吞吃，它仍可发育成熟。水产上常见的棘头虫病有似棘头吻虫病、长棘头吻虫病和长颈棘头虫病。

　　【症状和病理变化】夏花鲤被崇明长棘吻虫寄生 3~5 条时，即可出现肠道堵塞，肠壁胀薄，鱼不摄食，1~3 天内即死亡。1~2 龄鲤鱼大量感染时，鱼体消瘦、生长缓慢、食欲减退或不摄食。剖开鱼腹，可见肠道外壁有大小、形状不一的肉芽肿瘤，并相互粘连，使肠道互粘在一起；严重时，肝脏也粘在一起，并有局部充血现象。少数虫体的吻部可钻破肠壁，再钻入肝脏或体壁，甚至引起体壁穿孔。剪开肠道，可在前肠部位见到大量虫体聚集在一起，肠内有脓状黏液。

　　【流行情况】鲤长棘吻虫病主要危害鲤鱼，从夏花至成鱼均可感染。
　　该病呈慢性经过，持续死亡，累积死亡率可达 50%。我国各养鲤区均有发生，流行季节为每年的 5~7 月。

　　【诊断方法】剪开肠壁，刮下肠黏液，用玻片压片，在解剖镜下观察虫体，即可确诊。
　　【防治方法】
　　(1) 用生石灰彻底清塘，杀灭水中虫卵和中间寄主。
　　(2) 防止将已感染水源引进健康鱼池；严格隔离病鱼，同时深埋死鱼，以防传染。
　　(3) 发病池遍洒浓度为 0.5mg/kg 的晶体敌百虫，以杀灭中间寄主。
　　(4) 每 100kg 鱼每天用 60mL 四氯化碳拌饵投喂，连喂 6 天。

项目五　营养和环境疾病的防治

一、营养性疾病的防治

（一）饥饿

1. 跑马病的防治

【病因】鱼苗下塘后，阴雨连绵，水温较低，池水肥不起来，10～15 天后，池中缺乏鱼苗的适口饵料而引起。另外，池塘漏水时，鱼苗长期顶水游泳也会引起跑马病。

【症状】鱼苗（主要是草鱼、青鱼）围绕池边成群狂游，长时间不停止。鱼苗因过分消耗体力，使鱼体消瘦，大批死亡。有的地方称此病为"车边病"。

【防治方法】

（1）注意鱼池的清整，防止鱼池漏水。

（2）鱼苗放养不可过密（如放养密度高，应增加投饵量），饲养 10 天后，应投喂一些豆饼浆、豆渣等草鱼和青鱼适口饵料。

（3）发生跑马病的鱼池，可用芦苇从池边向池中横立，隔断鱼苗群游路线，并在池边投喂一些豆饼浆、豆渣、酒糟、米糠或蚕蛹等饵料；或将草鱼、青鱼分养到已培养有大型浮游动物的池塘中饲养。

2. 萎瘪病的防治

【病因】由于放养密度过大或鱼类搭配比例不当，造成部分鱼苗或鱼种因得不到足够的饵料而萎瘪致死。

【症状】病鱼身体干瘪消瘦、头大尾小、背如刀刃、肋骨可数，鳃瓣严重贫血，呈苍白色。病鱼往往沿池边缓慢地游动，不久即死亡。

【防治方法】

（1）掌握好放养密度和鱼类的搭配比例。

（2）加强饲养管理，做到"四定"投饵，使鱼苗、鱼种有充足的饵料可吃。

（3）当发现萎瘪病时，应立即采取措施，投喂优质饲料，则病体在患病早期可以恢复健康。

（二）营养不良病的防治

在高密度养殖中天然饵料很少，人工饲料就成为饲养水产动物的营养来源。饲料营养全面且新鲜适口，可促使水产动物生长迅速，反之，不但造成饲料系数高，而且会引起营养不良症，甚至死亡。水产动物的营养素需求基本上和高等动物相似，包括蛋白质、糖类、脂肪、维生素和矿物质等营养成分。不同的水产动物，即使同种水产动物，在不同的发育阶段对营养素的要求也不尽相同的。饲料中的营养素过多或过少，饲料成分变质或能量不足，均会引起水产动物营养性疾病。

1. 因蛋白质不足、过多或各种氨基酸不平衡所引起疾病的防治

饲料中的蛋白质是水产动物赖以生长的最重要物质，是构成体蛋白的基础。鱼类对蛋白质的需求量是鸟类和哺乳类的 2～4 倍。对其他水产动物来说，对蛋白质的需求同鱼类是相仿的。如果给养殖鱼类长期投喂的饲料蛋白质含量低于生命所必需的水平，不但体重减轻，还会发生贫血和水肿，并发其他症状，最后死亡。

斑点叉尾鮰对蛋白质的需求量很高，饲料中蛋白质含量不应低于 40%，否则生长延缓；如蛋白质含量减为 25% 时，鱼体增重仅为投喂蛋白质含量 40% 的 12.8%；当蛋白质含量减至 10％时，鱼的体重不但不增、反而下降。鳗鲡饲料中如不含蛋白质，鱼明显减重；饲料蛋白质含量减至 8％时，出现轻微减重；饲料中蛋白质含量超过 13.4％时，鱼体增重。

通过大量实验测试，研究者推荐各种养殖鱼类在常温饲养条件下，饲料蛋白质的适宜含量：鲤鱼鱼种阶段为 37％～42％，成鱼阶段为 28％～32％；青鱼鱼苗阶段为 41％，鱼种为 33％，成鱼为 28％；草鱼成鱼为 20％～25％。

水产动物饲料蛋白质含量并非越多越好，如长期高于适宜含量，一是不经济，二是对水产动物的生理功能反而产生妨碍和限制，甚至中毒。如鳗鲡饲料中蛋白质超过 44.5％、斑点美洲鲶饲料中的蛋白质含量超过 40％，生长反而减慢。水产动物摄入大量蛋白质超出了自身的需要，会增加机体负担，同时产生大量废物，如氨，而水中氨的含量是水产动物生长的限制因素，并且过量氨的积累可以造成机体中毒死亡。

饲料中如果缺乏十种必需氨基酸当中的某些种类，水产动物不但食欲会减退、生长停止，有的吃食后还会吐出饲料，且不同的水产动物还有一些特殊症状表现。如红大麻哈鱼和虹鳟投喂缺乏色氨酸的饲料 4 周后，20％的鱼出现脊椎侧凸症和脊椎前凸症；12 周后，50％的鱼变形。饲料中缺乏赖氨酸，虹鳟表现为生长减慢、尾鳍溃烂、死亡率增高；缺乏蛋氨酸，发生白内障现象。鳗鱼在缺乏缬氨酸和赖氨酸时，第 3 周开始死亡率升高。鲤鱼的第一限制性氨基酸为蛋氨酸，其次为赖氨酸和色氨酸。在饲料中直接添加氨基酸，可以弥补限制性氨基酸的不足。

2. 因糖类不足或过多所引起疾病的防治

糖类是一种廉价的热源，每克糖氧化时可释放 $16.7×10^3$ J 的能量，饲料中适当的增加糖量不但可节省蛋白质的用量，同时还为水产动物合成非必需氨基酸提供碳架。但不同种类的鱼对糖类的利用和需求不同。过高的糖类，不但不会促进水产动物的生长，反而使机体极易患"高糖肝"症，使机体肝脏肿大、颜色变淡，死亡率高。草食性的草鱼与杂食性的鲤鱼对糖类的利用能力比较高，而大多数鱼类对糖类的利用能力有限。青鱼饲料中糖类含量达到 39.83％～44.31％时，青鱼生长明显减慢；真鲷投喂 30％～40％的葡萄糖饲料，生长率降低且肝脏中积累大量脂肪。如果鲤鱼饲料中糖类含量长期高于 50％，会产生自发性"糖尿病"，同时生长率降低。然而，如在饲料中添加适量的维生素，糖类含量高达 50％时，虹鳟的肝脏也无异常。

糖类不足的例子不多见。在青鱼饲料中如果糖类含量低，肝脏得不到足够的糖类可供利用，就要增加脂肪的分解，造成酮体增加；如果超出了肌肉能利用的限度，积于体内引起酮症，影响鱼生长。

3. 因脂肪含量不当或变质而引起疾病的防治

饲料中的脂肪是脂肪酸和能量的主要来源。在饲料中适量添加脂肪物质可以减少蛋白质作为能量的消耗，起到节约蛋白质的作用。饲料中脂肪含量过低，水产动物生长缓慢，则饲料效率低。如果水产动物缺乏必需脂肪酸，如亚油酸、亚麻酸、油酸、花生四烯酸等不饱和脂肪酸，虹鳟则生长不良，发生烂鳍病；大鳞大麻哈鱼稚鱼体内缺亚油酸会阻碍生长，皮肤褪色；青鱼缺乏必需脂肪酸，则生长减缓、成活率低，并出现眼球突出、竖鳞、鳍充血等症状。

饲料中脂肪添加过量，容易引发脂肪性肝病，就会培育出抵抗力差的所谓"肥胖鱼"，鱼体自身免疫力下降，应激反应能力降低，运输成活率下降，同时还可能影响蛋白质、糖类等其他营养素的吸收利用，产生其他病症。

脂肪容易变质，氧化脂肪产生的醛、酮、酸，不仅本身具有毒性，而且能与蛋白质起反应而降低蛋白质的生物价，并且对维生素具有破坏作用。鱼类摄食了脂肪变质的饲料，鲤鱼可患背瘦病，虹鳟引起肝发黄和贫血，真鲷则出现鳔发育不全、脊柱侧突等症状。脂肪是易氧化的物质，含脂肪量高的饲料原料，必须预先将脂肪抽提出来，用时再适量加入。为了防止氧化脂肪产生毒性，在饲料中可加入适量的维生素 E。

4. 缺乏维生素所引起疾病的防治

维生素是水产动物生长、发育、生理代谢所必需的营养物质。水产动物的饲料中应含有的维生素包括：维生素 A、维生素 D、维生素 E、维生素 K、维生素 B_1、维生素 B_2、维生素 B_6、维生素 B_{12}、维生素 H、维生素 C 以及烟酸、叶酸、泛酸、胆碱、对苯甲酸和肌醇等。鱼对维生素缺乏的反应比温血动物慢，能较长时间在完全没有维生素饲料的情况下生存。当停止供应维生素 1 个半月后，其生长开始停止；3 个月后，体重开始下降，出现突眼、虹膜周围充血、耗氧量降低、抗病力下降，以至死亡。

鲤鱼在缺乏 B 族维生素时，食欲会显著减退。与温血动物一样，其消化道的分泌和活动、食物的消化和吸收功能被破坏，耗氧量显著降低，生长明显延缓；当缺乏维生素 B_6 时，还会引起痉挛、腹腔积液、眼球突出；缺乏泛酸、肌醇、烟酸等，可引起食欲不振、生长缓慢及表皮出血；缺乏胆碱可引起食欲不振、生长缓慢、肝和胰脏的脂肪增加，形成脂肪肝。

鳗鲡在缺乏维生素 B_1、维生素 B_2 及泛酸时，可引起食欲不振、生长缓慢、运动失调、皮肤出血；缺乏维生素 B_2 会畏光；缺乏维生素 B_6，发生痉挛。

大鳞大麻哈鱼在缺乏肌醇、烟酸时，也可引起食欲不振、生长缓慢、痉挛。饲料中缺乏维生素 A 时，鱼的食欲显著下降，吸收及同化作用障碍，色素减退、生长缓慢。食蚊鱼的饲料中缺乏维生素 D，会影响其生长和性腺成熟。当饲料中缺乏维生素 C 时，鱼生长慢，饵料系数高且易出现畸形。对虾如果缺乏维生素 C，在其甲壳的下层会发生片状黑斑，黑斑也可发生在鳃及肠壁上。病虾表现为厌食、腹部肌肉不透明、活动能力下降、生长缓慢、壳软、蜕皮周期延长、创伤愈合慢。

水溶性维生素在体内不能大量贮存，组织内达到饱和后，多余者即随尿液排出，所以一般不会过剩；脂溶性维生素可在体内贮存，维生素 A、维生素 D 过量积蓄会导致机体中毒。

维生素 H 和叶酸、维生素 A 和维生素 C 之间存在拮抗作用，一种维生素含量过高会影响另一种维生素的作用，导致缺乏症。

5. 缺乏矿物质所引起疾病的防治

矿物质不仅是构成水产动物身体各部位组织的重要物质，而且是酶系统的重要催化剂，其生理功能是多方面的，可促进生长，提高营养物质的利用率，在维持细胞的渗透压方面也起着重要的作用。钙、磷、镁、铁、铜、锰、锌、钴、铝、碘等都是需要的。一般水中含钙量较高，故在配制饲料时不需再加钙，而磷则是在一般情况下都是缺乏的，因此必须人工加入到饲料中去。当饲料缺乏磷时，会使水产动物生长缓慢、骨骼钙含量减少、体脂肪蓄积、脊椎弯曲；缺镁骨骼钙含量增加，游动异常（痉挛）；缺乏锰、锌、铜、钴都可以使鲤鱼患白内障；缺乏铁患贫血；缺碘患甲状腺疾病；缺锌还可造成皮肤、鳍糜烂，死亡率高。

海水中各种矿物质含量较丰富，海水鱼可以吸收海水和饲料中的矿物质，一般认为其饲料仅添加铁和磷即可。

二、藻类引起疾病的防治

（一）赤潮引起疾病的防治

【病因】赤潮是由于海域环境的变化，促使某些浮游生物尤其是浮游植物暴发性繁殖，引起水质败坏、发臭、水色异常的一种生态现象。由于常出现红色，故为赤潮。其实，引起赤潮的浮游生物种类很多，不同的赤潮生物引起海水所变的颜色是不同的，有褐红色、桃红色、褐色、黄色、绿色、灰色、黑褐色等。引起赤潮的诱因除某些浮游生物本身外，水体富营养化是赤潮的另一诱因。近十年来，沿海海水受到工业废水和城市生活污水的污染，海湾和浅海中的海水含有过多的有机物质，引起海区的富营养化，从而导致赤潮频繁发生。如日本濑户内海在 1955 年以前只发生过 5 次赤潮，1956 年至 1965 年的 10 年间却发生了 59 次，而在 1973 年以后，每一年发生赤潮的次数竟多达 300 次。我国沿海地区的海域也时有发生，尤其广东省沿海中部的珠江口是赤潮的多发区。

赤潮生物已知的已有 130 多种，在我国有 40 多种，主要是属于甲藻类的夜光藻、多甲藻、叉状角藻、裸甲藻、膝沟藻，和硅藻中的角毛藻、根管藻、细柱藻，此外还有蓝藻、金藻类的一些藻类及一些原生动物。赤潮是海湾和近海人工养殖的最大危害之一。每次赤潮影响的范围从几十平方公里至上千平方公里，可造成影响所及范围内的鱼、虾、贝等水产动物成批中毒死亡，有时人畜因吃了赤潮区的水产动物也因此而中毒甚至死亡。沿海养殖场，如灌入赤潮海区的海水，也会引起所养殖的海产动物大批死亡。

赤潮主要发生在夏、秋季，易发生在连续大量降雨后，又突发转晴并持续高温、强光照、风速小，此时浮游生物大量繁殖，故易暴发。

赤潮造成水产动物致死的原因，一是赤潮毒素的毒害作用（赤潮生物直接分泌毒素于水中，或繁殖过度而大量死亡，死亡产生毒素进入水中）；二是赤潮生物黏附于呼吸器官，引起水产动物窒息死亡；三是缺氧（在赤潮后期，由于赤潮生物大量死亡，尸体分解消耗大量氧气，引起海产动物窒息死亡）。但是有时赤潮发生时，溶解氧并不低，不会影响水产动物正常的需氧要求，赤潮生物个体也很小，密度也不高，所以缺氧和呼吸障碍引起水产动物的死亡不是主要原因，而赤潮生物分泌的某种强毒素才是该病的最主要原因。

【防治方法】

（1）加强海洋环境保护，严防"三废"污染，保护海区水质，做好预测、预报工作，尽早做好防范。

（2）发生赤潮时，养殖海区如可以和赤潮区隔断水流的，应关闭闸门隔断水流。如无法隔断，可在增养殖海区泼洒硫酸铜杀灭害藻。也可用甲醛或高锰酸钾来杀灭赤潮生物。还可泼洒细黏土以吸附有害物质来减轻赤潮的影响。

（3）日本曾用过氧化氢来治理海洋福胞藻，是利用过氧化氢的强氧化性，对藻体及毒素起杀伤和氧化作用。

（4）日本曾制造一种用金属制成的"濑户 100 型"的装置，这种装置底部设有阀门，当赤潮发生时，立即关闭阀门，并充入氧气，约 40min，使整个装置上浮，赤潮生物就无法进入箱内危害。

（5）据粤东汕尾港经验，蛤仔可以"吃掉"赤潮，因为蛤仔以滤食浮游生物的方式净化水质且滤食量大，因而有效降低了水体的营养化程度，消除了赤潮的诱因。

（二）由微囊藻引起中毒的防治

【病因及症状】池中微囊藻，主要是铜绿微囊藻（*Microcystis*）和水花微囊藻（*M. flosaquae*）大量繁殖，引起自身的大量死亡。死亡的藻体分解时，产生大量的羟胺（NH_2OH）及硫化氢（H_2S）等有毒物质，当这些有毒物质多时，水产动物即中毒死亡。另外，微囊藻具有胶质膜，一般鱼类吃了不能消化。

微囊藻喜欢生活在温度较高（28～32℃）、强光线、碱性较高（pH 值 8～9.5）及富营养化的水中，当大量繁殖时，水面上形成翠绿色的水花。在晚上产生过多的二氧化碳，消耗大量氧气；白天光合作用强烈时，又可使 pH 值上升到 10 左右，此时能使鱼体硫胺酶的活性增加，维生素 B_1 迅速发酵分解，使水产动物缺维生素 B_1，导致鱼类中枢神经和末梢神经系统失灵、兴奋性增加、急剧活动、痉挛和身体失去平衡。微囊藻群体数量达到每升水 50 万个时，就可使鱼中毒；每升水达 100 万个以上时，青鱼、草鱼、鲢鱼、鳙鱼大量死亡，甚至全部死亡。

【防治方法】微囊藻水华以生态防治为主、药物防治为辅,其一旦形成优势种群,用药物一两次很难杀灭,而且高温季节还容易发生药害事故。

1. 生态防治

(1) 合理确定放养模式,推广健康养殖 放养一定数量的鲢鱼、鳙鱼,避免单纯投放吞食性鱼类,使水体富营养化、造成水质恶化,保证水体生态平衡。

(2) 合理施肥,提倡氮磷配合施肥,避免单用氮肥,高温季节不施或少施氮肥,只施磷肥。

(3) 经常向鱼池注入新水或施入酸性肥料,调节水体 pH 值在 6.8~8。

(4) 投放微生态制剂 PSB(光合细菌)、EM(有益微生物种群)等,促进水体营养物质的良性循环,促使有益藻类在水中占优势。

(5) 莫桑比克罗非鱼和尼罗罗非鱼能够吞食并消化微囊藻。可在池中放养适量的罗非鱼(以放养单性的莫桑比克罗非鱼较好),对微囊藻进行生物控制,既可以变害为利,又可保护池水环境。

2. 药物防治

(1) 发现池塘有微囊藻水华,可在下风头水华聚集处用硫酸铜 $0.7 g/m^3$ 溶液全池遍洒。泼药后应开动增氧机或在次日清晨酌情加注新水,以防浮头。

(2) 池塘大面积形成微囊藻水华,可先抽去池塘 (1/4)~(1/3) 上层水,再用硫酸铜溶液全池遍洒。

(3) 络合铜毒性小,不受水中 pH 值、碳酸离子、有机物、氨等的影响,效果比硫酸铜好,可用 0.5~0.8mg/kg 全池遍洒。

(4) 清晨当藻体上浮集聚时,可将生石灰打成粉,撒在藻体上,连续撒 2~3 次,可杀死过多的微囊藻。

(三) 由三毛金藻引起中毒的防治

【病因及症状】主要是由于舞三毛金藻(*Prymnesium saltans*)和小三毛金藻(*Prymnesium parvum*)(图 8-25)在池中大量繁殖时,产生了大量的鱼毒素、溶血毒素、细胞毒素和神经毒素,引起鱼类及其他用鳃呼吸的水产动物中毒死亡。

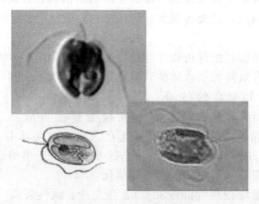

图 8-25 小三毛金藻

小三毛金藻的生长和繁殖的生态条件,要求有较高的盐度和硬度。它喜欢生长在盐度 3~5 以上、氯化物含量为 2000mg/L 以上、水的硬度在 40°dH❶ 以上、pH 值为 7.2~9.6

---

❶ 德国度(°dH):1L 水中含有相当于 10mg 的 CaO,其硬度即为 1 个德国度(1°dH)。

的环境中。因此，在距海较近或盐碱地区建成的鱼池，在干旱的年份和季节或久旱后下大雨，常因藻的毒素中毒而发生死鱼的现象。

小三毛金藻引起的中毒，一般在清晨开始，当水中毒性较小时，池鱼（首先是鲢鱼、鳙鱼）向四隅集中，此时驱之即散。鱼分泌大量黏液，各鳍基充血。鳃盖、眼眶周围、下颌、体表充血，红斑大小不一。1～2 天后，水中毒性增加，几乎所有的鱼都逐渐集中排列在池边水面线附近，一般头向岸边，在水下静止不动，但不浮头。以后鲢鱼、鳙鱼开始死亡。未死的鱼，当驱赶时暂时散开，但很快又集合起来。这时的鱼中毒已较重，如及时采取急救措施，大部分鱼仍可救活，否则中毒加重，停留在岸边的鱼开始失去平衡而侧卧、呼吸困难，最后呈昏迷状态而死亡。整个中毒过程中，鱼都不浮头，而是在平静的麻痹和呼吸困难中死去。也有的鱼死后除鳍基充血外，体表无充血现象，有的鱼死后，鳃盖张开，眼球突出，并有腹水。

饲养鱼类中对三毛金藻分泌的毒素最敏感的是鲢鱼、鳙鱼，其次为草鱼、鲤鱼、鲫鱼、泥鳅等，鳗鲡、梭鱼等溯河性鱼类也会因中毒而死。

【防治方法】

（1）水中总氨含量超过 0.25mg/L，三毛金藻就不能成为优势种，因此定期（少量多次）向池中施放铵盐类化肥，如尿素、氨水、氮磷复合肥，以及有机肥料，使总氨稳定在 0.25～1mg/L 范围内，可达到预防效果。

（2）发病初期应立即加注新水，排出毒水，直到病鱼恢复正常。

（3）发病早期全池遍洒 0.3％黏土泥浆水吸附毒素，在 12～24h 内中毒鱼可恢复正常。但此法仅是吸附部分毒素而已，起暂缓病情作用，不能杀灭三毛金藻。

（4）在 pH 值 8 左右、水温 20℃左右的盐碱地，发病鱼池早期每立方米水体遍洒含氨 20％左右的铵盐类药物（硫酸铵、氯化铵、碳酸氢铵）达到 20g，或尿素 12g，使水中离子氨达 0.06～0.10mg/L，可使三毛金藻膨胀解体直至全部死亡。铵盐类药物的杀灭效果要比尿素快、好。但注意在鲻鱼、梭鱼的养殖池中，不得采用此法。

（四）嗜酸性卵甲藻病的防治

【病原】病原体为嗜酸性卵甲藻（*Oodinium acidophilum*，又称嗜酸性卵鞭虫）。在鱼体上寄生的是嗜酸性卵甲藻的营养体，成熟个体呈肾形，大小为 (102～155)μm×(83～130)μm，没有柄状及假根状突起，外有一层透明的纤维壁，体内充满淀粉粒和色素体，中间有一个大而圆的核。营养体成熟后不久即开始细胞分裂，分裂 7 次后，形成 128 个子体，每个子体再分裂 1 次，即形成"游泳子"。游泳子大小为 (13～15)μm×(11～13)μm，有不明显的隔膜（横沟）将虫体分为上、下两部分，腹面有纵沟，并与横沟相接，沿纵沟和横沟各伸出一根鞭毛，推动虫体在水中游动，接触鱼体后即寄生上去，失去鞭毛，静止下来，逐渐发育为成熟的个体。

【症状及病理变化】发病初期，病鱼在水中拥挤成团，有时环流不息。病鱼体表黏液增多，背鳍、尾鳍及背部出现白点。随着病情的发展，白点遍布全身及鳃内，肉眼看去，鱼体上好像粘了一层米粉，故有"打粉病"之称（彩图 8-26，彩图见插页）。病鱼食欲减退，浮于水面，反应迟钝。虫体脱落处，皮肤发炎、溃烂，或继发性感染水霉。

【流行情况】该病发生在酸性水域中，在 pH 值 5～6.5、水温 22～32℃、放养密度大、缺乏饵料的池中容易暴发。流行季节为夏、秋两季，鲤科鱼类均可感染。在江西、广东、福建等省较为流行。

【诊断方法】根据以上症状和养鱼水体 pH 值可以初诊。刮取黏液和白点放在载玻片上，加少量水在显微镜下观察，可以发现大量个体呈肾形，外有一层透明的纤维壁，体内充满淀粉和色素体，中间有一大而圆的核，即可确诊。

【防治方法】防治卵甲藻病应坚持"以防为主，防重于治"的原则，发现病鱼及时治病。

（1）放养前对池塘养殖水体要进行严格消毒，每亩用100～150kg的生石灰化水全池泼洒，彻底清塘消毒，待pH值保持在8左右后，再投放鱼种。

（2）在饲养期间，每半个月泼洒一次生石灰，使池水呈20mg/L，控制池水呈微碱性，pH值达8左右。

（3）发现病鱼要及时隔离治疗，已不可救药的病鱼和死鱼要及时捞出。

三、水质引起疾病的防治

（一）冻伤和感冒的防治

1. 冻伤

【病因】当水温下降至水产动物不能忍受时，水产动物会被冻伤，引起疾病，甚至死亡。

【症状及病理变化】在自然条件下，当温度降到1℃时，一般温水性鱼类即进入麻痹状态。当温度降低到0.5℃以下时，鱼的皮肤就会坏死、脱落。鱼类受冻后，可引起麻痹、僵直和平衡失调，也可引起体壁血管收缩、缺血，鳃丝末端肿胀，甚至可因肌肉组织的低温脱水而被冻死。

暖水性鱼类罗非鱼在低温11℃情况下，鱼体表皮会被冻伤而感染水霉病，甚至会发生继发性低温昏迷，最终死亡。

【防治方法】在越冬前做好防寒工作，如加深池水。在秋、冬季节要多投喂富脂肪性饵料，如豆饼、菜籽饼等，以增强鱼的抗寒能力。不耐低温的种类，在低温季节来临之前应移入温室。对于非洲鲫鱼越冬池应经常换注新水、提高水温，或加入食盐使越冬池水成0.5％～0.8％的浓度，可避免冻伤。至于已受冻伤的鱼类，目前尚无治疗方法。

2. "感冒"病

【病因】水产动物是变温动物，其体温随水温而变化且体温略高于水温0.1℃。当水温急剧改变时，会刺激体表的神经末梢，引起功能混乱、器官功能失调而发生疾病。

【症状及病理变化】患病鱼皮肤失去原有光泽而变得暗淡，并有大量黏液分泌，行动失常、漂浮在水面、失去游动能力；虾、蟹患病，则肌肉变得松弛、附肢关节变软、运动无力，甚至肌肉坏死；鳖患病，则变得行动迟缓。总之，严重时均可引起死亡。

【防治方法】水产动物在搬运时，应力求保持原来温度。苗种的温差应小于2℃，成体的温差应小于5℃。

（二）浮头与泛池的防治

如果水中溶氧降低到不能满足水产动物生理上最低需要量时，水产动物就会感到呼吸困难，要游到水的上层，将口伸出水面吞取空气，这种现象就称为"浮头"或"额水"。如水产动物长时间地缺氧而严重浮头，引起大批窒息死亡的现象，称为"泛池"或"反塘"。

【病因】浮头与泛池是因水中缺氧而引起。

水产动物缺氧的窒息点往往因动物的种类、规格不同而有所差别，甚至由于水温的高低、pH值的变化以及健康状态也有所不同。青鱼、草鱼、鲢鱼、鳙鱼通常在水中溶氧下降到1mg/L时开始浮头；低于0.4～0.6mg/L时，就会窒息死亡。鲤鱼、鲫鱼对抗缺氧的能力较强，窒息范围在0.11～0.34mg/L；虾和蟹对氧的需求量比鱼类高得多，虾蟹池中正常的溶氧量必须保持在4～5mg/L以上，最低不得低于3mg/L；如溶氧低至2.6～3mg/L时，体质较弱的虾就会死亡。这种因缺氧而窒息死亡的现象，常发生在静止的水中，尤其是夏季更易出现。

水中缺氧在下列情况下容易发生。

（1）水产动物放养密度过高，或其他水产动物繁殖过度，造成溶氧供应不足。

（2）池底腐殖土层过厚、有机物过多，这些有机物大量分解耗氧。

（3）水中溶氧量与气压成正比。盛夏和初秋，水温高、气压低，水中的气体溶氧量减少，而水生生物呼吸耗氧反而增多。

（4）炎夏晴天，鱼池水质浓、表层水温高，如突然下雨或刮大风，表层水温急骤下降，而产生上、下水层对流，底层有机物上浮消耗大量氧气。

（5）连绵阴雨天或大雾天，光照条件差，池中浮游植物光合作用弱，水中溶氧的补给量远不够满足池中生物呼吸和有机物分解所消耗的氧，造成池水溶氧不足。

（6）北方地区冬季有冰层封盖水面，池水不能从空气中得到溶氧，而冰下水中的溶氧被生物不断消耗而减少，加之池底腐殖质的分解也消耗大量氧，因此常造成水产动物缺氧而窒息死亡。

【症状及病理变化】池鱼在池塘上风处浮于水面，用口呼吸空气；虾类在缺氧条件下，也会浮到水的表层，有蹿跳的现象；蟹则可能爬出水面。如鱼长期浮头，下颌表皮突出，背部色泽变淡。泛池严重时，全池鱼多狂游乱窜，或横卧水面，或头撞岸边，呈现"奄奄一息"状态，并开始死亡。

【诊断方法】结合水质分析，依据临床症状及病理变化进行初步诊断。

【防治方法】

（1）冬季干池清塘时，应除去塘底过多的淤泥和腐殖质。

（2）合理施肥、投饵。鱼池如施有机肥，一定要经发酵腐熟，并掌握适当施肥量，投饵按"四定"原则。

（3）掌握合适的放养密度及搭配比例，防止过密。

（4）在闷热的夏天，应认真进行晚间巡塘工作，发现有鱼"浮头"，应及时加注新水或开动增氧机。

（5）在无增氧机和无法加注新水的地方，可施放化学增氧剂，如"鱼浮灵"、"991"复方增氧剂、"993"复方增氧剂。

（6）用黄泥水、明矾水、石膏粉等泼洒，使池水中悬浮的胶体澄清，也有一定作用。

（三）气泡病的防治

【病因】池中任何一种气体过饱和，都可引起水产动物患气泡病，常见的有两种类型：一种是水产动物的肠道中出现气泡，另一种是体表、体内和鳃丝上含有气泡。水产动物个体越小患此病的几率越高，同时水温越高也越易患病。如鱼苗体长到 $0.9 \sim 1.0$ cm、水温 $31℃$、水中含氧量达 14.4 mg/L 时（饱和度 190%）就发生气泡病；体长的鱼苗，当水温高达 $35℃$、含氧量达到 11.6 mg/L（饱和度 155%）时就发病；鱼苗体长 $1.4 \sim 1.5$ cm、水温 $31℃$、含氧量达到 24.4 mg/L 时（饱和度 325%）时，开始发病；对虾幼体在饱和度为 118% 以上时，就发生气泡病；鲍鱼在饱和度为 150% 以上也会发生气泡病。

引起水中某种气体过饱和的原因很多，常见的有以下几种。

（1）水中浮游植物过多，天气晴朗，阳光强烈照射，藻类的光合作用旺盛，产生大量的氧气；另外，水温的升高又降低了水中的气体溶解度，可引起水中溶解氧过饱和，使水中原有的溶解气体析出而形成气泡。

（2）在鱼苗运输途中，人工送气过多、过急，可引起气泡病。

（3）池内过多地施放了未经发酵的肥料，这些肥料在池底不断分解，消耗大量氧气，放出很多细小的甲烷和硫化氢气泡，鱼苗误将小气泡当作浮游生物吞入，引起气泡病。

（4）使用了未经曝气的地下水，含沼气，可引起气泡病。

（5）干池清塘后，淤泥较疏松、有孔隙，当注水后可产生大量气泡。

（6）冰封的浅水水库，当库内水草在冰下营光合作用，也可能引起溶氧过饱和，导致气泡病，甚至大鱼也发病。

【症状及病理变化】发病初期，水产动物感到不适，在水面狂乱而无力地游动，不久即在体表及体内出现气泡。当气泡不多、不大时，水产动物尚能下潜，但身体往往失去平衡。随着气泡的增大及体力的消耗，水产动物便上浮水面失去游动能力，口常张开，不久即死亡。解剖及用显微镜观察，可见鳍（以尾鳍为多）、鳃、皮肤及内脏的血管内或肠内有大量气泡，导致栓塞而死亡。

【诊断方法】根据临床症状及病理变化进行诊断。

【防治方法】

（1）注意水质，不使浮游植物过度繁殖。

（2）鱼苗运输不要急剧送气，如发现有气泡病，应立即换水或加注新水，防止病情恶化。

（3）清除塘底过多腐殖质，不用未经发酵的肥料，平时掌握施肥量与投饵量。

（4）注意水源，不用含气泡的水。

（5）干池清塘注水后，要拖空网几次，使气体逸出，再放鱼苗。

（6）越冬池在水面结冰时应打几个洞，使过多的或有害的气体逸出。

（7）如发现气泡病，应立即加注新水，并排出部分原有池水，或将水产动物移入清水中，病情轻的可恢复正常。

（8）全池遍洒食盐，每亩水面、1m 水深用量为 2.5～5kg，可减轻病情。

（四）弯体病的防治

【病因】由于水中含有重金属盐类，刺激鱼的神经和肌肉收缩，导致鱼的脊椎弯曲，或鱼因缺乏某种营养物质（如钙和维生素等），或在胚胎发育时受外界环境影响，或鱼苗阶段发生机械性损伤，或鱼体神经系统和骨骼系统受寄生虫的侵袭，都会造成脊椎弯曲。

【症状及病理变化】患弯体病的鱼，主要是身体发生"S"形弯曲，有的呈 2～3 个弯曲，有的只尾部弯曲，有的鳃盖凹陷或嘴部上、下颚和鳍条等处出现畸形。鱼发育缓慢、消瘦，严重时死亡。

【诊断方法】结合水质分析，依据病鱼临床症状及病理变化进行诊断。

【防治方法】

（1）新开辟的鱼池，最好先放养 1～2 年成鱼，以后再放养鱼苗、鱼种，因成鱼一般不患此病。

（2）将患病鱼池中的水更换数次，以改良水质。

（3）平时加强饲养管理，多投喂含钙多、维生素丰富的营养饵料。

（4）如发现是由于寄生虫引起的疾病，可按防治寄生虫病的方法处理。

（五）化学物质引起中毒的防治

水中的有毒物质往往引起水产动物中毒，甚至全部死亡。有些还可通过水产动物体内聚集而毒害人类。这些有毒物质一般来自于生产和生活时所产生的废物、废气和废水。

水产动物受毒物的毒害作用，主要通过三条途径：一为鳃的呼吸，中毒后功能消失，窒息而死；二是水产动物的身体和毒物接触后，组织遭破坏，功能受影响；三是通过食物链或直接被摄食入体内，破坏新陈代谢的正常进行。

毒物的毒性受环境中的许多理化因子影响，如温度、pH 值、溶氧、硬度以及有关的无机物和有机物。不同种类及不同规格的水产动物对毒物的敏感性也不尽相同。一般早期发育阶段（胚胎及幼体）对多数毒物的敏感性是整个生命周期中最高的。

【常见毒物及其危害】

1. 农药类

农药的种类很多，使用普遍。主要类别有有机磷、有机氯、有机汞、有机硫、有机砷和其他无机制剂等。施放于农田的农药，往往随地面水而流入养殖水体，引起水产动物中毒、畸变、死亡。

鱼类对有机磷农药非常敏感，其毒害作用明显，可引起鱼类骨骼畸形。不同的有机磷农药对鱼类的毒性不同，对鲢鱼、鲤鱼的毒性顺序是：对硫磷＞杀螟松＞甲基对硫磷＞敌敌畏＞马拉硫磷＞敌百虫＞乐果。有机磷农药引起鱼类骨骼畸形和死亡的原因，是由于鱼脑中的胆碱酯酶的活性被有机磷所抑制，使其丧失水解乙酰胆碱的能力，从而引起组织功能改变。有机磷农药还可破坏水产动物的神经系统和生殖功能。对虾对有机磷农药更为敏感。

有机氯农药如 DDT、"六六六" 等，对鱼类及水生动、植物的毒害作用虽不及有机磷农药明显，但由于其化学性质稳定、残效期长、脂溶性大，易在生物体内积聚，并且有致癌作用，因此往往造成严重危害，目前已减少或停止生产。

有机汞农药除破坏机体神经系统的正常生理功能外，还抑制神经能量的传递和封锁离子的输送。

有机硫杀菌剂（代森铵、代森锌、福美砷、敌锈钠）进入动物体后，主要损害神经系统。

有机砷杀菌剂（退菌特）的毒理作用和无机砷相同，只是毒性较低而已。砷为细胞原浆毒，作用于机体酶系统，抑制酶蛋白的巯基（—SH）使其失去活性，从而减弱了酶的正常功能。

2. 重金属类

重金属如汞、铅、锌、铜、银、镍、镉、金、钴、铬、锰等在水中达到一定浓度时，对水产动物产生毒害作用。

重金属对水产动物的毒害有内毒和外毒两方面。内毒为重金属通过鳃、体表或通过饲料进入体内，与体内主要酶类的必要基（—SH）结合生成难溶的硫醇盐类，抑制了酶的活性，造成机体代谢障碍，引起死亡。外毒则为鳃及体表黏液与重金属结合成蛋白质的复合物，覆盖整个鳃和体表，并充斥鳃瓣间隙，使鳃呼吸功能丧失，窒息死亡。

重金属对水产动物的毒性以汞为最大，铜、锌、镉、铅次之，镍、钴、锰等再次之。

汞污染是当今世界最严重的重金属污染，汞的各种形态都有毒，以甲基汞的毒性最大。鲢鱼在含氯化汞 $0.5mg/L$ 的水中，96h 内死亡 80%；在含氯化乙基汞 $0.05\sim0.07mg/L$ 的水中，96h 内全部死亡。环境中的无机汞可以转化为甲基汞，鱼类本身也存在汞的甲基化过程，有自身合成甲基汞的可能，使汞的毒性大大增加。汞还能在体内积聚，其浓缩倍数可达千倍以上。汞主要危害神经系统，草鱼鱼种在 $0.1mg/L$ 的醋酸苯汞或氯化乙基汞中，可引起眼部出血，眼球严重破坏，造成失明或残缺。

铜、锰可引起鱼类红细胞和白细胞减少。比目鱼铜中毒后，引起肝、肾坏死；雅罗鱼在 $5mg/L$ 硫酸铜中 22h 死亡，赤眼鳟 36h 死亡。被锌毒死的虹鳟表现出典型的急性炎性反应，血液中出现大量颗粒白细胞，鳃小片的血液循环积滞，最后窒息死亡。鲤鱼苗在 $0.1mg/L$ 的镉水中饲养 14 天，其存活率仅为 19.5%。

重金属对水生无脊椎动物的影响也很大。如对中国对虾的危害，当铜达到 $1.0mg/L$ 时，中国对虾仔虾 96h 的死亡率可达到 22%；当锌的浓度达 $3.2mg/L$ 时，48h 死亡率达 40%；当锰的浓度达 $3.2mg/L$ 时，48h 死亡率达 56%；在对虾卵的孵化和育苗期间，水中重金属离子超标但尚未达到急性中毒死亡的浓度时，可引起幼体畸形。

3. 油污染和硫化氢

石油工业排出的废水除由油污染造成污染外，还含有硫化氢和酚等毒物，而且在水面上形成大片油膜，阻止了空气中的氧气进入水体，还能导致水中二氧化碳和有机物的大大增高，使水中溶氧急剧下降。

硫化物的毒性主要是发生水解而生成了硫化氢。硫化氢是一种剧烈的神经毒，并能抑制某些酶的活性，阻碍整个生物氧化反应，引起组织细胞内窒息，造成组织缺氧症，引起麻痹和窒息死亡。硫化氢中毒的鱼，鳃变为紫红色，鳃盖和胸鳍张开。死亡的鱼一般失去光泽，悬浮于水的表层。

4. 酚类

不经处理的高浓度含酚废水进入养殖水体后，可引起水产动物大批死亡。酚在体内尤其在脂肪中积累，使肌肉产生异味，以致不能食用。酚为细胞原浆毒，能使细胞蛋白质发生变性和沉淀。动物的中枢神经系统各部分，对酚类化合物具有特殊的敏感性，其中毒症状可分为四个阶段：①潜伏期，鱼体开始不安，尾柄颤动；②兴奋期，鱼全身强烈颤动，呼吸变得不规则，并出现痉挛及阵发性冲撞；③抑制期，鱼体失去平衡；④致死期，鱼进入麻痹与昏迷状态，侧身躺在水底，最后死亡。

5. 酸碱类

过酸和过碱的水，均会对水产动物造成毒害作用。酸能侵袭鳃组织，使鳃组织坏死，黏液分泌增多，腹部充血发炎以至死亡。酸的另一作用是与蛋白质结合，鱼体蛋白质变性，使鱼的组织和器官功能丧失。过高的 pH 值能使蛋白质发生玻璃样变，即与组织蛋白结合而形成可溶性、胶样的碱化蛋白盐。强碱还能使黏膜肿胀、坏死，使皮肤、鳃组织失去功能。

6. 苯类

印染工业和造纸工业废水中不仅酸碱度强，而且含有大量苯的衍生物，它们毒化血液，影响血液的正常生理功能；破坏组织中的蛋白质和影响水产动物神经系统，使水产动物麻痹致死。

7. 木材中的单宁酸和树脂等

新木材中一般含有单宁酸和树脂等，对水产动物产生毒害作用。用新木材做的运输容器或者在运输水产动物经过新木材停留的河流中换水时，往往发生水产动物中毒现象。

【防治方法】

（1）加强水质监测工作（理化监测和生物监测），严禁未经处理的污水及超过国家规定排放标准的废水排入水体。

（2）对水域污染进行综合治理，治理的方法主要有物理、化学和生物三种方法。物理方法又有沉淀法、过滤法、曝气法、稀释法及吸附法等。化学方法主要是用药品处理，如水中重金属离子超标时，可以在水中放二乙胺四乙酸二钠 $2\sim4g/m^3$；水偏酸性时，可全池遍洒生石灰等。生物方法是利用一些生物对毒物具有较高忍耐特性，能蓄积、吸收有毒物质来降低污水中毒物的含量，如光合细菌能把水体或底泥中的氨氮、硫化氢等有害物质分解（或吸收）变为有益的物质，从而达到环境改良、净化的目的；变鞘席藻能吸收并除去氨氮；刚毛藻对汞的忍耐性较大，能吸附和蓄积汞来降低水中汞的含量。

小　　结

水产动物常见的病害主要有病毒性疾病、细菌性疾病、真菌性疾病、寄生虫性疾病以及因为营养和环境因素导致的病害。通过学习各种疾病的症状、病理、流行情况，使学生掌握常见水产动物疾病的诊断、鉴别方法，掌握各种水产动物疾病的防治方法。

目 标 检 测

一、填空题

1. 寄生甲壳类可分为（　　　）、（　　　）和（　　　）三类。

2. 原生虫常见的传播方式是以（　　　　）传播。

3. 肠炎病的病原为（　　　　）。

二、简答题

1. 水霉病的防治方法是什么？

2. 如何防治草鱼出血病？

3. 指环虫与三代虫有哪些区别？

4. 锚头蚤病的防治方法是什么？

5. 引起弯体病的原因有哪些？

三、论述题

1. 试论述如何综合防治草鱼出血病。

2. 如何进行水产动物疾病的防治？怎样确定浸洗时间？

实验实训项目

实训项目一　虾类的生物学观察、解剖和测定

一、实训目的

了解对虾类的基本生物学形态结构特点，掌握对虾测定方法，认识外部形态特征，认识主要内脏器官的部位和雌、雄性征。

二、材料、器具

解剖盘、解剖剪、镊子、直尺、天平、纱布、鲜活对虾、对虾原色图谱。

三、方法步骤

1. 体长、全长和体重的测定

取一尾新鲜对虾，将其拉直，用直尺测量其额角尖端至尾扇末端的长度；测量眼柄基部至尾节末端的长度；用纱布或吸水纸吸去体表水分，放天平上称重。

2. 外部形态观察

从头胸甲开始至尾扇，数出对虾的体节数和附肢数。对照图谱，在头胸部、腹部、尾部找出相应的沟、脊、刺；识别雌、雄个体。用镊子小心从附肢基部取下对虾的一侧附肢，按从头到尾的顺序排列在解剖盘上，对照图谱认识对虾附肢的分节。

3. 内部构造观察

小心剪去一侧头胸甲的下半部分，露出鳃，观察后掀去整个头胸甲，找出对虾的胃、心脏、肠道，小心取出放置解剖盘上。如有性腺发育成熟的对虾，可观察其卵巢或精荚囊。观察对虾纳精囊和交接器的形状。

四、实训作业

记录所观察的对虾形态、部位；解剖下的附肢和内脏器官交实验指导教师检查。

实训项目二　水产人工育苗常用筛绢网目的辨识

一、实训目的

识别不同型号的育苗筛绢并会选用；能熟练鉴别筛绢网目，根据育苗阶段选择需要的筛绢网目。

二、材料、器具

40 目、60 目、80 目、120 目、200 目、250 目、300 目筛绢布，直尺，显微镜，目测微尺，台微尺。

三、方法步骤

1. 根据对孔径的肉眼观察和手指触摸感觉，判别网目的型号。

2. 取 60 目以下的粗筛绢布放桌上铺平，用尺子沿筛绢布的经线或纬线量出 2.54cm（1英寸），做好标记，数出 2.54cm 内的小孔数，即为该筛绢网布的网目。

3. 适用于 60 目以上的细网，在显微镜下观察，用目测微尺、台微尺测出单位长度的小

孔数，再算出 2.54cm 长的小孔数即为该筛绢网布的网目。

四、参考数据（实表 2-1、实表 2-2）

实表 2-1　国际标准筛绢网

筛绢号数	每英寸网孔数	孔径/mm	筛绢号数	每英寸网孔数	孔径/mm	筛绢号数	每英寸网孔数	孔径/mm
0000	18	1.364	6	74	0.239	15	150	0.094
000	23	1.024	7	82	0.224	16	157	0.086
00	29	0.754	8	86	0.203	17	163	0.081
0	38	0.569	9	97	0.163	18	166	0.079
1	43	0.417	10	109	0.158	19	169	0.077
2	54	0.366	11	116	0.145	20	173	0.076
3	58	0.333	12	125	0.119	21	178	0.069
4	62	0.313	13	129	0.112	25	200	0.064
5	66	0.282	14	139	0.099			

注：1 英尺＝12 英寸＝0.305m＝30.5cm，1 英寸＝2.54cm。

实表 2-2　中国对虾各期幼体换水及投饵用网目大小

项目	期别			
	无节幼体	溞状幼体	糠虾幼体	仔虾
换水网/目	150～100	100～80	80～60	60～40
洗网/目		150～100	100～80	60～40

五、实训作业

标出各种型号筛绢网的网目。

实训项目三　蟹类的形态观察、解剖及常见经济蟹类的识别

一、实训目的

了解蟹类的生物学基本形态结构，掌握蟹类外部形态特征、主要内脏器官的分布位置、区别雌、雄个体，掌握蟹类分类的主要特征。

二、材料、器具

解剖盘、解剖剪、镊子、直尺、天平、纱布、各种冰鲜蟹（鲟、梭子蟹、锯缘青蟹、绒螯蟹等）、蟹类原色图谱或彩色挂图。

三、方法步骤

1. 外部形态观察

对照实图 3-1 观察蟹的体形、额齿数、前侧齿数；识别雌、雄个体；分别用镊子取下蟹的第 1 触角、第 2 触角、大颚、第 1 小颚、第 2 小颚、第 1 至第 3 颚足，按顺序摆放；识别鲟、梭子蟹、青蟹、绒螯蟹等，找出它们的主要形态差异。

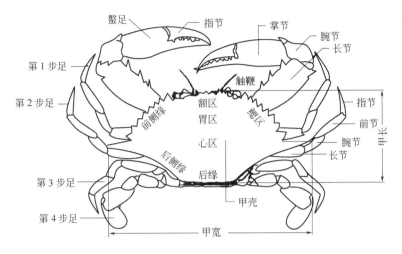

实图 3-1　蟹类形态名称模式图
（引自：宋海棠等．东海经济虾蟹类）

2. 内部构造观察

打开头胸甲，对照实图 3-2、实图 3-3 观察蟹的胃、肝脏、鳃、心脏、肠道、生殖腺。

四、实训作业

绘制蟹的外形图和内脏器官分布图，见实图 3-1～实图 3-3。

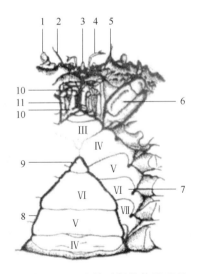

实图 3-2　三疣梭子蟹雌体腹面观
1—复眼；2—第 2 触角；
3—吻；4—第 1 触角；
5—额棘；6—第 3 颚足；7—腹甲；
8—腹部；9—尾节；10—第 1 颚足；
11—第 2 颚足；Ⅲ～Ⅶ—体节序号

实图 3-3　三疣梭子蟹内部构造
1—肝胰脏；2—卵巢；3—鳃；4—肠盲囊；
5—心脏；6—胃肌；7—胃

实训项目四 疾病的检查与诊断

一、实训目的

了解和掌握水产动物疾病的检查与诊断方法。

二、材料、器具

活体鱼、虾等水产动物，显微镜，解剖工具等。

三、方法步骤

水产动物的疾病与病原、环境及机体三大因素有关。因此，在检查和诊断疾病时，要全面考虑和分析，才能做到正确诊断。

1. 调查访问

（1）调查饲养管理情况　包括清塘方法，养殖的种类、密度、来源，投饲的种类、数量、质量，水环境管理方法（包括施肥的种类、数量，用过何种消毒剂，用药量）等。

（2）调查有关的环境因子　包括了解水源中有没有污染源，池塘底质，水质情况，周围农田施肥、施药情况，池塘中有否一些中间寄主，周围有否终末寄主等。

（3）调查发病情况及曾经采用过的防治措施　如什么时候开始发病、在一个池塘中是一种动物发病还是几种动物同时发病、病体有何症状及异常表现、死亡情况及急剧程度、曾经采取的措施及效果、过去曾发生过什么病等。

2. 机体检查

病体检查是诊断的最主要和直接方法。选择症状明显、尚未死亡或刚死不久的个体进行检查，最好多检查几遍。

3. 检查

（1）记录　有条件先拍照，将病体编号，记录检查的时间、地点、种名、体重、体长、年龄、性别等。

（2）检查　首先应进行肉眼检查，然后进行解剖检查。检查病体表面有否损伤，体色有无变化，黏液是否正常，有无大型寄生虫或真菌寄生，体形是否正常，各器官组织有无充血、出血、贫血、发炎、溃烂、肿胀等异状，然后从病变部位取部分组织、黏液或内含物压片显微镜检查。检查顺序：体表黏液→鳍→鼻腔→血液→鳃→口腔→腹腔→脂肪组织→消化管→肝→脾→胆囊→心脏→鳔→肾→性腺→眼→脑→肌肉。常规的检查部位为体表、鳃、消化道，及肝、肾、脾等主要器官。

4. 解剖

用左手将鱼握住，使鱼的腹面朝上，右手用剪刀向肛门插入，先横剪一刀，然后从这里将剪刀插入，沿侧线一直剪至鳃盖后缘（注意剪尖向上翘起，避免将内脏剪破），然后将体壁展开铺平（解剖盘）。先仔细观察显露出来的器官有无异常，然后用剪刀小心地从肛门和咽喉两处剪断，轻轻取出整个内脏并小心分开各器官，依次检查，做好记录。

若怀疑是病毒或细菌病时，应先按病毒学、细菌学方法处理。如对可疑器官分离细菌，进行固定，然后再按先目检后镜检的顺序进行检查。

根据上述的调查和检查结果，综合分析，诊断疾病。对中毒或营养不良引起的疾病，还要通过对食物或水质的化学分析才能确定。肿瘤须做组织切片来诊断。

四、思考

1. 如何正确检查与诊断水产动物疾病？
2. 水产动物疾病与陆生动物疾病相比有何特点？

五、实训作业

根据实验实训操作，完成检查记录报告。

附录：病原体的计算标准。

在疾病诊断过程中，除了肯定病原体之外，还要判别疾病的轻重和病原的感染程度，因此，对病原体的个数必须计数。但具体计算中有许多困难，因为许多病原特别是原生动物，肉眼无法看到，即使在显微镜下也无法逐个数清，只能采用估计法。此法虽不十分准确，但终究可以相互比较，否则在进行材料总结时就无法了解该地区各种疾病流行的严重程度，因此应根据过去的资料，拟出如下的统一计数标准。

1. 表示病原体数量的符号

病原体情况用"＋"表示："＋"表示有，"＋＋"表示多，"＋＋＋"表示很多。

2. 各种病原体的计数

鞭毛虫、变形虫、球虫、黏孢子虫、微孢子虫、单孢子虫，在高倍显微镜视野下，约有1～20个以下的虫体或孢子时，记"＋"；21～50个时，记"＋＋"；51个以上时，记"＋＋＋"。

纤毛虫及毛管虫在低倍显微镜视野下有1～20个虫体时，记"＋"；21～50个虫体时，记"＋＋"；51个以上的虫体时，记"＋＋＋"。胞囊的计数，用文字说明。

单殖吸虫、线虫、棘头虫、绦虫、蛭类、甲壳动物、软体动物幼虫，在50个以内，均以数字说明；50个以上者，则说明估计数字。或者部分器官里的虫体数，例如：一片鳃，一段肠子里的虫数。

实训项目五　细菌性鱼病病原体的分离培养

一、实训目的

掌握细菌性病原体的分离方法；通过对基础培养基的配制，掌握配制培养基的一般方法和步骤；掌握细菌培养的方法。

二、材料、器具

病鱼体、培养箱、培养皿、接种环、三角瓶、烧杯、量筒、玻璃棒、培养基分装器、天平、牛角匙、高压蒸气灭菌锅、pH 试纸（pH 值 5.5～9.0）、棉花、牛皮纸、记号笔、麻绳、纱布、牛肉膏、蛋白胨、NaCl、琼脂、1mol/L NaOH、1mol/L HCl 等。

三、方法步骤

从病鱼体中分离、培养出致病菌。

1. 制备牛肉膏蛋白胨培养基

牛肉膏蛋白胨培养基的配方如下。

　　　　牛肉膏　　　3.0g

　　　　蛋白胨　　　10.0g

NaCl　　　　5.0g

水　　　　　1000mL

pH 值　　　　7.4～7.6

经过称量、溶化、调 pH 值、分装、加塞、包扎、灭菌（将上述培养基以 0.103MPa、121℃、20min 高压蒸气灭菌）、无菌检查（将灭菌培养基放入 37℃的温室中培养 24～48h，以检查灭菌是否彻底）、分装平板。

2. 病鱼的解剖与接种

首先记录病鱼的体重、体长及外部形态，然后用酒精棉消毒鱼体，解剖后分别取病鱼血液、内脏，用平板划线方法接种（见实图 5-1～实图 5-3）。

3. 培养

4. 实验结果的观察

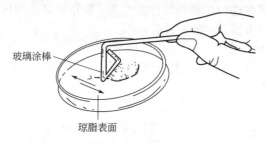

实图 5-1　平板涂布操作图

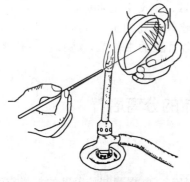

实图 5-2　平板划线操作

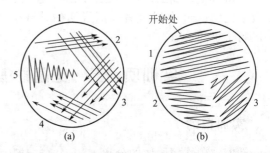

实图 5-3　划线分离

四、实训作业

根据实验实训操作，完成实训报告。

实训项目六　药敏试验

一、实训目的

掌握细菌纯化再培养的方法；掌握人工药敏实验方法。

二、材料、器具

培养的菌群、药敏纸片、营养琼脂平板、解剖工具等。

三、方法步骤

通过纯化病原体后，完成药物敏感试验。

1. 细菌纯化

将人工培养的菌群挑取，通过平板分离与纯化得到主要的致病菌，并将细菌群用灭菌生理盐水洗脱、混匀、计数，制备成细菌悬液。

2. 药物敏感试验（纸片琼脂扩散法）

将含有一定量的抗菌药物纸片，平贴在已经接种被测细菌的琼脂培养基上，纸片中的抗菌药物溶解于培养基内并向四周呈球面扩散，药物浓度随离开纸片的距离增大而降低，同时经培养后含菌琼脂上的细菌开始生长。当琼脂内的药物浓度恰高于该药对待检菌的最低抑菌浓度时，该细菌的生长就受到抑制，在含药纸片的周围形成透明的抑菌环。

（1）从培养 18～24h 的菌群平面上挑取 5～8 个菌落于 1.0mL 灭菌生理盐水中制成菌悬液，制备接种物。

（2）用已灭菌的棉签蘸取已制备的菌液涂布于琼脂表面，划动三次，每次划动时，平皿转 60°，最后绕平皿一周，在室温中干燥数分钟。

（3）用无菌镊子将纸片贴于含菌琼脂表面，每面贴 3～4 个纸片，放置 15min。

（4）倒盆在 25～28℃培养箱中培养 24h，观察结果。

（5）用尺量出包括纸片直径在内的抑菌环的最大直径，判定结果（敏感、中度敏感、耐药）。

四、实训作业

根据实验实训操作，完成实训报告。

附　录

渔业水质标准（节选自 GB 11607—89）

mg/L

项目序号	项目	标　准　值
1	色、臭、味	不得使鱼、虾、贝、藻类带有异色、异臭、异味
2	漂浮物质	水面不得出现明显油膜或浮沫
3	悬浮物质	人为增加的量不得超过 10，而且悬浮物质沉积于底部后，不得对鱼、虾、贝类产生有害的影响
4	pH 值	淡水 6.5～8.5，海水 7.0～8.5
5	溶解氧	连续 24h 中，16h 以上必须大于 5，其余任何时候不得低于 3，对于鲑科鱼类栖息水域冰封期其余任何时候不得低于 4
6	生化需氧量（五天、20℃）	不超过 5，冰封期不超过 3
7	总大肠菌群	不超过 5000 个/L（贝类养殖水质不超过 500 个/L）
8	汞	≤0.0005
9	镉	≤0.005
10	铅	≤0.05
11	铬	≤0.1
12	铜	≤0.01
13	锌	≤0.1
14	镍	≤0.05
15	砷	≤0.05
16	氰化物	≤0.005
17	硫化物	≤0.2
18	氟化物（以 F⁻ 计）	≤1
19	非离子氨	≤0.02
20	凯氏氮	≤0.05
21	挥发性酚	≤0.005
22	黄磷	≤0.001
23	石油类	≤0.05
24	丙烯腈	≤0.5
25	丙烯醛	≤0.02
26	六六六（丙体）	≤0.002
27	滴滴涕	≤0.001
28	马拉硫磷	≤0.005
29	五氯酚钠	≤0.01
30	乐果	≤0.1
31	甲胺磷	≤1
32	甲基对硫磷	≤0.0005
33	呋喃丹	≤0.01

参 考 文 献

[1] 钟麟等. 家鱼的生物学和人工繁殖. 北京：科学出版社，1965.

[2] 上海水产学院. 鱼类学与海水鱼类养殖. 北京：农业出版社，1982.

[3] 谭玉钧等，池塘养鱼学. 北京：农业出版社，1987.

[4] 张扬宗，谭玉钧，欧阳海. 中国池塘养鱼学. 北京：科学出版社，1989.

[5] 王武. 鱼类增养殖学. 北京：中国农业出版社，2000.

[6] 王吉桥，赵兴文. 鱼类增养殖学. 大连：大连理工大学出版社，2000.

[7] 毛洪顺，池塘养鱼. 北京：中国农业出版社，2002.

[8] 赵子明. 池塘养鱼. 北京：中国农业出版社，2004.

[9] 周乔. 内陆水域增养殖. 北京：中国农业出版社，2002.

[10] 史为良. 内陆水域鱼类增殖与养殖. 北京：中国农业出版社，1996.

[11] 张根玉，薛镇宇. 淡水养鱼高产新技术. 北京：金盾出版社，2006.

[12] 王克行. 虾蟹类增养殖学. 北京：中国农业出版社，1997.

[13] 曹煜成，文国栋，李卓佳等. 南美白对虾高效养殖与疾病防治技术. 北京：化学工业出版社，2014.

[14] 张列士，李军. 河蟹增养殖技术. 北京：金盾出版社，2009.

[15] 孙颖民. 海水养殖实用技术手册. 北京：中国农业出版社，2000.

[16] 纪成林. 中国明对虾养殖新技术. 北京：金盾出版社，1989.

[17] 戈贤平. 无公害河蟹标准化生产. 北京：中国农业出版社，2006.

[18] 郑忠明等. 河蟹健康养殖实用新技术. 北京：海洋出版社，2008.

[19] 占家智，羊茜. 河蟹标准化生态养殖技术. 北京：化学工业出版社，2015.

[20] 魏利平等. 贝类养殖学. 北京：中国农业出版社，1995.

[21] 蔡英亚，张英，魏若飞等. 贝类学概论. 修订版. 上海：上海科学技术出版社，1995.

[22] 缪国荣，王承录. 海洋经济动植物发生学图集. 青岛：青岛海洋大学出版社，1990.

[23] 常亚青. 贝类增养殖学. 北京：中国农业出版社，2007.

[24] 薛兴华，岑大华. 缢蛏人工养殖技术. 黑龙江水产，2007，5：17.

[25] 李华琳. 太平洋牡蛎养殖技术. 生物学通报，2006，(41) 4：50.

[26] 林志华. 文蛤生物学及养殖技术. 北京：科学出版社，2015.

[27] 王如才，俞开康，姚善成. 海水养殖技术手册. 上海：上海科学技术出版社，2001.

[28] 姜连新，叶昌臣，谭克非等. 海蜇的研究. 北京：海洋出版社，2007.

[29] 丁耕芜，陈介康. 海蜇的生活史. 水产学报，1981，5 (2)：93-104.

[30] 刘世禄. 水产养殖苗种培育技术手册. 北京：中国农业出版社，2000.

[31] 路广计，杨秀女. 特种水产养殖手册. 北京：中国农业大学出版社，2000.

[32] 秦玉丽. 黄鳝养殖常见疾病的诊断与防治. 信阳高等专科学校学报，2005，2 (6)：67-68.

[33] 王兴礼. 美国青蛙疾病发生原因及防治措施. Inland Aquatic Product，2004，6.

[34] 陈德富. 美国青蛙人工养殖技术. 杭州：浙江科学技术出版社，2000.

[35] 王卫民，樊启学，黎洁. 养鳖技术. 北京：金盾出版社，2010.

[36] 周文宗，覃凤飞. 特种水产养殖. 北京：化学工业出版社，2011.

[37] 张子仪. 中国饲料学. 北京：中国农业出版社，2000.

[38] 宋青春，齐遵利. 水产动物营养与配合饲料学. 北京：中国农业大学出版社，2010.

[39] 胡坚. 动物饲养学. 长春：吉林科学技术出版社，1996.

[40] 麦康森. 水产动物营养与饲料学. 第2版. 北京：中国农业出版社，2011.

[41] 方希修，陈明，孙攀峰. 饲料添加剂. 北京：中国农业大学出版社，2015.

[42] 李美同. 饲料添加剂. 北京：北京大学出版社，1991.

[43] 张利民. 海水养殖营养需求与配合饲料. 济南：山东科学技术出版社，2009.

[44] 王道尊. 鱼用配合饲料. 北京：中国农业出版社，1995.

[45] 魏清和. 水生动物营养与饲料学. 北京：中国农业出版社，2004.

[46] 邱楚武. 鱼虾蟹饲料的配制及配方精选. 北京：金盾出版社，2002.

[47] 李登来. 水产动物疾病学. 第2版. 北京：中国农业出版社，2007.

[48] 战文斌. 水产动物病害学. 第2版. 北京：中国农业出版社，2011.

[49] 黄琪琰. 水产动物疾病学. 上海：上海科学技术出版社，2004.

[50] 江育林，陈爱平. 水生动物疾病诊断图鉴. 北京：中国农业出版社，2003.